21世纪普通高等教育应用型规划教材

线性代数

张振良 主 编

化学工业出版社

·北京·

本书是根据本科线性代数课程教学基本要求，结合工程技术和经济管理中对线性代数的要求而编写的高等学校教材．全书共分 6 章，内容包括：行列式、矩阵、向量、线性方程组、矩阵的特征值与矩阵的对角化和二次型．每节均配有习题，每章又配有复习题，书末附有习题答案．

本书可作为普通高等院校理工类、经管类各专业线性代数课程的教材，也可作为从事科技工作、经济工作和管理人员的自学用书和参考书．

图书在版编目（CIP）数据

线性代数/张振良主编．—北京：化学工业出版社，2011.1（2020.2重印）
21 世纪普通高等教育应用型规划教材
ISBN 978-7-122-10282-9

Ⅰ．线…　Ⅱ．张…　Ⅲ．线性代数　Ⅳ．O151.2

中国版本图书馆 CIP 数据核字（2010）第 262852 号

责任编辑：宋湘玲　　　　文字编辑：唐晶晶
责任校对：陶燕华　　　　装帧设计：尹琳琳

出版发行：化学工业出版社（北京市东城区青年湖南街 13 号　邮政编码 100011）
印　　装：大厂聚鑫印刷有限责任公司
710mm×1000mm　1/16　印张 $10\frac{3}{4}$　字数 188 千字　2020 年 2 月北京第 1 版第 8 次印刷

购书咨询：010-64518888　　　　售后服务：010-64518899
网　　址：http://www.cip.com.cn
凡购买本书，如有缺损质量问题，本社销售中心负责调换。

定　　价：19.80 元

前言

本书是根据理工类、经管类本科数学基础课程教学基本要求编写的，可作为高等学校理工类、经管类各专业线性代数课程的教材.

在编写过程中，编者力求教材的内容和体系安排能符合当前高等教育教学内容和课程体系改革的总体目标. 针对一般的高等院校（一般本科和独立学院），本着“以应用为目的、以必需和够用为尺度”的原则，在教材的体系、内容的编排和例题、习题的选配上尽量做出合理安排，使学生通过学习，既能掌握线性代数的基本理论和基本方法 ，又能培养学生应用数学的能力和逻辑推理能力. 为此，我们在本书编写过程中进行了如下几个方面的改进.

（1）按照理工类、经管类线性代数课程教学内容的基本要求分 6 个知识块编排教材：行列式、矩阵、向量、线性方程组、矩阵的特征值与矩阵的对角化和二次型. 为了保证知识结构在逻辑上的严密性，某些知识点的处理和定理的证明有独到之处. 例如把线性方程组求解的消元法放在矩阵的初等变换一节中，以此引入矩阵初等变换的概念. 把向量的内积、向量组的正交化、向量空间的标准正交基放在第 3 章向量空间一节. 保证了知识块的集中教学.

（2）采用学生易于理解的归纳方法给出了 n 阶行列式按第一行展开的定义. 为了保证行列式的性质与行列式按任意行（列）展开的定理顺序编排的教学体系的完整性和严密性，除少数重要性质和定理在正文中证明外，其余比较关键和难证的性质和定理采用附录的方式，对该体系的全部定理和性质给出了完整的证明，保证了该体系的完整性. 而且诸性质和定理的证明的简捷性，说明该体系是比较理想的用归纳法定义的教学体系.

（3）教材把线性方程组的求解作为主线贯穿于教材中，突出了行列式与线性方程组求解的关系、突出了矩阵和线性方程组的对应关系、突出了矩阵的初等变换与线性方程组求解的消元法的关系、突出了向量组的线性相关性与齐次线性方程组非零解的存在性的关系、突出了向量组的线性表示与非齐次线性方程组解的存在性的关系. 这样为行列式、矩阵、矩阵的初等变换、向量组的线性相关性和线性表示等概念刻画了一个易于接受的直观背景，便于学生接受和理解.

（4）面对高等教育大众化的新形势，按照由浅入深、从具体到抽象的原则，编排教学内容. 例如第 1 章行列式中，首先通过二元、三元线性方程组的求解，引入二阶、三阶行列式的定义，进而用归纳法引入 n 阶行列式的定义；又如前面所说的，利用求解线性方程组的三种同解变换引入矩阵的三种初等行变换；利用线性方程组解的存在性说明向量组的线性关系和线性表示；利用解析几何中的坐标旋转变换化一般的二次曲线为标准形说明二次型的标准化等.

（5）注重基本概念、基本理论、基本方法的三基的介绍. 对重点概念、重点理论加强分析和举例；对重要的运算技巧和应用方法配有较多的例题；对容易混淆、容易产生疑问的地方以"注意"的形式给出了必要的说明和解释. 在每章后面都配有复习题，包括选择题、填空题、计算题和证明题四部分，用以帮助学生对该章的基本概念、基本理论的理解和分析，对基本运算方法的练习和掌握.

某些定理、定理的证明和某些练习题打了"*"号，打了*号的定理和定理证明作为选讲内容；打了*号的练习题作为选做题。

在本书的编写过程中，任献花、郝冰、陈付彬参与了稿件的编写、校对等工作. 任献花还对行列式一章的编排体系作了一些有益的工作. 该书的编写一直得到昆明理工大学津桥学院领导和教务处的大力支持，在此对他们表示衷心感谢！

由于编者的水平和时间所限，书中难免有疏漏之处，恳请读者和专家批评指正.

编者

2011 年 1 月

目录

第1章 行列式

行列式是在研究线性方程组的解的过程中产生的. 它在数学的许多分支中都有广泛的应用，特别是在本课程中，它是研究线性方程组、矩阵及向量组的线性相关性的一种重要工具.

本章主要介绍 n 阶行列式的定义、性质及其计算方法. 另外还介绍用行列式求解 n 元线性方程组的克拉默（Cramer）法则.

1.1 行列式的定义

1.1.1 二、三阶行列式

在中学代数中，我们用消元法求解二元线性方程组和三元线性方程组. 对于二元线性方程组

$$\begin{cases} a_{11}x_1+a_{12}x_2=b_1 & (1) \\ a_{21}x_1+a_{22}x_2=b_2 & (2) \end{cases} \tag{1-1}$$

用 a_{22} 和 a_{12} 分别乘上列方程（1），（2）的两端，然后两个方程相减，消去 x_2，得

$$(a_{11}a_{22}-a_{12}a_{21})x_1=b_1a_{22}-a_{12}b_2$$

类似地，消去 x_1，得

$$(a_{11}a_{22}-a_{12}a_{21})x_2=a_{11}b_2-b_1a_{21}$$

当 $a_{11}a_{22}-a_{12}a_{21}\neq 0$ 时，方程组(1-1) 有唯一解

$$x_1=\frac{b_1a_{22}-a_{12}b_2}{a_{11}a_{22}-a_{12}a_{21}} \qquad x_2=\frac{a_{11}b_2-b_1a_{21}}{a_{11}a_{22}-a_{12}a_{21}}$$

为了便于记忆，我们引入记号

$$D=\begin{vmatrix} a_{11} & a_{12} \\ a_{21} & a_{22} \end{vmatrix}=a_{11}a_{22}-a_{12}a_{21}$$

D 称为二阶行列式. 它含有两行、两列，横写的称为行，竖写的称为列. 行列式中的数称为元素，例如 a_{21} 称为第 2 行、第 1 列的元素. 二阶行列式的计算方法可以利用对角线法来记忆. 参看图 1-1，把 a_{11} 到 a_{22} 的实线称为主对角线，把 a_{12} 到 a_{21} 的虚线称为副对角线，于是二阶行列式就是主对角线上两个元素之积减去副对角线上两个元素之积所得的差.

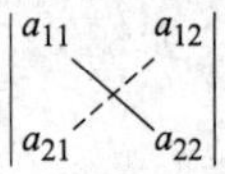

$$\begin{vmatrix} a_{11} & a_{12} \\ a_{21} & a_{22} \end{vmatrix}$$

图 1-1

如果记二阶行列式

$$D_1=\begin{vmatrix} b_1 & a_{12} \\ b_2 & a_{22} \end{vmatrix}=b_1a_{22}-a_{12}b_2 \qquad D_2=\begin{vmatrix} a_{11} & b_1 \\ a_{21} & b_2 \end{vmatrix}=a_{11}b_2-b_1a_{21}$$

则以上关于二元线性方程组(1-1) 的解可以表示为：

当 $D\neq 0$ 时，方程组(1-1) 有唯一解

$$x_1=\frac{D_1}{D} \qquad x_2=\frac{D_2}{D} \tag{1-2}$$

例 1 解线性方程组

$$\begin{cases} 2x_1+3x_2=8 \\ x_1-2x_2=-3 \end{cases}$$

解 方程组的系数行列式

$$D=\begin{vmatrix} 2 & 3 \\ 1 & -2 \end{vmatrix}=2\times(-2)-3\times 1=-7\neq 0$$

又 $$D_1=\begin{vmatrix} 8 & 3 \\ -3 & -2 \end{vmatrix}=-7, D_2=\begin{vmatrix} 2 & 8 \\ 1 & -3 \end{vmatrix}=-14$$

所以方程组的解

$$x_1=\frac{D_1}{D}=\frac{-7}{-7}=1, x_2=\frac{D_2}{D}=\frac{-14}{-7}=2$$

类似于二元线性方程的讨论，对于三元线性方程组

$$\begin{cases} a_{11}x_1+a_{12}x_2+a_{13}x_3=b_1 \\ a_{21}x_1+a_{22}x_2+a_{23}x_3=b_2 \\ a_{31}x_1+a_{32}x_2+a_{33}x_3=b_3 \end{cases} \tag{1-3}$$

利用消元法可知，当

$$D=a_{11}a_{22}a_{33}+a_{12}a_{23}a_{31}+a_{13}a_{21}a_{32}-a_{11}a_{23}a_{32}-a_{12}a_{21}a_{33}-a_{13}a_{22}a_{31}\neq 0$$

时，方程组(1-3) 有唯一解

$$\begin{cases}x_1=\dfrac{1}{D}(b_1a_{22}a_{33}+a_{12}a_{23}b_3+a_{13}b_2a_{32}-b_1a_{23}a_{32}-a_{12}b_2a_{33}-a_{13}a_{22}b_3)\\ x_2=\dfrac{1}{D}(a_{11}b_2a_{33}+b_1a_{23}a_{31}+a_{13}a_{21}b_3-a_{11}a_{23}b_3-b_1a_{21}a_{33}-a_{13}b_2a_{31})\\ x_3=\dfrac{1}{D}(a_{11}a_{22}b_3+a_{12}b_2a_{31}+b_1a_{21}a_{32}-a_{11}b_2a_{32}-a_{12}a_{21}b_3-b_1a_{22}a_{31})\end{cases} \tag{1-4}$$

为方便记忆，我们引入三阶行列式

$$D=\begin{vmatrix}a_{11} & a_{12} & a_{13}\\ a_{21} & a_{22} & a_{23}\\ a_{31} & a_{32} & a_{33}\end{vmatrix}$$

$$=a_{11}a_{22}a_{33}+a_{12}a_{23}a_{31}+a_{13}a_{21}a_{32}-a_{11}a_{23}a_{32}-a_{12}a_{21}a_{33}-a_{13}a_{22}a_{31} \tag{1-5}$$

它是由九个数排成三行、三列的一个方块，它的值等于 6 项的代数和，可以利用图 1-2 记忆，图中各实线相连的三个数的积取正号，各虚线相连的三个数的积取负号，它们的代数和就是三阶行列式的值. 这一计算方法称为三阶行列式的对角线法则.

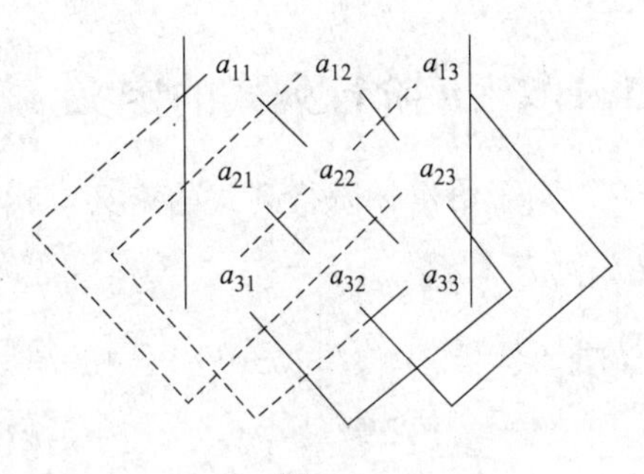

图 1-2

利用三阶行列式的记号，关于三元线性方程组(1-3) 的解，式(1-4) 可以写为如下形式：

当
$$D=\begin{vmatrix}a_{11} & a_{12} & a_{13}\\ a_{21} & a_{22} & a_{23}\\ a_{31} & a_{32} & a_{33}\end{vmatrix}\neq 0$$

时，方程组(1-3) 有唯一解：

$$x_1=\frac{D_1}{D},\quad x_2=\frac{D_2}{D},\quad x_3=\frac{D_3}{D}$$

其中

$$D_1=\begin{vmatrix}b_1 & a_{12} & a_{13}\\ b_2 & a_{22} & a_{23}\\ b_3 & a_{32} & a_{33}\end{vmatrix},\quad D_2=\begin{vmatrix}a_{11} & b_1 & a_{13}\\ a_{21} & b_2 & a_{23}\\ a_{31} & b_3 & a_{33}\end{vmatrix},\quad D_3=\begin{vmatrix}a_{11} & a_{12} & b_1\\ a_{21} & a_{22} & b_2\\ a_{31} & a_{32} & b_3\end{vmatrix}$$

以上求解线性方程组的方法称为克拉默（Cramer）法则.

例 2 解三元线性方程

$$\begin{cases}x_1+x_2+x_3=-1\\ x_1+2x_2-x_3=-4\\ -2x_1-3x_2+x_3=6\end{cases}$$

解 因为

$$D=\begin{vmatrix}1&1&1\\1&2&-1\\-2&-3&1\end{vmatrix}=1\times2\times1+1\times(-1)\times(-2)+1\times1\times(-3)-$$

$$1\times2\times(-2)-1\times(-1)\times(-3)-1\times1\times1=1\neq0$$

$$D_1=\begin{vmatrix}-1&1&1\\-4&2&-1\\6&-3&1\end{vmatrix}=-1,\ D_2=\begin{vmatrix}1&-1&1\\1&-4&-1\\-2&6&1\end{vmatrix}=-1,\ D_3=\begin{vmatrix}1&1&-1\\1&2&-4\\-2&-3&6\end{vmatrix}=1$$

所以方程组的解

$$x_1=\frac{D_1}{D}=-1,\quad x_2=\frac{D_2}{D}=-1,\quad x_3=\frac{D_3}{D}=1$$

1.1.2 n 阶行列式的定义

为了给出 n 阶行列式的定义，我们先分析三阶行列式的特点.

$$D=\begin{vmatrix}a_{11}&a_{12}&a_{13}\\a_{21}&a_{22}&a_{23}\\a_{31}&a_{32}&a_{33}\end{vmatrix}=a_{11}a_{22}a_{33}+a_{12}a_{23}a_{31}+a_{13}a_{21}a_{32}-a_{11}a_{23}a_{32}-a_{12}a_{21}a_{33}-a_{13}a_{22}a_{31}$$

$$=a_{11}(a_{22}a_{33}-a_{23}a_{32})-a_{12}(a_{21}a_{33}-a_{23}a_{31})+a_{13}(a_{21}a_{32}-a_{22}a_{31})$$

$$=a_{11}\begin{vmatrix}a_{22}&a_{23}\\a_{32}&a_{33}\end{vmatrix}-a_{12}\begin{vmatrix}a_{21}&a_{23}\\a_{31}&a_{33}\end{vmatrix}+a_{13}\begin{vmatrix}a_{21}&a_{22}\\a_{31}&a_{32}\end{vmatrix}$$

可以看出，三阶行列式 D 等于它的第一行的各个元素 a_{11}、a_{12}、a_{13} 分别乘以二阶行列式的代数和，其中与 a_{1j}（$j=1, 2, 3$）相乘的二阶行列式恰是在 D 中划去第一行、第 j 列的元素后，剩余的元素按照在 D 中的原排列顺序所构成的二阶行列式，并赋予符号 $(-1)^{1+j}$（$j=1, 2, 3$）.

这一规律对于二阶行列式仍然成立，事实上，若记一阶行列式 $|a_{11}|$ 就是数 a_{11}，即 $|a_{11}|=a_{11}$，那么，二阶行列式

$$\begin{vmatrix}a_{11}&a_{12}\\a_{21}&a_{22}\end{vmatrix}=a_{11}a_{22}-a_{12}a_{21}=a_{11}(-1)^{1+1}|a_{22}|+a_{12}(-1)^{1+2}|a_{21}|$$

按照以上规律，利用递归法可以定义 n 阶行列式.

定义 1 一阶行列式定义为

$$|a_{11}|=a_{11}$$

当 $n\geqslant2$ 时，设 $n-1$ 阶行列式已定义，则 n 阶行列式定义为

$$D=\begin{vmatrix} a_{11} & a_{12} & \cdots & a_{1n} \\ a_{21} & a_{22} & \cdots & a_{2n} \\ \vdots & \vdots & & \vdots \\ a_{n1} & a_{n2} & \cdots & a_{nn} \end{vmatrix}=a_{11}(-1)^{1+1}M_{11}+a_{12}(-1)^{1+2}M_{12}+\cdots+a_{1n}(-1)^{1+n}M_{1n}$$

$$=\sum_{j=1}^{n}(-1)^{1+j}a_{1j}M_{1j} \tag{1-6}$$

其中 M_{ij} （i，$j=1$，2，…，n）表示划去行列式 D 中的第 i 行与第 j 列的元素后，剩余的元素按照在 D 中原排列的顺序所构成的 $n-1$ 阶行列式. 称 M_{ij} 为元素 a_{ij} 的余子式，称$A_{ij}=(-1)^{i+j}M_{ij}$ 为元素 a_{ij} 的代数余子式.

利用代数余子式的概念，n 阶行列式可以写为

$$D=\sum_{j=1}^{n}a_{1j}A_{1j}=a_{11}A_{11}+a_{12}A_{12}+\cdots+a_{1n}A_{1n} \tag{1-7}$$

即 n 阶行列式 D 等于它的第一行各元素与其代数余子式的乘积的代数和. 通常称为行列式按第一行的展开式.

例 3　设行列式

$$D=\begin{vmatrix} 1 & 2 & 0 & 1 \\ 3 & -1 & 2 & 3 \\ 0 & 1 & 0 & 0 \\ 4 & 7 & 2 & 5 \end{vmatrix}$$

求第一行各元素的余子式、代数余子式，且求行列式 D 的值.

解

$$M_{11}=\begin{vmatrix} -1 & 2 & 3 \\ 1 & 0 & 0 \\ 7 & 2 & 5 \end{vmatrix}=-4,\quad M_{12}=\begin{vmatrix} 3 & 2 & 3 \\ 0 & 0 & 0 \\ 4 & 2 & 5 \end{vmatrix}=0,$$

$$M_{13}=\begin{vmatrix} 3 & -1 & 3 \\ 0 & 1 & 0 \\ 4 & 7 & 5 \end{vmatrix}=3,\quad M_{14}=\begin{vmatrix} 3 & -1 & 2 \\ 0 & 1 & 0 \\ 4 & 7 & 2 \end{vmatrix}=-2$$

由此，$A_{11}=(-1)^{1+1}M_{11}=-4$，$A_{12}=(-1)^{1+2}M_{12}=0$，

$A_{13}=(-1)^{1+3}M_{13}=3$，$A_{14}=(-1)^{1+4}M_{14}=2$

所以行列式 D 的值

$$D=a_{11}A_{11}+a_{12}A_{12}+a_{13}A_{13}+a_{14}A_{14}=1\times(-4)+2\times0+0\times3+1\times2=-2$$

下面给出行列式按第一列展开的定理.

定理 1　行列式

$$D=\begin{vmatrix} a_{11} & a_{12} & \cdots & a_{1n} \\ a_{21} & a_{22} & \cdots & a_{2n} \\ \vdots & \vdots & & \vdots \\ a_{n1} & a_{n2} & \cdots & a_{nn} \end{vmatrix}=\sum_{i=1}^{n} a_{i1}A_{i1}=a_{11}A_{11}+a_{21}A_{21}+\cdots+a_{n1}A_{n1}$$

注： 定理 1 和 1.2 节中的行列式的主要性质的证明见附录Ⅰ.

例 4 计算下列的下三角形行列式 D_1 和上三角形行列式 D_2.

$$D_1=\begin{vmatrix} a_{11} & 0 & \cdots & 0 \\ a_{21} & a_{22} & \cdots & 0 \\ \vdots & \vdots & & \vdots \\ a_{n1} & a_{n2} & \cdots & a_{nn} \end{vmatrix},\quad D_2=\begin{vmatrix} a_{11} & a_{12} & \cdots & a_{1n} \\ 0 & a_{22} & \cdots & a_{2n} \\ \vdots & \vdots & & \vdots \\ 0 & 0 & \cdots & a_{nn} \end{vmatrix}$$

解 D_1 按第一行展开（D_2 按第一列展开），得

$$D_1=a_{11}A_{11}=a_{11}\begin{vmatrix} a_{22} & 0 & \cdots & 0 \\ a_{32} & a_{33} & \cdots & 0 \\ \vdots & \vdots & & \vdots \\ a_{n2} & a_{n3} & \cdots & a_{nn} \end{vmatrix}$$

再按第一行展开，依次类推，得

$$D_1=a_{11}a_{22}\cdots a_{nn}$$

同理，$D_2=a_{11}a_{22}\cdots a_{nn}$

特别地，对角行列式

$$D=\begin{vmatrix} a_1 & 0 & \cdots & 0 \\ 0 & a_2 & \cdots & 0 \\ \vdots & \vdots & & \vdots \\ 0 & 0 & \cdots & a_n \end{vmatrix}=a_1a_2\cdots a_n$$

例 5 计算行列式

$$D=\begin{vmatrix} 0 & 0 & \cdots & a_1 \\ \vdots & \vdots & & \vdots \\ 0 & a_{n-1} & \cdots & 0 \\ a_n & 0 & \cdots & 0 \end{vmatrix}$$

解 根据定义 1，依次按第一行展开，逐步降阶，可得

$$D=(-1)^{1+n}a_1\begin{vmatrix} 0 & 0 & \cdots & a_2 \\ \vdots & \vdots & & \vdots \\ 0 & a_{n-1} & \cdots & 0 \\ a_n & 0 & \cdots & 0 \end{vmatrix}=(-1)^{1+n}(-1)^{n}a_1a_2\begin{vmatrix} 0 & 0 & \cdots & a_3 \\ \vdots & \vdots & & \vdots \\ 0 & a_{n-1} & \cdots & 0 \\ a_n & 0 & \cdots & 0 \end{vmatrix}\cdots$$

$$=(-1)^{n+1}(-1)^{n}\cdots(-1)^{2}a_1a_2\cdots a_n=(-1)^{\frac{n(n+3)}{2}}a_1a_2\cdots a_n$$

例 6　计算行列式

$$D=\begin{vmatrix} a & b & 0 & 0 & 0 \\ 0 & a & b & 0 & 0 \\ 0 & 0 & a & b & 0 \\ 0 & 0 & 0 & a & b \\ b & 0 & 0 & 0 & a \end{vmatrix}$$

解　按第一列展开，得

$$D=aA_{11}+bA_{51}=a(-1)^{1+1}\begin{vmatrix} a & b & 0 & 0 \\ 0 & a & b & 0 \\ 0 & 0 & a & b \\ 0 & 0 & 0 & a \end{vmatrix}+b(-1)^{1+5}\begin{vmatrix} b & 0 & 0 & 0 \\ a & b & 0 & 0 \\ 0 & a & b & 0 \\ 0 & 0 & 0 & b \end{vmatrix}$$

$$=a^5+b^5$$

如果 D 按第一行展开，得

$$D=aA_{11}+bA_{12}=a(-1)^{1+1}\begin{vmatrix} a & b & 0 & 0 \\ 0 & a & b & 0 \\ 0 & 0 & a & b \\ 0 & 0 & 0 & a \end{vmatrix}+b(-1)^{1+2}\begin{vmatrix} 0 & b & 0 & 0 \\ 0 & a & b & 0 \\ 0 & 0 & a & b \\ b & 0 & 0 & a \end{vmatrix}$$

$$=a^5-b^2(-1)^{4+1}\begin{vmatrix} b & 0 & 0 \\ a & b & 0 \\ 0 & a & b \end{vmatrix}=a^5+b^5$$

习题 1.1

1. 计算下列行列式：

(1) $\begin{vmatrix} 1 & 3 \\ 1 & 4 \end{vmatrix}$；　　(2) $\begin{vmatrix} \cos\alpha & -\sin\alpha \\ \sin\alpha & \cos\alpha \end{vmatrix}$；

(3) $\begin{vmatrix} 1 & 2 & 3 \\ 3 & 1 & 2 \\ 2 & 3 & 1 \end{vmatrix}$；　　(4) $\begin{vmatrix} 0 & a & 0 \\ b & 0 & c \\ 0 & d & 0 \end{vmatrix}$

2. 解下列线性方程组：

(1) $\begin{cases} 4x_1+5x_2=0 \\ 3x_1-7x_2=0 \end{cases}$；　　(2) $\begin{cases} 4x_1-5x_2=2 \\ 3x_1-4x_2=10 \end{cases}$；

(3) $\begin{cases} x_1+x_2+x_3=0 \\ 2x_1+3x_2+3x_3=2 \\ x_1+4x_2+5x_3=3 \end{cases}$

3. 计算下列行列式：

(1) $\begin{vmatrix} 1 & 1 & 1 & 0 \\ 0 & 1 & 0 & 1 \\ 0 & 1 & 1 & 1 \\ 0 & 0 & 1 & 0 \end{vmatrix}$；　　(2) $\begin{vmatrix} 1 & 0 & 0 & 2 \\ 1 & 2 & 2 & 4 \\ 3 & -1 & -4 & 0 \\ 1 & 2 & -1 & 5 \end{vmatrix}$；

(3) $\begin{vmatrix} 5 & 0 & 0 & 0 & 0 \\ 0 & 0 & 0 & 0 & 1 \\ 0 & 0 & 0 & 2 & 0 \\ 0 & 0 & 3 & 0 & 0 \\ 0 & 4 & 0 & 0 & 0 \end{vmatrix}$；　　(4) $\begin{vmatrix} 0 & 0 & 0 & 0 & 5 \\ 1 & 0 & 0 & 0 & 0 \\ 5 & 2 & 0 & 0 & 0 \\ 8 & 6 & 3 & 0 & 0 \\ 10 & 9 & 7 & 4 & 0 \end{vmatrix}$

1.2　行列式的性质

利用行列式的递归定义和定理1计算较高阶的行列式时，计算量大．为了简化行列式的计算，我们介绍下面行列式的性质．

把行列式 D 的行与列互换，不改变它们前后的顺序得到的行列式称为 D 的转置行列式，记为 D^{T}．

性质1　行列式与它的转置行列式相等，即 $D=D^{\mathrm{T}}$．

证明　利用数学归纳法证明．

当 D 为一阶行列式时，$D=D^{\mathrm{T}}=a_{11}$，即结论成立．假设对于 $n-1$ 阶行列式结论成立，则对于 n 阶行列式 D，由行列式定义 $D=\sum\limits_{j=1}^{n}a_{1j}A_{1j}$，其中代数余子式 A_{1j}（$j=1,2,\cdots,n$）是 $n-1$ 阶行列式，由假设 $A_{1j}=A_{1j}^{\mathrm{T}}$，所以

$$D=\sum_{j=1}^{n}a_{1j}A_{1j}=\sum_{j=1}^{n}a_{1j}A_{1j}^{\mathrm{T}}=D^{\mathrm{T}}$$

性质1表明，行列式中行和列具有同等的地位，行列式的行具有的性质，它的列也同样具有，反之亦然．

性质2　交换行列式的两行（列），行列式变号．

注：交换行列式的第 i 行（列）和第 j 行（列）记为 $r_i\leftrightarrow r_j$（$c_i\leftrightarrow c_j$）．

推论1　若行列式有两行（列）的对应元素相等，则此行列式等于零．

性质 3　若行列式的某一行（列）中所有元素都乘以同一数 k，等于用数 k 乘此行列式.

注：第 i 行（列）乘以数 k，记为 $r_i \times k(c_i \times k)$.

推论 2　行列式中某一行（列）的所有元素的公因数可以提到行列式的记号外与之相乘.

推论 3　若行列式中有一行（列）的元素全为零，则此行列式等于零.

推论 4　行列式中有两行（列）的对应元素成比例，则此行列式等于零.

性质 4　若行列式中某一行（列）的所有元素都是两个数的和，则此行列式可以写成两个行列式的和，即

$$\begin{vmatrix} a_{11} & a_{12} & \cdots & a_{1n} \\ \vdots & \vdots & & \vdots \\ a_{i1}+b_{i1} & a_{i2}+b_{i2} & \cdots & a_{in}+b_{in} \\ \vdots & \vdots & & \vdots \\ a_{n1} & a_{n2} & \cdots & a_{nn} \end{vmatrix} = \begin{vmatrix} a_{11} & a_{12} & \cdots & a_{1n} \\ \vdots & \vdots & & \vdots \\ a_{i1} & a_{i2} & \cdots & a_{in} \\ \vdots & \vdots & & \vdots \\ a_{n1} & a_{n2} & \cdots & a_{nn} \end{vmatrix} + \begin{vmatrix} a_{11} & a_{12} & \cdots & a_{1n} \\ \vdots & \vdots & & \vdots \\ b_{i1} & b_{i2} & \cdots & b_{in} \\ \vdots & \vdots & & \vdots \\ a_{n1} & a_{n2} & \cdots & a_{nn} \end{vmatrix}$$

由性质 4 和推论 4 即可得下列性质.

性质 5　把行列式的某一行（列）的所有元素乘以同一个数，然后加到另一行（列）的对应元素上，行列式的值不变.

注：以数 k 乘第 i 行（列）加到第 j 行（列），记为 $r_j + kr_i$（$c_j + kc_i$）.

定理 2　行列式等于它的任一行（列）的所有元素与其对应的代数余子式的乘积之和，即

$$D = a_{i1}A_{i1} + a_{i2}A_{i2} + \cdots + a_{in}A_{in} = \sum_{j=1}^{n} a_{ij}A_{ij} \tag{1-8}$$

上式称为行列式按第 i 行展开. 对称地，行列式也可以按第 j 列展开，即

$$D = a_{1j}A_{1j} + a_{2j}A_{2j} + \cdots + a_{nj}A_{nj} = \sum_{i=1}^{n} a_{ij}A_{ij} \tag{1-9}$$

* **证明**　只证行列式按第 i 行的展开式(1-8).

把行列式 D 的第 i 行（$i>1$）与它的前一行逐个交换，可使它成为第一行，其余行的顺序保持不变，共作了 $i-1$ 次相邻行的交换. 根据性质 2 所得行列式 D_1 是 D 的 $(-1)^{i-1}$ 倍，按行列式定义展开这个行列式得

$$(-1)^{i-1}D = D_1 = \sum_{j=1}^{n} a_{ij}(-1)^{1+j}M_{ij}$$

则

$$D = \sum_{j=1}^{n} a_{ij}(-1)^{j+i}M_{ij} = \sum_{j=1}^{n} a_{ij}A_{ij}$$

推论 5　行列式的某一行（列）的所有元素与另一行（列）的对应元素的代

数余子式的乘积之和等于零，即

$$\sum_{k=1}^{n} a_{ik}A_{jk}=a_{i1}A_{j1}+a_{i2}A_{j2}+\cdots+a_{in}A_{jn}=0 \quad (i\neq j) \tag{1-10}$$

或

$$\sum_{k=1}^{n} a_{ki}A_{kj}=a_{1i}A_{1j}+a_{2i}A_{2j}+\cdots+a_{ni}A_{nj}=0 \quad (i\neq j) \tag{1-11}$$

例 1 计算行列式

$$D=\begin{vmatrix} 1 & -2 & 1 & 3 & 0 \\ 0 & 0 & -2 & 0 & 0 \\ 3 & 4 & 0 & -1 & 2 \\ 0 & 0 & -1 & 0 & 1 \\ 1 & 0 & -3 & 0 & 2 \end{vmatrix}$$

解 因为 D 的第二行仅有一个元素不为零，按第二行展开.

$$D=(-1)^{2+3}(-2)\begin{vmatrix} 1 & -2 & 3 & 0 \\ 3 & 4 & -1 & 2 \\ 0 & 0 & 0 & 1 \\ 1 & 0 & 0 & 2 \end{vmatrix}=2(-1)^{3+4}\begin{vmatrix} 1 & -2 & 3 \\ 3 & 4 & -1 \\ 1 & 0 & 0 \end{vmatrix}$$

$$=(-2)(-1)^{3+1}\begin{vmatrix} -2 & 3 \\ 4 & -1 \end{vmatrix}=20$$

例 2 计算行列式

$$D=\begin{vmatrix} 3 & 1 & -1 & 2 \\ -5 & 1 & 3 & -4 \\ 2 & 0 & 1 & -1 \\ 1 & -5 & 3 & -3 \end{vmatrix}$$

解 方法 1 （降阶法）

$$D\xlongequal[r_4+5r_1]{r_2-r_1}\begin{vmatrix} 3 & 1 & -1 & 2 \\ -8 & 0 & 4 & -6 \\ 2 & 0 & 1 & -1 \\ 16 & 0 & -2 & 7 \end{vmatrix}=(-1)^{1+2}\begin{vmatrix} -8 & 4 & -6 \\ 2 & 1 & -1 \\ 16 & -2 & 7 \end{vmatrix}$$

$$=-4\begin{vmatrix} -2 & 2 & -3 \\ 1 & 1 & -1 \\ 8 & -2 & 7 \end{vmatrix}\xlongequal[c_3+c_1]{c_2-c_1}-4\begin{vmatrix} -2 & 4 & -5 \\ 1 & 0 & 0 \\ 8 & -10 & 15 \end{vmatrix}$$

$$=(-4)(-1)^{2+1}\begin{vmatrix} 4 & -5 \\ -10 & 15 \end{vmatrix}=40$$

方法2 （化D为三角形行列式法）

$$D\xlongequal{c_1\leftrightarrow c_2}-\begin{vmatrix}1&3&-1&2\\1&-5&3&-4\\0&2&1&-1\\-5&1&3&-3\end{vmatrix}\xlongequal[r_4+5r_1]{r_2-r_1}-\begin{vmatrix}1&3&-1&2\\0&-8&4&-6\\0&2&1&-1\\0&16&-2&7\end{vmatrix}$$

$$\xlongequal{r_2\leftrightarrow r_3}\begin{vmatrix}1&3&-1&2\\0&2&1&-1\\0&-8&4&-6\\0&16&-2&7\end{vmatrix}\xlongequal[r_4-8r_2]{r_3+4r_2}\begin{vmatrix}1&3&-1&2\\0&2&1&-1\\0&0&8&-10\\0&0&-10&15\end{vmatrix}$$

$$=10\begin{vmatrix}1&3&-1&2\\0&2&1&-1\\0&0&4&-5\\0&0&-2&3\end{vmatrix}=-10\begin{vmatrix}1&3&-1&2\\0&2&1&-1\\0&0&-2&3\\0&0&4&-5\end{vmatrix}$$

$$\xlongequal{r_4+2r_3}-10\begin{vmatrix}1&3&-1&2\\0&2&1&-1\\0&0&-2&3\\0&0&0&1\end{vmatrix}=40$$

例3　计算行列式

$$D=\begin{vmatrix}a_1&-a_1&0&0\\0&a_2&-a_2&0\\0&0&a_3&-a_3\\1&1&1&1\end{vmatrix}$$

解　将第1列加到第2列，第2列加到第3列，第3列加到第4列，得

$$D\xlongequal{c_2+c_1}\begin{vmatrix}a_1&0&0&0\\0&a_2&-a_2&0\\0&0&a_3&-a_3\\1&2&1&1\end{vmatrix}\xlongequal{c_3+c_2}\begin{vmatrix}a_1&0&0&0\\0&a_2&0&0\\0&0&a_3&-a_3\\1&2&3&1\end{vmatrix}$$

$$\xlongequal{c_4+c_3}\begin{vmatrix}a_1&0&0&0\\0&a_2&0&0\\0&0&a_3&0\\1&2&3&4\end{vmatrix}=4a_1a_2a_3$$

例4　计算n阶行列式

$$D=\begin{vmatrix} a & b & \cdots & b \\ b & a & \cdots & b \\ \vdots & \vdots & & \vdots \\ b & b & \cdots & a \end{vmatrix}$$

解 将行列式的第2行、第3行、…、第n行都加到第1行，并提出公因子$a+(n-1)b$，得

$$D=[a+(n-1)b]\begin{vmatrix} 1 & 1 & \cdots & 1 \\ b & a & \cdots & b \\ \vdots & \vdots & & \vdots \\ b & b & \cdots & a \end{vmatrix}$$

将第2列、第3列、…、第n列都减去第1列，得

$$D=[a+(n-1)b]\begin{vmatrix} 1 & 0 & \cdots & 0 \\ b & a-b & \cdots & 0 \\ \vdots & \vdots & & \vdots \\ b & 0 & \cdots & a-b \end{vmatrix}=[a+(n-1)b](a-b)^{n-1}$$

习题 1.2

1. 计算下列行列式：

(1) $\begin{vmatrix} 1 & 2 & 3 & 4 \\ 2 & 2 & 0 & 0 \\ 3 & 0 & 3 & 0 \\ 4 & 0 & 0 & 4 \end{vmatrix}$；　(2) $\begin{vmatrix} 1 & 2 & 3 & 4 \\ 2 & 3 & 4 & 1 \\ 3 & 4 & 1 & 2 \\ 4 & 1 & 2 & 3 \end{vmatrix}$；

(3) $\begin{vmatrix} 0 & -1 & -1 & 2 \\ 1 & -1 & 0 & 2 \\ -1 & 2 & -1 & 0 \\ 2 & 1 & 1 & 0 \end{vmatrix}$；　(4) $\begin{vmatrix} -2 & 2 & -4 & 0 \\ 4 & -1 & 3 & 5 \\ 3 & 1 & -2 & -3 \\ 2 & 0 & 5 & 1 \end{vmatrix}$

2. 计算下列行列式：

(1) $\begin{vmatrix} -ab & ac & ae \\ bd & -cd & de \\ bf & cf & -ef \end{vmatrix}$；　(2) $\begin{vmatrix} x & y & x+y \\ y & x+y & x \\ x+y & x & y \end{vmatrix}$；

(3) $\begin{vmatrix} a & 1 & 0 & 0 \\ -1 & b & 1 & 0 \\ 0 & -1 & c & 1 \\ 0 & 0 & -1 & d \end{vmatrix}$；　(4) $\begin{vmatrix} x & y & 0 & 0 \\ 0 & x & y & 0 \\ 0 & 0 & x & y \\ y & 0 & 0 & x \end{vmatrix}$

3. 用行列式的性质证明：

(1) $\begin{vmatrix} a^2 & ab & b^2 \\ 2a & a+b & 2b \\ 1 & 1 & 1 \end{vmatrix}=(a-b)^3$；

(2) $\begin{vmatrix} y+z & z+x & x+y \\ x+y & y+z & z+x \\ z+x & x+y & y+z \end{vmatrix}=2\begin{vmatrix} x & y & z \\ z & x & y \\ y & z & x \end{vmatrix}$

4. 计算下列 n 阶行列式：

(1) $\begin{vmatrix} 1 & 2 & 3 & \cdots & n-1 & n \\ -1 & 0 & 3 & \cdots & n-1 & n \\ -1 & -2 & 0 & \cdots & n-1 & n \\ \vdots & \vdots & \vdots & & \vdots & \vdots \\ -1 & -2 & -3 & & 0 & n \\ -1 & -2 & -3 & & -(n-1) & 0 \end{vmatrix}$；

(2) $\begin{vmatrix} 1+a_1 & 1 & \cdots & 1 \\ 1 & 1+a_2 & \cdots & 1 \\ \vdots & \vdots & & \vdots \\ 1 & 1 & \cdots & 1+a_n \end{vmatrix}$

5. 解方程：

(1) $\begin{vmatrix} x+1 & 2 & -1 \\ 2 & x+1 & 1 \\ -1 & 1 & x+1 \end{vmatrix}=0$；　　(2) $\begin{vmatrix} 1 & 1 & 2 & 3 \\ 1 & 2-x^2 & 2 & 3 \\ 2 & 3 & 1 & 5 \\ 2 & 3 & 1 & 9-x^2 \end{vmatrix}=0$

1.3 克拉默法则

本节应用行列式求解 n 个未知量的 n 个线性方程的方程组问题，更一般的情况在第4章中讨论.

定理1　（克拉默法则）对于含有 n 个方程的 n 元线性方程组

$$\begin{cases} a_{11}x_1+a_{12}x_2+\cdots+a_{1n}x_n=b_1 \\ a_{21}x_1+a_{22}x_2+\cdots+a_{2n}x_n=b_2 \\ \cdots\cdots\cdots\cdots\cdots\cdots\cdots\cdots \\ a_{n1}x_1+a_{n2}x_2+\cdots+a_{nn}x_n=b_n \end{cases} \tag{1-12}$$

如果它的系数行列式

$$D=\begin{vmatrix} a_{11} & a_{12} & \cdots & a_{1n} \\ a_{21} & a_{22} & \cdots & a_{2n} \\ \vdots & \vdots & & \vdots \\ a_{n1} & a_{n2} & \cdots & a_{nn} \end{vmatrix} \neq 0$$

则线性方程组(1-12) 有唯一解：

$$x_1=\frac{D_1}{D},\quad x_2=\frac{D_2}{D},\quad \cdots,\quad x_n=\frac{D_n}{D}$$

其中 D_j（$j=1, 2, \cdots, n$）是把 D 的第 j 列各元素分别换成相应的常数项 b_1，b_2，…，b_n 后得到的行列式，即

$$D_j=\begin{vmatrix} a_{11} & \cdots & a_{1j-1} & b_1 & a_{1j+1} & \cdots & a_{1n} \\ a_{21} & \cdots & a_{2j-1} & b_2 & a_{2j+1} & \cdots & a_{2n} \\ \vdots & & \vdots & \vdots & \vdots & & \vdots \\ a_{n1} & \cdots & a_{nj-1} & b_n & a_{nj+1} & \cdots & a_{nn} \end{vmatrix} (j=1,2,\cdots,n)$$

注：定理的证明见附录Ⅱ.

例 1　用克拉默法则求解线性方程组

$$\begin{cases} 2x_1+x_2-5x_3+x_4=8 \\ x_1-3x_2-6x_4=9 \\ 2x_2-x_3+2x_4=-5 \\ x_1+4x_2-7x_3+6x_4=0 \end{cases}$$

解　系数行列式

$$D=\begin{vmatrix} 2 & 1 & -5 & 1 \\ 1 & -3 & 0 & -6 \\ 0 & 2 & -1 & 2 \\ 1 & 4 & -7 & 6 \end{vmatrix} \xlongequal[r_4-r_2]{r_1-2r_2} \begin{vmatrix} 0 & 7 & -5 & 13 \\ 1 & -3 & 0 & -6 \\ 0 & 2 & -1 & 2 \\ 0 & 7 & -7 & 12 \end{vmatrix}$$

$$=-\begin{vmatrix} 7 & -5 & 13 \\ 2 & -1 & 2 \\ 7 & -7 & 12 \end{vmatrix} \xlongequal[c_3+2c_2]{c_1+2c_2} -\begin{vmatrix} -3 & -5 & 3 \\ 0 & -1 & 0 \\ -7 & -7 & -2 \end{vmatrix} = \begin{vmatrix} -3 & 3 \\ -7 & -2 \end{vmatrix} = 27$$

$$D_1=\begin{vmatrix} 8 & 1 & -5 & 1 \\ 9 & -3 & 0 & -6 \\ -5 & 2 & -1 & 2 \\ 0 & 4 & -7 & 6 \end{vmatrix}=81,\quad D_2=\begin{vmatrix} 2 & 8 & -5 & 1 \\ 1 & 9 & 0 & -6 \\ 0 & -5 & -1 & 2 \\ 1 & 0 & -7 & 6 \end{vmatrix}=-108,$$

$$D_3=\begin{vmatrix}2&1&8&1\\1&-3&9&-6\\0&2&-5&2\\1&4&0&6\end{vmatrix}=-27,\quad D_4=\begin{vmatrix}2&1&-5&8\\1&-3&0&9\\0&2&-1&-5\\1&4&-7&0\end{vmatrix}=27$$

所以

$$x_1=\frac{D_1}{D}=\frac{81}{27}=3,\quad x_2=\frac{D_2}{D}=\frac{-108}{27}=-4,$$

$$x_3=\frac{D_3}{D}=\frac{-27}{27}=-1,\quad x_4=\frac{D_4}{D}=\frac{27}{27}=1.$$

如果线性方程组(1-12)中的所有常数项 b_1，b_2，…，b_n 全为零，即

$$\begin{cases}a_{11}x_1+a_{12}x_2+\cdots+a_{1n}x_n=0\\a_{21}x_1+a_{22}x_2+\cdots+a_{2n}x_n=0\\\cdots\cdots\cdots\cdots\cdots\cdots\cdots\cdots\cdots\\a_{n1}x_1+a_{n2}x_2+\cdots+a_{nn}x_n=0\end{cases}\tag{1-13}$$

称线性方程组(1-13)为 n 元齐次线性方程组，而称线性方程组(1-12)为 n 元非齐次线性方程组. 显然齐次线性方程组(1-13)至少存在一个零解，$x_1=x_2=\cdots=x_n=0$，这个零解也称为齐次线性方程组(1-13)的平凡解. 那么齐次线性方程组(1-13)什么时候仅有零解？什么时候存在非零解呢？

定理2 对于含有 n 个方程的 n 元齐次线性方程组

$$\begin{cases}a_{11}x_1+a_{12}x_2+\cdots+a_{1n}x_n=0\\a_{21}x_1+a_{22}x_2+\cdots+a_{2n}x_n=0\\\cdots\cdots\cdots\cdots\cdots\cdots\cdots\cdots\cdots\\a_{n1}x_1+a_{n2}x_2+\cdots+a_{nn}x_n=0\end{cases}$$

如果系数行列式 $D\neq 0$，则方程组仅有零解.

推论1 齐次线性方程组(1-13)有非零解，则其系数行列式 $D=0$.

定理3 若 $D=0$，则齐次线性方程组(1-13)必有非零解.

定理3的证明在第4章给出.

例2 解齐次线性方程组

$$\begin{cases}x+3y+2z=0\\2x-y+3z=0\\3x+2y-z=0\end{cases}$$

解 因为系数行列式

$$D=\begin{vmatrix}1 & 3 & 2\\ 2 & -1 & 3\\ 3 & 2 & -1\end{vmatrix}=42\neq 0$$

所以方程组只有零解，即 $x_1=x_2=x_3=0$.

例 3 设齐次线性方程组

$$\begin{cases}x_1+(k^2+1)x_2+2x_3=0\\ x_1+(2k+1)x_2+2x_3=0\\ kx_1+kx_2+(2k+1)x_3=0\end{cases}$$

有非零解，求 k 的值.

解 由推论 1 知，该方程组的系数行列式等于零，即

$$D=\begin{vmatrix}1 & k^2+1 & 2\\ 1 & 2k+1 & 2\\ k & k & 2k+1\end{vmatrix}=\begin{vmatrix}1 & k^2+1 & 2\\ 0 & 2k-k^2 & 0\\ 0 & -k^3 & 1\end{vmatrix}=\begin{vmatrix}2k-k^2 & 0\\ -k^3 & 1\end{vmatrix}$$

$$=k(2-k)=0$$

从而 $k=0$ 或 $k=2$ 时，方程组有非零解.

习题 1.3

1. 用克拉默法则求解下列线性方程组

(1) $\begin{cases}x+y-2z=-3\\ 5x-2y+7z=22\\ 2x-5y+4z=4\end{cases}$； (2) $\begin{cases}x_1+x_2+x_3+x_4=5\\ x_1+2x_2-x_3+4x_4=-2\\ 2x_1-3x_2-x_3-5x_4=-2\\ 3x_1+x_2+2x_3+11x_4=0\end{cases}$

2. 已知线性方程组

$$\begin{cases}\lambda x_1+x_2+x_3=0\\ x_1+\lambda x_2+x_3=0\\ x_1+x_2+\lambda x_3=0\end{cases}$$

只有零解，求 λ 的取值范围.

3. 问 λ、μ 取何值时，齐次线性方程组

$$\begin{cases}\lambda x_1+x_2+x_3=0\\ x_1+\mu x_2+x_3=0\\ x_1+2\mu x_2+x_3=0\end{cases}$$

有非零解.

复习题 1

一、选择题：

1. 三阶行列式$\begin{vmatrix} 3 & 0 & 4 \\ 2 & 2 & 2 \\ 0 & -7 & 0 \end{vmatrix}$中第三行各元素的代数余子式之和的值为______.

(A) 0;　(B) 4;　(C) -4;　(D) 2

2. 设 $D=\begin{vmatrix} a & b \\ c & d \end{vmatrix}$，则 $\begin{vmatrix} 2c & 2d \\ 2a & 2b \end{vmatrix}=$______.

(A) $2D$;　(B) $-2D$;　(C) $-4D$;　(D) $4D$

3. 行列式$\begin{vmatrix} 1+a & 2+b \\ 3+c & 4+d \end{vmatrix}=$______.

(A) $\begin{vmatrix} 1 & 2 \\ 3 & 4 \end{vmatrix}+\begin{vmatrix} a & b \\ c & d \end{vmatrix}$;　(B) $\begin{vmatrix} 1 & 2 \\ 3 & 4 \end{vmatrix}+\begin{vmatrix} 1 & b \\ 3 & d \end{vmatrix}+\begin{vmatrix} a & 2 \\ c & 4 \end{vmatrix}+\begin{vmatrix} a & b \\ c & d \end{vmatrix}$;

(C) $\begin{vmatrix} a & 2 \\ c & 4 \end{vmatrix}+\begin{vmatrix} 1 & b \\ 3 & d \end{vmatrix}$;　(D) $\begin{vmatrix} 1 & 2 \\ 3 & 4 \end{vmatrix}\begin{vmatrix} a & b \\ c & d \end{vmatrix}$

4. 设行列式 $D-\begin{vmatrix} a_{11} & a_{12} & 0 \\ 0 & a_{22} & a_{23} \\ a_{31} & 0 & a_{33} \end{vmatrix}$，则 $D=$______.

(A) $a_{11}M_{11}+a_{12}M_{12}$;　(B) $a_{22}M_{22}+a_{23}M_{23}$;

(C) $a_{11}M_{11}+a_{31}M_{31}$;　(D) $a_{12}M_{12}+a_{22}M_{22}$

二、填空题：

1. $\begin{vmatrix} 0 & a & 0 & 0 \\ 0 & 0 & 0 & b \\ c & 0 & 0 & 0 \\ 0 & 0 & d & 0 \end{vmatrix}=$______;

2. 若$\begin{vmatrix} 1 & 0 & 2 \\ x & 3 & 1 \\ 4 & x & 5 \end{vmatrix}$的代数余子式 $A_{12}=0$，则代数余子式 $A_{21}=$______;

3. 在 n 阶行列式 D 中，若 $a_{ij}=-a_{ji}$ $(i, j=1, 2, \cdots, n)$，若 n 是奇数，则 $D=$______.

4. 若方程组$\begin{cases} 3x+ky-z=0 \\ 4y+z=0 \\ kx-5y-z=0 \end{cases}$有非零解，则 $k=$______.

三、计算题：

1. 计算下列行列式：

(1) $\begin{vmatrix} 1 & 1 & 1 & 1 \\ 1 & 2 & 3 & 4 \\ 1 & 3 & 6 & 10 \\ 1 & 4 & 10 & 20 \end{vmatrix}$； (2) $\begin{vmatrix} 5 & 1 & 1 & 1 \\ 1 & 5 & 1 & 1 \\ 1 & 1 & 5 & 1 \\ 1 & 1 & 1 & 5 \end{vmatrix}$；

(3) $\begin{vmatrix} 1+x & 1 & 1 & 1 \\ 1 & 1-x & 1 & 1 \\ 1 & 1 & 1+y & 1 \\ 1 & 1 & 1 & 1-y \end{vmatrix}$； (4) $\begin{vmatrix} a_1 & 0 & 0 & b_1 \\ 0 & a_2 & b_2 & 0 \\ 0 & b_3 & a_3 & 0 \\ b_4 & 0 & 0 & a_4 \end{vmatrix}$

2. 用定义计算下列 n 阶行列式：

(1) $\begin{vmatrix} a & 0 & \cdots & 0 & 1 \\ 0 & a & \cdots & 0 & 0 \\ \vdots & \vdots & & \vdots & \vdots \\ 0 & 0 & \cdots & a & 0 \\ 1 & 0 & \cdots & 0 & a \end{vmatrix}$； (2) $\begin{vmatrix} 3 & 2 & 0 & \cdots & 0 & 0 \\ 1 & 3 & 2 & \cdots & 0 & 0 \\ 0 & 1 & 3 & \cdots & 0 & 0 \\ \vdots & \vdots & \vdots & & \vdots & \vdots \\ 0 & 0 & 0 & \cdots & 3 & 2 \\ 0 & 0 & 0 & \cdots & 1 & 3 \end{vmatrix}$

3. 用克拉默法则解下列线性方程组

(1) $\begin{cases} 2x_1+x_2-5x_3+x_4=8 \\ x_1-3x_2-6x_4=9 \\ 2x_2-x_3+2x_4=-5 \\ x_1+4x_2-7x_3+6x_4=0 \end{cases}$

(2) $\begin{cases} 5x_1+6x_2=1 \\ x_1+5x_2+6x_3=0 \\ x_2+5x_3+6x_4=0 \\ x_3+5x_4=1 \end{cases}$

4. 当 λ 取何值时，线性方程组

$$\begin{cases} \lambda x_1+x_2+\lambda^2 x_3=0 \\ x_1+\lambda x_2+x_3=0 \\ x_1+x_2+\lambda x_3=0 \end{cases}$$

有非零解？

5. 判断下列方程组在什么条件下可用克拉默法则求解，并求出它的解：

$$\begin{cases} x_1+x_2+x_3=1 \\ ax_1+bx_2+cx_3=d \\ a^2x_1+b^2x_2+c^2x_3=d^2 \end{cases}$$

四、证明题：

1. 证明：

$$\begin{vmatrix} ax+by & ay+bz & az+bx \\ ay+bz & az+bx & ax+by \\ az+bx & ax+by & ay+bz \end{vmatrix} = (a^3+b^3)\begin{vmatrix} x & y & z \\ y & z & x \\ z & x & y \end{vmatrix}$$

2. 证明：

$$\begin{vmatrix} 1 & 1 & 1 & 1 \\ a & b & c & d \\ a^2 & b^2 & c^2 & d^2 \\ a^4 & b^4 & c^4 & d^4 \end{vmatrix} = (a-b)(a-c)(a-d)(b-c)(b-d)(c-d)(a+b+c+d)$$

第2章 矩 阵

矩阵是线性代数研究的主要对象和工具，它在数学的其他分支以及自然科学、经济管理和工程技术等领域有广泛的应用.

本章主要介绍矩阵的运算、矩阵的初等变换、逆矩阵、矩阵的秩、分块矩阵等基本理论.

2.1 矩阵及其运算

2.1.1 矩阵的概念

定义1 由 $m\times n$ 个数 a_{ij}（$i=1, 2, \cdots, m$；$j=1, 2, \cdots, n$）排成的 m 行 n 列的数表

$$\begin{pmatrix} a_{11} & a_{12} & \cdots & a_{1n} \\ a_{21} & a_{22} & \cdots & a_{2n} \\ \vdots & \vdots & & \vdots \\ a_{m1} & a_{m2} & \cdots & a_{mn} \end{pmatrix} \tag{2-1}$$

称为 m 行 n 列矩阵，简称 $m\times n$ 矩阵. 记为 $\boldsymbol{A}$ 或 $\boldsymbol{A}_{m\times n}$. a_{ij} 称为矩阵 $\boldsymbol{A}$ 的第 i 行第 j 列元素. 矩阵 $\boldsymbol{A}$ 也可以简记为

$$\boldsymbol{A}=(a_{ij})_{m\times n}\text{或}\boldsymbol{A}=(a_{ij})$$

元素是实数的矩阵称为实矩阵，而元素是复数的矩阵称为复矩阵，本书中的矩阵都指实矩阵.

行数和列数都等于 n 的矩阵称为 n 阶矩阵或 n 阶方阵，记为 A_n.

只有一行的矩阵

$$\boldsymbol{A}=(a_1 \quad a_2 \cdots \quad a_n)$$

称为行矩阵，又称行向量. 为了避免元素之间的混淆，行矩阵也记为

$$A=(a_1,a_2,\cdots,a_n)$$

只有一列的矩阵

$$B=\begin{pmatrix} b_1 \\ b_2 \\ \vdots \\ b_n \end{pmatrix}$$

称为列矩阵，又称为列向量.

规定，只有一个元素的矩阵记为$(a)=a$.

如果两个矩阵的行数相等、列数也相等，则称这两个矩阵是同型矩阵. 如果$A=(a_{ij})$ 和 $B=(b_{ij})$ 是同型矩阵，并且它们的对应元素相等，即

$$a_{ij}=b_{ij} \quad (i=1,2,\cdots,m;j=1,2,\cdots,n)$$

则称矩阵 A 和矩阵 B 相等，记为

$$A=B$$

所有元素都是零的矩阵称为零矩阵，记为 $\mathbf{0}$. 注意不同型的零矩阵是不相等的.

例 1　某企业生产 A, B, C 三种产品，各种产品的 4 个季度的产值（单位：万元）如下表：

产品 \ 产值 \ 季度	1	2	3	4
A	75	80	72	76
B	80	85	78	83
C	83	88	82	87

把上面的数表列为一个矩阵

$$\begin{pmatrix} 75 & 80 & 72 & 76 \\ 80 & 85 & 78 & 83 \\ 83 & 88 & 82 & 87 \end{pmatrix}$$

它描述了这家企业三种产品的季度产值.

例 2　由 m 个方程、n 个未知量构成的线性方程组

$$\begin{cases} a_{11}x_1+a_{12}x_2+\cdots+a_{1n}x_n=b_1 \\ a_{21}x_1+a_{22}x_2+\cdots+a_{2n}x_n=b_2 \\ \cdots\cdots\cdots\cdots\cdots\cdots\cdots\cdots\cdots\cdots \\ a_{m1}x_1+a_{m2}x_2+\cdots+a_{mn}x_n=b_m \end{cases} \tag{2-2}$$

它的系数构成的 $m\times n$ 矩阵

$$\boldsymbol{A}=\begin{pmatrix} a_{11} & a_{12} & \cdots & a_{1n} \\ a_{21} & a_{22} & \cdots & a_{2n} \\ \vdots & \vdots & & \vdots \\ a_{m1} & a_{m2} & \cdots & a_{mn} \end{pmatrix} \tag{2-3}$$

称为方程组(2-2) 的系数矩阵，它的系数和常数项构成 $m\times(n+1)$ 矩阵

$$(\boldsymbol{A},b)=\begin{pmatrix} a_{11} & a_{12} & \cdots & a_{1n} & b_1 \\ a_{21} & a_{22} & \cdots & a_{2n} & b_2 \\ \vdots & \vdots & & \vdots & \vdots \\ a_{m1} & a_{m2} & \cdots & a_{mn} & b_m \end{pmatrix} \tag{2-4}$$

称为方程组(2-2) 的增广矩阵.

例 3 n 个变量 x_1，x_2，…，x_n 和 m 个变量 y_1，y_2，…，y_m 之间的关系式

$$\begin{cases} y_1=a_{11}x_1+a_{12}x_2+\cdots+a_{1n}x_n \\ y_2=a_{21}x_1+a_{22}x_2+\cdots+a_{2n}x_n \\ \cdots\cdots\cdots\cdots\cdots\cdots\cdots\cdots \\ y_m=a_{m1}x_1+a_{m2}x_2+\cdots+a_{mn}x_n \end{cases} \tag{2-5}$$

表示一个从变量 x_1，x_2，…，x_n 到变量 y_1，y_2，…，y_m 的线性变换，其中 a_{ij} 为常数，线性变换（2-5）的系数构成一个矩阵

$$\boldsymbol{A}=\begin{pmatrix} a_{11} & a_{12} & \cdots & a_{1n} \\ a_{21} & a_{22} & \cdots & a_{2n} \\ \vdots & \vdots & & \vdots \\ a_{m1} & a_{m2} & \cdots & a_{mn} \end{pmatrix}$$

称为线性变换（2-5）的系数矩阵.

2.1.2 矩阵的运算

定义 2 设矩阵 $\boldsymbol{A}=(a_{ij})$ 和 $\boldsymbol{B}=(b_{ij})$ 是 $m\times n$ 矩阵，矩阵 $\boldsymbol{A}$ 与 $\boldsymbol{B}$ 的和 $\boldsymbol{A}+\boldsymbol{B}$，规定为

$$\boldsymbol{A}+\boldsymbol{B}=\begin{pmatrix} a_{11}+b_{11} & a_{12}+b_{12} & \cdots & a_{1n}+b_{1n} \\ a_{21}+b_{21} & a_{22}+b_{22} & \cdots & a_{2n}+b_{2n} \\ \vdots & \vdots & & \vdots \\ a_{m1}+b_{m1} & a_{m2}+b_{m2} & \cdots & a_{mn}+b_{mn} \end{pmatrix} \tag{2-6}$$

注意 只有当两个矩阵是同型矩阵时，这两个矩阵才能进行加法运算：

若 $\boldsymbol{A}=(a_{ij})$，则称 $(-a_{ij})$ 为 $\boldsymbol{A}$ 的负矩阵，记为 $-\boldsymbol{A}$.

对于同型矩阵 $\boldsymbol{A}$ 和 $\boldsymbol{B}$，规定 $\boldsymbol{A}$ 和 $\boldsymbol{B}$ 的差.

$$\boldsymbol{A}-\boldsymbol{B}=\boldsymbol{A}+(-\boldsymbol{B})$$

定义 3 数 λ 和矩阵 $\boldsymbol{A}=(a_{ij})$ 的乘积记为 $\lambda\boldsymbol{A}$ 或 $\boldsymbol{A}\lambda$，规定为

$$\lambda\boldsymbol{A}=\boldsymbol{A}\lambda=\begin{pmatrix}\lambda a_{11} & \lambda a_{12} & \cdots & \lambda a_{1n}\\ \lambda a_{21} & \lambda a_{22} & \cdots & \lambda a_{2n}\\ \vdots & \vdots & & \vdots\\ \lambda a_{m1} & \lambda a_{m2} & \cdots & \lambda a_{mn}\end{pmatrix} \tag{2-7}$$

矩阵的加法和数乘法统称为矩阵的线性运算，它满足下列的运算规律：

设 $\boldsymbol{A}$，$\boldsymbol{B}$，$\boldsymbol{C}$，$\boldsymbol{0}$ 都是同型矩阵，λ，μ 是常数，则

(1) $\boldsymbol{A}+\boldsymbol{B}=\boldsymbol{B}+\boldsymbol{A}$；

(2) $(\boldsymbol{A}+\boldsymbol{B})+\boldsymbol{C}=\boldsymbol{A}+(\boldsymbol{B}+\boldsymbol{C})$；

(3) $\boldsymbol{A}+\boldsymbol{0}=\boldsymbol{A}$；

(4) $\boldsymbol{A}+(-\boldsymbol{A})=\boldsymbol{0}$；

(5) $1\boldsymbol{A}=\boldsymbol{A}$；

(6) $\lambda(\mu\boldsymbol{A})=\mu(\lambda\boldsymbol{A})$；

(7) $(\lambda+\mu)\boldsymbol{A}=\lambda\boldsymbol{A}+\mu\boldsymbol{A}$；

(8) $\lambda(\boldsymbol{A}+\boldsymbol{B})=\lambda\boldsymbol{A}+\lambda\boldsymbol{B}$.

注： 在数学中，把满足上述八条运算规律的运算称为线性运算.

例 4 已知矩阵

$$\boldsymbol{A}=\begin{pmatrix}-1 & 2 & 3 & 1\\ 0 & 3 & -2 & 1\\ 4 & 0 & 3 & 2\end{pmatrix},\quad \boldsymbol{B}=\begin{pmatrix}4 & 3 & 2 & -1\\ 5 & -3 & 0 & 1\\ 1 & 2 & -5 & 0\end{pmatrix}$$

求 $3\boldsymbol{A}-2\boldsymbol{B}$.

解

$$3\boldsymbol{A}-2\boldsymbol{B}=3\begin{pmatrix}-1 & 2 & 3 & 1\\ 0 & 3 & -2 & 1\\ 4 & 0 & 3 & 2\end{pmatrix}-2\begin{pmatrix}4 & 3 & 2 & -1\\ 5 & -3 & 0 & 1\\ 1 & 2 & -5 & 0\end{pmatrix}$$

$$=\begin{pmatrix}-3 & 6 & 9 & 3\\ 0 & 9 & -6 & 3\\ 12 & 0 & 9 & 6\end{pmatrix}-\begin{pmatrix}8 & 6 & 4 & -2\\ 10 & -6 & 0 & 2\\ 2 & 4 & -10 & 0\end{pmatrix}$$

$$=\begin{pmatrix}-11 & 0 & 5 & 5\\ -10 & 15 & -6 & 1\\ 10 & -4 & 19 & 6\end{pmatrix}$$

例 5 已知矩阵

$$\boldsymbol{A}=\begin{pmatrix}3 & -1 & 2\\ 1 & 3 & 5\end{pmatrix},\quad \boldsymbol{B}=\begin{pmatrix}5 & 3 & 4\\ 3 & 1 & -1\end{pmatrix}$$

且 $\boldsymbol{A}+2\boldsymbol{X}=\boldsymbol{B}$，求 $\boldsymbol{X}$.

解
$$\boldsymbol{X}=\frac{1}{2}(\boldsymbol{B}-\boldsymbol{A})=\frac{1}{2}\left[\begin{pmatrix}5 & 3 & 4\\3 & 1 & -1\end{pmatrix}-\begin{pmatrix}3 & -1 & 2\\1 & 3 & 5\end{pmatrix}\right]$$
$$=\frac{1}{2}\begin{pmatrix}2 & 4 & 2\\2 & -2 & -6\end{pmatrix}=\begin{pmatrix}1 & 2 & 1\\1 & -1 & -3\end{pmatrix}$$

定义 4 设矩阵 $\boldsymbol{A}=(a_{ij})$ 是一个 $m\times s$ 矩阵，$\boldsymbol{B}=(b_{ij})$ 是一个 $s\times n$ 矩阵，则规定矩阵 $\boldsymbol{A}$ 和 $\boldsymbol{B}$ 的积是一个 $m\times n$ 矩阵，记为 $\boldsymbol{AB}$，规定

$$\boldsymbol{AB}=(c_{ij})=\begin{pmatrix}c_{11} & c_{12} & \cdots & c_{1n}\\c_{21} & c_{22} & \cdots & c_{2n}\\\vdots & \vdots & & \vdots\\c_{m1} & c_{m2} & \cdots & c_{mn}\end{pmatrix} \tag{2-8}$$

其中 $c_{ij}=a_{i1}b_{1j}+a_{i2}b_{2j}+\cdots+a_{is}b_{sj}=\sum\limits_{k=1}^{s}a_{ik}b_{kj}\begin{pmatrix}i=1,2,\cdots,m\\j=1,2,\cdots,n\end{pmatrix}$

注：只有当矩阵 $\boldsymbol{A}$ 的列数等于矩阵 $\boldsymbol{B}$ 的行数时，两个矩阵才能进行乘法运算，而且 $\boldsymbol{AB}$ 的元素 c_{ij} 等于矩阵 $\boldsymbol{A}$ 的第 i 行元素与矩阵 $\boldsymbol{B}$ 的第 j 列对应元素乘积的和.

例 6 设矩阵

$$\boldsymbol{A}=\begin{pmatrix}2 & 3\\1 & -2\\3 & 1\end{pmatrix},\ \boldsymbol{B}=\begin{pmatrix}1 & -2 & -3\\2 & -1 & 0\end{pmatrix}$$

求 $\boldsymbol{AB},\boldsymbol{BA}$.

解 $\boldsymbol{AB}=\begin{pmatrix}2 & 3\\1 & -2\\3 & 1\end{pmatrix}\begin{pmatrix}1 & -2 & -3\\2 & -1 & 0\end{pmatrix}$

$$=\begin{pmatrix}2\times1+3\times2 & 2\times(-2)+3\times(-1) & 2\times(-3)+3\times0\\1\times1+(-2)\times2 & 1\times(-2)+(-2)\times(-1) & 1\times(-3)+(-2)\times0\\3\times1+1\times2 & 3\times(-2)+1\times(-1) & 3\times(-3)+1\times0\end{pmatrix}$$

$$=\begin{pmatrix}8 & -7 & -6\\-3 & 0 & -3\\5 & -7 & -9\end{pmatrix}$$

$$BA=\begin{pmatrix}1&-2&-3\\2&-1&0\end{pmatrix}\begin{pmatrix}2&3\\1&-2\\3&1\end{pmatrix}$$

$$=\begin{pmatrix}1\times2+(-2)\times1+(-3)\times3 & 1\times3+(-2)\times(-2)+(-3)\times1\\2\times2+(-1)\times1+0\times3 & 2\times3+(-1)\times(-2)+0\times1\end{pmatrix}$$

$$=\begin{pmatrix}-9&4\\3&8\end{pmatrix}$$

矩阵的乘法满足下列的运算规律（假定运算可行）：

(1) $(AB)C=A(BC)$；　　(2) $C(A+B)=CA+CB$；

(3) $(A+B)D=AD+BD$；　　(4) $\lambda(AB)=(\lambda A)B=A(\lambda B)$

由例6可知，矩阵的乘法不满足交换律，即 $AB\neq BA$. 另外矩阵的乘法还应注意两个问题：

(1) $AB=0$，不能推出 $A=0$ 或 $B=0$.

例如 $A=\begin{pmatrix}2&4\\-3&-6\end{pmatrix}$，$B=\begin{pmatrix}-2&4\\1&-2\end{pmatrix}$，则

$$AB=\begin{pmatrix}2&4\\-3&-6\end{pmatrix}\begin{pmatrix}-2&4\\1&-2\end{pmatrix}=\begin{pmatrix}0&0\\0&0\end{pmatrix}$$

但 $A\neq0$，$B\neq0$.

(2) 矩阵的乘法一般不满足消去律，即 $AC=BC$，不能推出 $A=B$.

例如 $A=\begin{pmatrix}1&2\\0&3\end{pmatrix}$，$B=\begin{pmatrix}1&0\\0&4\end{pmatrix}$，$C=\begin{pmatrix}1&1\\0&0\end{pmatrix}$，则

$$AC=\begin{pmatrix}1&2\\0&3\end{pmatrix}\begin{pmatrix}1&1\\0&0\end{pmatrix}=\begin{pmatrix}1&1\\0&0\end{pmatrix}$$

$$BC=\begin{pmatrix}1&0\\0&4\end{pmatrix}\begin{pmatrix}1&1\\0&0\end{pmatrix}=\begin{pmatrix}1&1\\0&0\end{pmatrix}$$

即 $AC=BC$，但 $A\neq B$.

定义5 把 $m\times n$ 矩阵 A 的行和列互换，得到的 $n\times m$ 矩阵，称为矩阵 A 的转置矩阵，记为 A^T，即若

$$A=\begin{pmatrix}a_{11}&a_{12}&\cdots&a_{1n}\\a_{21}&a_{22}&\cdots&a_{2n}\\\vdots&\vdots&&\vdots\\a_{m1}&a_{m2}&\cdots&a_{mn}\end{pmatrix}，则 A^T=\begin{pmatrix}a_{11}&a_{21}&\cdots&a_{m1}\\a_{12}&a_{22}&\cdots&a_{m2}\\\vdots&\vdots&&\vdots\\a_{1n}&a_{2n}&\cdots&a_{mn}\end{pmatrix}$$

例如，设

$$\boldsymbol{A}=\begin{pmatrix}2 & -1 & 5\\ 3 & -2 & 1\end{pmatrix},\ 则\ \boldsymbol{A}^{\mathrm{T}}=\begin{pmatrix}2 & 3\\ -1 & -2\\ 5 & 1\end{pmatrix}$$

矩阵的转置满足下列运算规律（假设运算都可行）

(1) $(\boldsymbol{A}^{\mathrm{T}})^{\mathrm{T}}=\boldsymbol{A}$；　　(2) $(\boldsymbol{A}+\boldsymbol{B})^{\mathrm{T}}=\boldsymbol{A}^{\mathrm{T}}+\boldsymbol{B}^{\mathrm{T}}$；

(3) $(\lambda\boldsymbol{A})^{\mathrm{T}}=\lambda\boldsymbol{A}^{\mathrm{T}}$；　　(4) $(\boldsymbol{A}\boldsymbol{B})^{\mathrm{T}}=\boldsymbol{B}^{\mathrm{T}}\boldsymbol{A}^{\mathrm{T}}$

例 7 设矩阵

$$\boldsymbol{A}=\begin{pmatrix}2 & 0 & -1\\ 1 & 3 & 2\end{pmatrix},\ \boldsymbol{B}=\begin{pmatrix}1 & 7 & -1\\ 4 & 2 & 3\\ 2 & 0 & 1\end{pmatrix}$$

求 $(\boldsymbol{A}\boldsymbol{B})^{\mathrm{T}}$.

解
$$\boldsymbol{A}\boldsymbol{B}=\begin{pmatrix}2 & 0 & -1\\ 1 & 3 & 2\end{pmatrix}\begin{pmatrix}1 & 7 & -1\\ 4 & 2 & 3\\ 2 & 0 & 1\end{pmatrix}=\begin{pmatrix}0 & 14 & -3\\ 17 & 13 & 10\end{pmatrix}.$$

所以
$$(\boldsymbol{A}\boldsymbol{B})^{\mathrm{T}}=\begin{pmatrix}0 & 17\\ 14 & 13\\ -3 & 10\end{pmatrix}$$

或
$$(\boldsymbol{A}\boldsymbol{B})^{\mathrm{T}}=\boldsymbol{B}^{\mathrm{T}}\boldsymbol{A}^{\mathrm{T}}=\begin{pmatrix}1 & 4 & 2\\ 7 & 2 & 0\\ -1 & 3 & 1\end{pmatrix}\begin{pmatrix}2 & 1\\ 0 & 3\\ -1 & 2\end{pmatrix}=\begin{pmatrix}0 & 17\\ 14 & 13\\ -3 & 10\end{pmatrix}$$

2.1.3 方阵

如前所述，行数和列数相等的矩阵称为方阵．下面介绍一些特殊的方阵及方阵的一些性质．

2.1.3.1 对角矩阵

定义 6 称 n 阶方阵

$$\boldsymbol{A}=\begin{pmatrix}a_1 & 0 & \cdots & 0\\ 0 & a_2 & \cdots & 0\\ \vdots & \vdots & & \vdots\\ 0 & 0 & \cdots & a_n\end{pmatrix}$$

为 n 阶对角矩阵，简记为

$$A=\begin{pmatrix} a_1 & & & \\ & a_2 & & \\ & & \ddots & \\ & & & a_n \end{pmatrix}$$

或 $A=\mathrm{diag}(a_1, a_2, \cdots, a_n)$.

特别地，对角线上的元素 a_1，a_2，…，a_n 全为 a 的矩阵称为数量矩阵；对角线上的元素 a_1，a_2，…，a_n 全为 1 的矩阵称为单位矩阵，记为 E，即

$$E=\begin{pmatrix} 1 & & & \\ & 1 & & \\ & & \ddots & \\ & & & 1 \end{pmatrix}$$

显然，$E_m A_{m\times n}=A_{m\times n}E_n=A_{m\times n}$.

2.1.3.2 上（下）三角形矩阵

定义 7 称 n 阶方阵

$$A=\begin{pmatrix} a_{11} & a_{12} & \cdots & a_{1n} \\ 0 & a_{22} & \cdots & a_{2n} \\ \vdots & \vdots & & \vdots \\ 0 & 0 & \cdots & a_{nn} \end{pmatrix}$$

为 n 阶上三角形矩阵.

称 n 阶方阵

$$B=\begin{pmatrix} a_{11} & 0 & \cdots & 0 \\ a_{21} & a_{22} & \cdots & 0 \\ \vdots & \vdots & & \vdots \\ a_{n1} & a_{n2} & \cdots & a_{nn} \end{pmatrix}$$

为 n 阶下三角形矩阵.

2.1.3.3 对称矩阵和反对称矩阵

定义 8 设 n 阶方阵 A，若 $A^{\mathrm{T}}=A$，则称 A 为 n 阶对称矩阵. 若 $A^{\mathrm{T}}=-A$，则称 A 为 n 阶反对称矩阵.

例如 矩阵 $A=\begin{pmatrix} 1 & -2 & -1 \\ -2 & 5 & 2 \\ -1 & 2 & 3 \end{pmatrix}$是一个对称矩阵，矩阵 $B=\begin{pmatrix} 0 & -1 & 2 \\ 1 & 0 & 3 \\ -2 & -3 & 0 \end{pmatrix}$是一个反对称矩阵（注意：$a_{ii}=0$).

2.1.3.4 方阵的幂

定义 9 设 A 是方阵，称

$$A^k = \underbrace{AA\cdots A}_{k\text{个}}(k\text{ 是正整数})$$

为 $\boldsymbol{A}$ 的 k 次幂.

规定 $\boldsymbol{A}^0=\boldsymbol{E}$，则 $\boldsymbol{A}^k=\boldsymbol{A}^{k-1}\boldsymbol{A}$.

对于方阵的幂，有下列性质：

(1) $\boldsymbol{A}^k\boldsymbol{A}^l=\boldsymbol{A}^{k+l}$.

(2) $(\boldsymbol{A}^k)^l=\boldsymbol{A}^{kl}$

注意 一般来说 $(\boldsymbol{AB})^k\neq\boldsymbol{A}^k\boldsymbol{B}^k$. 只有当 $\boldsymbol{A}$ 和 $\boldsymbol{B}$ 可交换时才成立.

2.1.3.5 方阵的行列式

定义 10 由 n 阶方阵 $\boldsymbol{A}$ 的元素构成的行列式（各个元素的位置不变），称为方阵 $\boldsymbol{A}$ 的行列式，记为 $|\boldsymbol{A}|$ 或 $\det\boldsymbol{A}$.

方阵 $\boldsymbol{A}$ 的行列式满足下列性质（设 $\boldsymbol{A}$，$\boldsymbol{B}$ 是 n 阶方阵，λ 是实数）：

(1) $|\boldsymbol{A}^{\mathrm{T}}|=|\boldsymbol{A}|$；

(2) $|\lambda\boldsymbol{A}|=\lambda^n|\boldsymbol{A}|$；

(3) $|\boldsymbol{AB}|=|\boldsymbol{A}||\boldsymbol{B}|$.

注：由 (3) 可知，对于 n 阶矩阵 $\boldsymbol{A}$、$\boldsymbol{B}$，一般来说 $\boldsymbol{AB}\neq\boldsymbol{BA}$，但总有

$$|\boldsymbol{AB}|=|\boldsymbol{A}||\boldsymbol{B}|=|\boldsymbol{B}||\boldsymbol{A}|=|\boldsymbol{BA}|.$$

习题 2.1

1. 设矩阵

$$\boldsymbol{A}=\begin{pmatrix}2 & 0 & -1\\3 & 1 & -2\end{pmatrix},\boldsymbol{B}=\begin{pmatrix}-1 & 1 & 2\\-2 & 1 & 5\end{pmatrix}$$

求 $\boldsymbol{A}+\boldsymbol{B}$，$2\boldsymbol{A}-3\boldsymbol{B}$.

2. 设矩阵 $\boldsymbol{X}$ 满足 $\boldsymbol{X}-2\boldsymbol{A}=\boldsymbol{B}-\boldsymbol{X}$，其中

$$\boldsymbol{A}=\begin{pmatrix}2 & -1\\-1 & 2\end{pmatrix},\boldsymbol{B}=\begin{pmatrix}0 & -2\\-2 & 0\end{pmatrix}$$

求 $\boldsymbol{X}$.

3. 计算下列矩阵的乘法

(1) $\begin{pmatrix}3 & -2 & 1\\1 & -1 & 2\end{pmatrix}\begin{pmatrix}-1 & 5\\-2 & 4\\3 & -1\end{pmatrix}$；　　(2) $\begin{pmatrix}4 & 3 & 1\\1 & -2 & 3\\5 & 7 & 0\end{pmatrix}\begin{pmatrix}7\\2\\1\end{pmatrix}$；

(3) $(1,2,3)\begin{pmatrix}1\\2\\3\end{pmatrix}$；　　(4) $\begin{pmatrix}1\\2\\3\end{pmatrix}(1,2,3)$；

(5) $\begin{pmatrix}2 & 1 & 4 & 0\\1 & -1 & 3 & 4\end{pmatrix}\begin{pmatrix}1 & 3 & 1\\0 & -1 & 2\\1 & -3 & 1\\4 & 0 & -2\end{pmatrix}$；

(6) $(1,-1,2)\begin{pmatrix}-1 & 2 & 0\\0 & 1 & 1\\3 & 0 & -1\end{pmatrix}\begin{pmatrix}2\\-1\\-2\end{pmatrix}$

4. 设矩阵

$$A=\begin{pmatrix}1 & 1 & 1\\1 & 1 & -1\\1 & -1 & 1\end{pmatrix},\ B=\begin{pmatrix}1 & 2 & 3\\-1 & -2 & 4\\0 & 5 & 1\end{pmatrix}$$

求 $3AB-2A$，$A^{\mathrm{T}}B$.

5. 已知两个线性变换

$$\begin{cases}x_1=2y_1+y_3\\x_2=-2y_1+3y_2+2y_3\\x_3=4y_1+y_2+5y_3\end{cases}\qquad\begin{cases}y_1=-3z_1+z_2\\y_2=2z_1+z_3\\y_3=-z_2+3z_3\end{cases}$$

用矩阵的乘法求变量 z_1，z_2，z_3 到变量 x_1，x_2，x_3 的线性变换.

6. 设 $A=\begin{pmatrix}1 & 1\\0 & 1\end{pmatrix}$，求所有与 A 可交换的矩阵.

7. 计算下列矩阵：

(1) $\begin{pmatrix}1 & 1\\0 & 0\end{pmatrix}^3$；(2) $\begin{pmatrix}1 & 0\\\lambda & 1\end{pmatrix}^5$；(3) $\begin{pmatrix}a & 0 & 0\\0 & b & 0\\0 & 0 & c\end{pmatrix}^4$

8. 设 $f(x)=a_2x^2+a_1x+a_0$，对于 n 阶矩阵 A，定义矩阵多项式 $f(A)=a_2A^2+a_1A+a_0E$，若 $f(x)=x^2-5x+3$，$A=\begin{pmatrix}2 & -1\\-3 & 3\end{pmatrix}$，求 $f(A)$.

9. 设 A，B 是 n 阶对称矩阵，证明 AB 是对称矩阵的充分必要条件是 $AB=BA$.

*10. 设 A，B 是 n 阶矩阵，且 A 是对称矩阵，证明 $B^{\mathrm{T}}AB$ 也是对称矩阵.

2.2 逆矩阵

2.2.1 逆矩阵的概念

在数的乘法中，对于数 $a\neq 0$，总存在唯一一个数 a^{-1}，即$\frac{1}{a}$，使得 $aa^{-1}=a^{-1}a=1$. 对于矩阵的乘法自然会提出，什么样的矩阵有类似于非零数 a 那样的性质呢?

定义 1 对于 n 阶矩阵 $\boldsymbol{A}$，存在一个 n 阶矩阵 $\boldsymbol{B}$，使得

$$\boldsymbol{AB}=\boldsymbol{BA}=\boldsymbol{E}$$

则称 $\boldsymbol{A}$ 为可逆矩阵，而矩阵 $\boldsymbol{B}$ 称为 $\boldsymbol{A}$ 的逆矩阵，记为 $\boldsymbol{A}^{-1}$.

如果矩阵 $\boldsymbol{A}$ 可逆，则 $\boldsymbol{A}$ 的逆矩阵是唯一的.

事实上，设 $\boldsymbol{B}$ 和 $\boldsymbol{C}$ 都是 $\boldsymbol{A}$ 的逆矩阵，则

$$\boldsymbol{AB}=\boldsymbol{BA}=\boldsymbol{E},\ \boldsymbol{AC}=\boldsymbol{CA}=\boldsymbol{E},$$

$$\boldsymbol{B}=\boldsymbol{EB}=(\boldsymbol{CA})\boldsymbol{B}=\boldsymbol{C}(\boldsymbol{AB})=\boldsymbol{CE}=\boldsymbol{C}.$$

所以 $\boldsymbol{A}$ 的逆矩阵是唯一的.

例 1 设矩阵

$$\boldsymbol{A}=\begin{pmatrix} a_1 & & & \\ & a_2 & & \\ & & \ddots & \\ & & & a_n \end{pmatrix}(a_i\neq 0, i=1,2,\cdots,n)$$

试验证

$$\boldsymbol{A}^{-1}=\begin{pmatrix} \frac{1}{a_1} & & & \\ & \frac{1}{a_2} & & \\ & & \ddots & \\ & & & \frac{1}{a_n} \end{pmatrix}$$

证明 因为

$$\begin{pmatrix} a_1 & & & \\ & a_2 & & \\ & & \ddots & \\ & & & a_n \end{pmatrix}\begin{pmatrix} \frac{1}{a_1} & & & \\ & \frac{1}{a_2} & & \\ & & \ddots & \\ & & & \frac{1}{a_n} \end{pmatrix}=\begin{pmatrix} 1 & & & \\ & 1 & & \\ & & \ddots & \\ & & & 1 \end{pmatrix}=\boldsymbol{E}_n$$

$$\begin{pmatrix} \frac{1}{a_1} & & & \\ & \frac{1}{a_2} & & \\ & & \ddots & \\ & & & \frac{1}{a_n} \end{pmatrix} \begin{pmatrix} a_1 & & & \\ & a_2 & & \\ & & \ddots & \\ & & & a_n \end{pmatrix} = \begin{pmatrix} 1 & & & \\ & 1 & & \\ & & \ddots & \\ & & & 1 \end{pmatrix} = \boldsymbol{E}_n$$

所以 $\boldsymbol{A}^{-1} = \begin{pmatrix} \frac{1}{a_1} & & & \\ & \frac{1}{a_2} & & \\ & & \ddots & \\ & & & \frac{1}{a_n} \end{pmatrix}$

2.2.2　逆矩阵存在的条件及求法

定义 2　设方阵

$$\boldsymbol{A} = \begin{pmatrix} a_{11} & a_{12} & \cdots & a_{1n} \\ a_{21} & a_{22} & \cdots & a_{2n} \\ \vdots & \vdots & & \vdots \\ a_{n1} & a_{n2} & \cdots & a_{nn} \end{pmatrix}$$

A_{ij} 是行列式 $|\boldsymbol{A}|$ 中元素 a_{ij} 的代数余子式，矩阵

$$\boldsymbol{A}^* = \begin{pmatrix} A_{11} & A_{21} & \cdots & A_{n1} \\ A_{12} & A_{22} & \cdots & A_{n2} \\ \vdots & \vdots & & \vdots \\ A_{1n} & A_{2n} & \cdots & A_{nn} \end{pmatrix}$$

称为 $\boldsymbol{A}$ 的伴随矩阵.

例 2　设矩阵

$$\boldsymbol{A} = \begin{pmatrix} 1 & 0 & 1 \\ 2 & 1 & 0 \\ -3 & 2 & -5 \end{pmatrix}$$

求 $\boldsymbol{A}$ 的伴随矩阵.

解　因为

$A_{11}=-5$，$A_{12}=10$，$A_{13}=7$，$A_{21}=2$，$A_{22}=-2$

$A_{23}=-2$，$A_{31}=-1$，$A_{32}=2$，$A_{33}=1$，

所以

$$\boldsymbol{A}^* = \begin{pmatrix} A_{11} & A_{21} & A_{31} \\ A_{12} & A_{22} & A_{32} \\ A_{13} & A_{23} & A_{33} \end{pmatrix} = \begin{pmatrix} -5 & 2 & -1 \\ 10 & -2 & 2 \\ 7 & -2 & 1 \end{pmatrix}$$

定义 3 若 n 阶矩阵 $\boldsymbol{A}$ 的行列式 $|\boldsymbol{A}| \neq 0$，则称 $\boldsymbol{A}$ 是非奇异矩阵，否则称 $\boldsymbol{A}$ 为奇异矩阵.

定理 1 n 阶矩阵 $\boldsymbol{A}$ 为可逆矩阵的充分必要条件是 $\boldsymbol{A}$ 是非奇异矩阵，且当 $\boldsymbol{A}$ 可逆时，有

$$\boldsymbol{A}^{-1}=\frac{1}{|\boldsymbol{A}|}\boldsymbol{A}^{*} \tag{2-9}$$

证明 必要性. 设 $\boldsymbol{A}$ 是可逆矩阵，则存在 $\boldsymbol{A}^{-1}$，使 $\boldsymbol{A}\boldsymbol{A}^{-1}=\boldsymbol{E}$，由方阵的性质

$$|\boldsymbol{A}||\boldsymbol{A}^{-1}|=|\boldsymbol{A}\boldsymbol{A}^{-1}|=|\boldsymbol{E}|=1\neq 0$$

所以 $|\boldsymbol{A}| \neq 0$，即 $\boldsymbol{A}$ 是非奇异矩阵.

充分性. 设 $\boldsymbol{A}=(a_{ij})_{n\times n}$，由行列式性质式(1-8) 和式(1-10) 得

$$\boldsymbol{A}\boldsymbol{A}^{*}=\begin{pmatrix} a_{11} & a_{12} & \cdots & a_{1n} \\ a_{21} & a_{22} & \cdots & a_{2n} \\ \vdots & & & \vdots \\ a_{n1} & a_{n2} & \cdots & a_{nn} \end{pmatrix}\begin{pmatrix} A_{11} & A_{21} & \cdots & A_{n1} \\ A_{12} & A_{22} & \cdots & A_{n2} \\ \vdots & \vdots & & \vdots \\ A_{1n} & A_{2n} & \cdots & A_{nn} \end{pmatrix}$$

$$=\begin{pmatrix} |\boldsymbol{A}| & & & \\ & |\boldsymbol{A}| & & \\ & & \ddots & \\ & & & |\boldsymbol{A}| \end{pmatrix}=|\boldsymbol{A}|\boldsymbol{E}.$$

因 $|\boldsymbol{A}| \neq 0$，所以 $\boldsymbol{A}\left(\dfrac{1}{|\boldsymbol{A}|}\boldsymbol{A}^{*}\right)=\boldsymbol{E}$

类似地，可以证明 $\left(\dfrac{1}{|\boldsymbol{A}|}\boldsymbol{A}^{*}\right)\boldsymbol{A}=\boldsymbol{E}$.

由此，矩阵 $\boldsymbol{A}$ 可逆，且 $\boldsymbol{A}^{-1}=\dfrac{1}{|\boldsymbol{A}|}\boldsymbol{A}^{*}$.

例 3 判断下列矩阵是否可逆，若可逆，求其逆矩阵.

$$\boldsymbol{A}=\begin{pmatrix} 1 & 0 & 1 \\ 2 & 1 & 0 \\ -3 & 2 & -5 \end{pmatrix};\ \boldsymbol{B}=\begin{pmatrix} 0 & -1 & 5 \\ -4 & 2 & -2 \\ 1 & -1 & 3 \end{pmatrix}$$

解 因为 $|\boldsymbol{A}|=2\neq 0$，$|\boldsymbol{B}|=0$，故 $\boldsymbol{A}$ 可逆，$\boldsymbol{B}$ 不可逆，由例 2 知

$$\boldsymbol{A}^{*}=\begin{pmatrix} -5 & 2 & -1 \\ 10 & -2 & 2 \\ 7 & -2 & 1 \end{pmatrix}，故\ \boldsymbol{A}^{-1}=\frac{\boldsymbol{A}^{*}}{|\boldsymbol{A}|}=\begin{pmatrix} -\frac{5}{2} & 1 & -\frac{1}{2} \\ 5 & -1 & 1 \\ \frac{7}{2} & -1 & \frac{1}{2} \end{pmatrix}$$

可逆矩阵满足下列性质：

(1) 若 $\boldsymbol{A}$ 可逆，则 $\boldsymbol{A}^{-1}$ 可逆，且 $(\boldsymbol{A}^{-1})^{-1}=\boldsymbol{A}$;

(2) 若 $\boldsymbol{A}$ 可逆，则 $\boldsymbol{A}^{\mathrm{T}}$ 可逆，且 $(\boldsymbol{A}^{\mathrm{T}})^{-1}=(\boldsymbol{A}^{-1})^{\mathrm{T}}$；

(3) 若 $\boldsymbol{A}$ 可逆，数 $\lambda\neq0$，则 $\lambda\boldsymbol{A}$ 可逆，且 $(\lambda\boldsymbol{A})^{-1}=\frac{1}{\lambda}\boldsymbol{A}^{-1}$；

(4) 若 $\boldsymbol{A}$，$\boldsymbol{B}$ 是同阶可逆矩阵，则 $\boldsymbol{AB}$ 可逆，且 $(\boldsymbol{AB})^{-1}=\boldsymbol{B}^{-1}\boldsymbol{A}^{-1}$；

(5) 若 $\boldsymbol{A}$ 可逆，则 $|\boldsymbol{A}^{-1}|=|\boldsymbol{A}|^{-1}=\frac{1}{|\boldsymbol{A}|}$.

证明 (1) 因为 $\boldsymbol{AA}^{-1}=\boldsymbol{A}^{-1}\boldsymbol{A}=\boldsymbol{E}$,故 $\boldsymbol{A}$ 为 $\boldsymbol{A}^{-1}$ 的逆矩阵,即 $(\boldsymbol{A}^{-1})^{-1}=\boldsymbol{A}$.

(2) 因为 $\boldsymbol{A}^{\mathrm{T}}(\boldsymbol{A}^{-1})^{\mathrm{T}}=(\boldsymbol{A}^{-1}\boldsymbol{A})^{\mathrm{T}}=\boldsymbol{E}^{\mathrm{T}}=\boldsymbol{E}$,故 $(\boldsymbol{A}^{\mathrm{T}})^{-1}=(\boldsymbol{A}^{-1})^{\mathrm{T}}$.

(3) 因为 $(\lambda\boldsymbol{A})\left(\frac{1}{\lambda}\boldsymbol{A}^{-1}\right)=\lambda\frac{1}{\lambda}\boldsymbol{AA}^{-1}=\boldsymbol{E}$,故 $(\lambda\boldsymbol{A})^{-1}=\frac{1}{\lambda}\boldsymbol{A}^{-1}$.

(4) 因为 $(\boldsymbol{AB})(\boldsymbol{B}^{-1}\boldsymbol{A}^{-1})=\boldsymbol{A}(\boldsymbol{BB}^{-1})\boldsymbol{A}^{-1}=\boldsymbol{AEA}^{-1}=\boldsymbol{AA}^{-1}=\boldsymbol{E}$,故 $(\boldsymbol{AB})^{-1}=\boldsymbol{B}^{-1}\boldsymbol{A}^{-1}$.

(5) 因为 $\boldsymbol{AA}^{-1}=\boldsymbol{E}$，故 $|\boldsymbol{A}||\boldsymbol{A}^{-1}|=|\boldsymbol{AA}^{-1}|=|\boldsymbol{E}|=1$,故 $|\boldsymbol{A}^{-1}|=\frac{1}{|\boldsymbol{A}|}=|\boldsymbol{A}|^{-1}$.

注：性质 (4) 可以推广到有限个同阶可逆矩阵情况，即

$$(\boldsymbol{A}_1\boldsymbol{A}_2\cdots\boldsymbol{A}_n)^{-1}=\boldsymbol{A}_n^{-1}\cdots\boldsymbol{A}_2^{-1}\boldsymbol{A}_1^{-1}.$$

2.2.3 求解矩阵方程

对于矩阵方程

$$\boldsymbol{AX}=\boldsymbol{B},\boldsymbol{XA}=\boldsymbol{B},\boldsymbol{AXB}=\boldsymbol{C},$$

如果 $\boldsymbol{A}$ 可逆，则 $\boldsymbol{AX}=\boldsymbol{B}$ 的解为 $\boldsymbol{X}=\boldsymbol{A}^{-1}\boldsymbol{B}$，$\boldsymbol{XA}=\boldsymbol{B}$ 的解为 $\boldsymbol{X}=\boldsymbol{BA}^{-1}$；如果 $\boldsymbol{A}$，$\boldsymbol{B}$ 都可逆，则 $\boldsymbol{AXB}=\boldsymbol{C}$ 的解为 $\boldsymbol{X}=\boldsymbol{A}^{-1}\boldsymbol{CB}^{-1}$.

例 4 设矩阵

$$\boldsymbol{A}=\begin{pmatrix}1&0&1\\2&1&0\\-3&2&-5\end{pmatrix},\ \boldsymbol{B}=\begin{pmatrix}1&0\\1&2\end{pmatrix},\ \boldsymbol{C}=\begin{pmatrix}1&3\\2&0\\1&1\end{pmatrix}$$

求矩阵 $\boldsymbol{X}$，使其满足

$$\boldsymbol{AXB}=\boldsymbol{C}$$

解 由例 3 知

$$\boldsymbol{A}^{-1}=\begin{pmatrix}-\frac{5}{2}&1&-\frac{1}{2}\\5&-1&1\\\frac{7}{2}&-1&\frac{1}{2}\end{pmatrix},\ \boldsymbol{B}^{-1}=\begin{pmatrix}1&0\\-\frac{1}{2}&\frac{1}{2}\end{pmatrix}$$

于是

$$X=A^{-1}CB^{-1}=\begin{pmatrix}-\frac{5}{2} & 1 & -\frac{1}{2}\\ 5 & -1 & 1\\ \frac{7}{2} & -1 & \frac{1}{2}\end{pmatrix}\begin{pmatrix}1 & 3\\ 2 & 0\\ 1 & 1\end{pmatrix}\begin{pmatrix}1 & 0\\ -\frac{1}{2} & \frac{1}{2}\end{pmatrix}$$

$$=\begin{pmatrix}-1 & -8\\ 4 & 16\\ 2 & 11\end{pmatrix}\begin{pmatrix}1 & 0\\ -\frac{1}{2} & \frac{1}{2}\end{pmatrix}=\begin{pmatrix}3 & -4\\ -4 & 8\\ -\frac{7}{2} & \frac{11}{2}\end{pmatrix}$$

例 5 用逆矩阵求解线性方程组

$$\begin{cases}x_1+2x_2+3x_3=2\\ 2x_1+2x_2+x_3=1\\ 3x_1+4x_2+3x_3=2\end{cases}$$

解 此方程可写成矩阵方程

$$\begin{pmatrix}1 & 2 & 3\\ 2 & 2 & 1\\ 3 & 4 & 3\end{pmatrix}\begin{pmatrix}x_1\\ x_2\\ x_3\end{pmatrix}=\begin{pmatrix}2\\ 1\\ 2\end{pmatrix}$$

设

$$A=\begin{pmatrix}1 & 2 & 3\\ 2 & 2 & 1\\ 3 & 4 & 3\end{pmatrix}$$

因为 $|A|=2\neq 0$，故 A 可逆，且其逆矩阵为

$$A^{-1}=\begin{pmatrix}1 & 3 & -2\\ -\frac{3}{2} & -3 & \frac{5}{2}\\ 1 & 1 & -1\end{pmatrix}$$

所以方程组的解为

$$X=\begin{pmatrix}x_1\\ x_2\\ x_3\end{pmatrix}=A^{-1}B=\begin{pmatrix}1 & 3 & -2\\ -\frac{3}{2} & -3 & \frac{5}{2}\\ 1 & 1 & -1\end{pmatrix}\begin{pmatrix}2\\ 1\\ 2\end{pmatrix}=\begin{pmatrix}1\\ -1\\ 1\end{pmatrix}$$

即 $x_1=1$，$x_2=-1$，$x_3=1$

习题 2.2

1. 判断下列矩阵是否可逆，若可逆，利用伴随矩阵求其逆矩阵：

(1) $\begin{pmatrix} 5 & 4 \\ 3 & 2 \end{pmatrix}$；(2) $\begin{pmatrix} 0 & 0 & 1 \\ 0 & 2 & 0 \\ 3 & 0 & 0 \end{pmatrix}$；

(3) $\begin{pmatrix} 1 & 0 & 0 \\ 1 & 2 & 0 \\ 1 & 2 & 3 \end{pmatrix}$；(4) $\begin{pmatrix} 0 & 2 & 1 \\ 1 & -1 & 1 \\ 3 & -1 & 2 \end{pmatrix}$

2. 解下列矩阵方程

(1) 设矩阵

$$\boldsymbol{A}=\begin{pmatrix} 4 & 1 & -2 \\ 2 & 2 & 1 \\ 3 & 1 & -1 \end{pmatrix}, \boldsymbol{B}=\begin{pmatrix} 1 & -3 \\ 2 & 2 \\ 3 & -1 \end{pmatrix}$$

求 $\boldsymbol{X}$，使 $\boldsymbol{AX}=\boldsymbol{B}$.

(2) 设矩阵

$$\boldsymbol{A}=\begin{pmatrix} 1 & -1 & 0 \\ 0 & 1 & -1 \\ -1 & 0 & 1 \end{pmatrix}$$

且 $\boldsymbol{AX}=2\boldsymbol{X}+\boldsymbol{A}$，求 $\boldsymbol{X}$.

3. 利用逆矩阵求解下列线性方程组：

(1) $\begin{cases} x_1+2x_2+3x_3=1 \\ 2x_1+2x_2+5x_3=2 \\ 3x_1+5x_2+x_3=3 \end{cases}$；　　(2) $\begin{cases} x_1-x_2-x_3=2 \\ 2x_1-x_2-3x_3=1 \\ 3x_1+2x_2-5x_3=0 \end{cases}$

4. 设线性变换

$$\begin{cases} x_1=2y_1+2y_2+y_3 \\ x_2=3y_1+y_2+5y_3 \\ x_3=3y_1+2y_2+3y_3 \end{cases}$$

利用逆矩阵求变量 x_1，x_2，x_3 到变量 y_1，y_2，y_3 的线性变换.

*5. 若 $\boldsymbol{A}^k=\boldsymbol{0}$，证明 $\boldsymbol{E}-\boldsymbol{A}$ 可逆，且

$(\boldsymbol{E}-\boldsymbol{A})^{-1}=\boldsymbol{E}+\boldsymbol{A}+\boldsymbol{A}^2+\cdots+\boldsymbol{A}^{k-1}$.

*6. 设 n 阶矩阵 $\boldsymbol{A}$ 可逆，$\boldsymbol{A}^*$ 是 $\boldsymbol{A}$ 的伴随矩阵，证明 $\boldsymbol{A}^*$ 可逆，且 $(\boldsymbol{A}^*)^{-1}=\dfrac{1}{|\boldsymbol{A}|}\boldsymbol{A}$.

2.3 矩阵的初等变换 

2.3.1 矩阵的初等变换

矩阵的初等变换起源于线性方程组的求解问题. 在这里，我们应用线性方程组的消元法引入矩阵的初等变换的方法 .

引例 解线性方程

$$\begin{cases}2x_1-5x_2+4x_3=4\\ x_1+x_2-2x_3=-3\\ 5x_1-2x_2+7x_3=22\\ 3x_1-4x_2+2x_3=1\end{cases}\tag{2-10}$$

解 交换第一、第二两个方程位置，得

$$\begin{cases}x_1+x_2-2x_3=-3\\ 2x_1-5x_2+4x_3=4\\ 5x_1-2x_3+7x_3=22\\ 3x_1-4x_2+2x_3=1\end{cases}$$

第一个方程分别乘以（−2)，(−5)，(−3）加到第二、第三、第四个方程，消去这三个方程的 x_1 项，得

$$\begin{cases}x_1+x_2-2x_3=-3\\ -7x_2+8x_3=10\\ -7x_2+17x_3=37\\ -7x_2+8x_3=10\end{cases}$$

第二个方程乘以（−1）加到第三、第四个方程，消去这个方程中的 x_2 项，得

$$\begin{cases}x_1+x_2-2x_3=-3\\ -7x_2+8x_3=10\\ 9x_3=27\\ 0=0\end{cases}\tag{2-11}$$

第四个方程为$0=0$，表明该方程是多余的方程. 方程组（2-10）和方程组（2-11）是两个同解方程组. 这一过程叫做方程组的消元过程，而且方程组（2-11）称为阶梯形方程组.

为了求得方程组（2-10）的解，在方程组（2-11）中，第三个方程两边同除9，得$x_3=3$，将$x_3=3$代入第二个方程，得$x_2=2$，最后将$x_2=2$，$x_3=3$代入第一个方程，得$x_1=1$. 所以方程（2-10）的解为：$x_1=1$，$x_2=2$，$x_3=3$.

由方程组（2-11）依次求得各未知量的过程称为回代过程，线性方程组的这种解法称为消元法.

在用消元法解线性方程组的过程中，我们对方程组反复施行了以下三种变换：

（1）交换两个方程的位置；

（2）某方程的两边同乘以一个非零数；

（3）把一个方程的若干倍加到另一个方程上，这三种变换称为线性方程组的初等变换.

在上述变换过程中，实际上只对方程组的未知量的系数和常数项进行运算，未知量并未参与运算. 因此，方程组（2-10）的消元过程和回代过程都可以转化为对方程组（2-10）的增广矩阵

$$(\boldsymbol{A}, \boldsymbol{b})=\begin{pmatrix} 2 & -5 & 4 & 4 \\ 1 & 1 & -2 & -3 \\ 5 & -2 & 7 & 22 \\ 3 & -4 & 2 & 1 \end{pmatrix}$$

施以同样的变换. 把方程组的上述三种同解变换移植到矩阵上，就得到矩阵的三种初等行变换.

定义1 设矩阵$\boldsymbol{A}=(a_{ij})_{m\times n}$，对矩阵$\boldsymbol{A}$施行下列三种变换称为矩阵的初等行变换：

（1）对调两行（对调i，j两行，记为$r_i\leftrightarrow r_j$）；

（2）以数$k\neq 0$乘以某一行中的所有元素（第i行乘以k，记为$r_i\times k$）；

（3）把某一行所有元素的k倍加到另一行对应的元素上去（第j行的k倍加到第i行上，记为r_i+kr_j）.

把定义中的“行”换成“列”，即得矩阵的初等列变换的定义（所有记号把“r”换成“c”）.

矩阵的初等行变换和初等列变换，统称为初等变换.

显然，三种初等变换都是可逆的，且其逆变换是同一类型的初等变换；变换

$r_i \leftrightarrow r_j$ 的逆变换就是其本身；变换 $r_i \times k$ 的逆变换为 $r_i \times \frac{1}{k}$；变换 $r_i + kr_j$ 的逆变换为 $r_i + (-k)r_j$（或记作 $r_i - kr_j$）.

如果矩阵 $\boldsymbol{A}$ 经有限次初等变换变为 $\boldsymbol{B}$，则称矩阵 $\boldsymbol{A}$ 和 $\boldsymbol{B}$ 等价，记为 $\boldsymbol{A} \sim \boldsymbol{B}$.

矩阵之间的等价关系具有下列性质：

(1) 自反性 $\boldsymbol{A} \sim \boldsymbol{A}$；

(2) 对称性 若 $\boldsymbol{A} \sim \boldsymbol{B}$，则 $\boldsymbol{B} \sim \boldsymbol{A}$；

(3) 传递性 若 $\boldsymbol{A} \sim \boldsymbol{B}$，$\boldsymbol{B} \sim \boldsymbol{C}$，则 $\boldsymbol{A} \sim \boldsymbol{C}$.

下面利用矩阵的初等行变换，线性方程组（2-10）的消元过程可以表示如下：

$$(\boldsymbol{A},\boldsymbol{b}) = \begin{pmatrix} 2 & -5 & 4 & 4 \\ 1 & 1 & -2 & -3 \\ 5 & -2 & 7 & 22 \\ 3 & -4 & 2 & 1 \end{pmatrix} \xrightarrow{r_1 \leftrightarrow r_2} \begin{pmatrix} 1 & 1 & -2 & -3 \\ 2 & -5 & 4 & 4 \\ 5 & -2 & 7 & 22 \\ 3 & -4 & 2 & 1 \end{pmatrix}$$

$$\xrightarrow[r_4 - 3r_1]{\substack{r_2 - 2r_1 \\ r_3 - 5r_1}} \begin{pmatrix} 1 & 1 & -2 & -3 \\ 0 & -7 & 8 & 10 \\ 0 & -7 & 17 & 37 \\ 0 & -7 & 8 & 10 \end{pmatrix} \xrightarrow{\substack{r_3 - r_2 \\ r_4 - r_2}} \begin{pmatrix} 1 & 1 & -2 & -3 \\ 0 & -7 & 8 & 10 \\ 0 & 0 & 9 & 27 \\ 0 & 0 & 0 & 0 \end{pmatrix} \tag{2-12}$$

阶梯形方程（2-11）对应的矩阵（2-12）称为行阶梯形矩阵.

行阶梯形矩阵满足：

(1) 自上而下的各行中，第一个非零元素左边零的个数随行数增加而增加；

(2) 元素全为零的行（如果有的话）位于矩阵的最下面.

求解方程组（2-10）的回代过程，也可以用矩阵的初等行变换表示如下，对于矩阵（2-12）

$$\begin{pmatrix} 1 & 1 & -2 & -3 \\ 0 & -7 & 8 & 10 \\ 0 & 0 & 9 & 27 \\ 0 & 0 & 0 & 0 \end{pmatrix} \xrightarrow{\frac{1}{9}r_3} \begin{pmatrix} 1 & 1 & -2 & -3 \\ 0 & -7 & 8 & 10 \\ 0 & 0 & 1 & 3 \\ 0 & 0 & 0 & 0 \end{pmatrix}$$

$$\xrightarrow{\substack{r_1 + 2r_3 \\ r_2 - 8r_3}} \begin{pmatrix} 1 & 1 & 0 & 3 \\ 0 & -7 & 0 & -14 \\ 0 & 0 & 1 & 3 \\ 0 & 0 & 0 & 0 \end{pmatrix} \xrightarrow{\substack{r_1 + \frac{1}{7}r_2 \\ -\frac{1}{7}r_2}} \begin{pmatrix} 1 & 0 & 0 & 1 \\ 0 & 1 & 0 & 2 \\ 0 & 0 & 1 & 3 \\ 0 & 0 & 0 & 0 \end{pmatrix} \tag{2-13}$$

由矩阵（2-13）直接可得方程组（2-10）的解为

$$x_1=1,\ x_2=2,\ x_3=3.$$

求解的回代过程最后得到的矩阵（2-13）称为行最简形矩阵.

行最简形矩阵满足：

(1) 各非零行的第一个非零元素都是1；

(2) 各非零行的第一个非零元素所在的列的其余元素都是零.

例 1 利用矩阵的初等行变换求解线性方程组

$$\begin{cases}2x_1-x_2-x_3+x_4=2\\x_1+x_2-2x_3+x_4=4\\4x_1-6x_2+2x_3-2x_4=4\\3x_1+6x_2-9x_3+7x_4=9\end{cases}$$

解 对方程组的增广矩阵作初等行变换

$$(\boldsymbol{A},\boldsymbol{b})=\begin{pmatrix}2&-1&-1&1&2\\1&1&-2&1&4\\4&-6&2&-2&4\\3&6&-9&7&9\end{pmatrix}\xrightarrow[r_3\times\frac{1}{2}]{r_1\leftrightarrow r_2}\begin{pmatrix}1&1&-2&1&4\\2&-1&-1&1&2\\2&-3&1&-1&2\\3&6&-9&7&9\end{pmatrix}$$

$$\xrightarrow[\substack{r_3-2r_1\\r_4-3r_1}]{r_2-r_3}\begin{pmatrix}1&1&-2&1&4\\0&2&-2&2&0\\0&-5&5&-3&-6\\0&3&-3&4&-3\end{pmatrix}\xrightarrow[\substack{r_3+5r_2\\r_4-3r_2}]{r_2\times\frac{1}{2}}\begin{pmatrix}1&1&-2&1&4\\0&1&-1&1&0\\0&0&0&2&-6\\0&0&0&1&-3\end{pmatrix}$$

$$\xrightarrow[r_4-2r_3]{r_3\leftrightarrow r_4}\begin{pmatrix}1&1&-2&1&4\\0&1&-1&1&0\\0&0&0&1&-3\\0&0&0&0&0\end{pmatrix}\xrightarrow[r_2-r_3]{r_1-r_2}\begin{pmatrix}1&0&-1&0&4\\0&1&-1&0&3\\0&0&0&1&-3\\0&0&0&0&0\end{pmatrix}$$

最后得到行最简形矩阵对应的方程组

$$\begin{cases}x_1-x_3=4\\x_2-x_3=3\\x_4=-3\end{cases}$$

取 x_3 为自由未知数，并令 $x_3=c$，即得

$$\begin{cases}x_1=c+4\\x_2=c+3\\x_3=c\\x_4=-3\end{cases}$$

其中 c 为任意常数.

例 2 利用初等行变换把矩阵 $\boldsymbol{A}$ 化为行阶梯形矩阵和行最简形矩阵.

$$\boldsymbol{A}=\begin{pmatrix} 3 & 2 & 9 & 6 \\ -1 & -3 & 4 & -17 \\ 1 & 4 & -7 & 3 \\ -1 & -4 & 7 & -3 \end{pmatrix}$$

解

$$\boldsymbol{A}\xrightarrow{r_1\leftrightarrow r_3}\begin{pmatrix} 1 & 4 & -7 & 3 \\ -1 & -3 & 4 & -17 \\ 3 & 2 & 9 & 6 \\ -1 & -4 & 7 & -3 \end{pmatrix}\xrightarrow[r_4+r_1]{\substack{r_2+r_1\\ r_3-3r_1}}\begin{pmatrix} 1 & 4 & -7 & 3 \\ 0 & 1 & -3 & -14 \\ 0 & -10 & 30 & -3 \\ 0 & 0 & 0 & 0 \end{pmatrix}\xrightarrow{r_3+10r_2}\begin{pmatrix} 1 & 4 & -7 & 3 \\ 0 & 1 & -3 & -14 \\ 0 & 0 & 0 & -143 \\ 0 & 0 & 0 & 0 \end{pmatrix}=\boldsymbol{B}$$

由此，$\boldsymbol{B}$ 就是矩阵 $\boldsymbol{A}$ 的行阶梯形矩阵.

$$\boldsymbol{B}\xrightarrow{r_3\times\left(-\frac{1}{143}\right)}\begin{pmatrix} 1 & 4 & -7 & 3 \\ 0 & 1 & -3 & -14 \\ 0 & 0 & 0 & 1 \\ 0 & 0 & 0 & 0 \end{pmatrix}\xrightarrow{\substack{r_2+14r_3\\ r_1-3r_3}}\begin{pmatrix} 1 & 4 & -7 & 0 \\ 0 & 1 & -3 & 0 \\ 0 & 0 & 0 & 1 \\ 0 & 0 & 0 & 0 \end{pmatrix}$$

$$\xrightarrow{r_1-4r_2}\begin{pmatrix} 1 & 0 & 5 & 0 \\ 0 & 1 & -3 & 0 \\ 0 & 0 & 0 & 1 \\ 0 & 0 & 0 & 0 \end{pmatrix}=\boldsymbol{C}$$

所以 $\boldsymbol{C}$ 就是矩阵 $\boldsymbol{A}$ 的行最简形矩阵.

如果对上述的矩阵 $\boldsymbol{C}$ 再施行初等列变换：

$$\boldsymbol{C}\xrightarrow{\substack{c_3-5c_1\\ c_3+3c_2}}\begin{pmatrix} 1 & 0 & 0 & 0 \\ 0 & 1 & 0 & 0 \\ 0 & 0 & 0 & 1 \\ 0 & 0 & 0 & 0 \end{pmatrix}\xrightarrow{c_3\leftrightarrow c_4}\begin{pmatrix} 1 & 0 & 0 & 0 \\ 0 & 1 & 0 & 0 \\ 0 & 0 & 1 & 0 \\ 0 & 0 & 0 & 0 \end{pmatrix} \tag{2-14}$$

矩阵（2-14）称为矩阵 $\boldsymbol{A}$ 的标准形矩阵.

标准形矩阵满足：矩阵的左上角是一个单位矩阵，其余元素全为零.

定理 1 任意一个矩阵经过有限次初等变换，可以化为标准形矩阵.

定理的证明类似于例 2 中矩阵 $\boldsymbol{A}$ 化为标准形矩阵（2-14）的过程. 定理证明从略.

定理 2 任意一个矩阵经过有限次初等行变换，可以化为行阶梯形矩阵.

2.3.2 初等矩阵

矩阵的初等行（列）变换可以通过矩阵的乘法来实现. 首先引入初等矩阵的概念.

定义 2 对单位矩阵 $\boldsymbol{E}$ 施行一次初等行变换（或初等列变换）所得到的矩阵，称为初等矩阵.

对应于三种初等行（列）变换，可得到三种初等矩阵：

(1) 互换 $\boldsymbol{E}$ 的第 i，j 两行（列）得到的矩阵

$$\boldsymbol{E}(i,j)=\begin{pmatrix} 1 & & & & & & \\ & \ddots & & & & & \\ & & 1 & & & & \\ & & & 0 & \cdots & 1 & & \\ & & & \vdots & 1 & \vdots & & \\ & & & 1 & \cdots & 0 & & \\ & & & & & & 1 & \\ & & & & & & & \ddots & \\ & & & & & & & & 1 \end{pmatrix}\begin{matrix} \\ \\ \\ i\text{行} \\ \\ j\text{行} \\ \\ \\ \\ \end{matrix}$$

$$\qquad\qquad i\text{列} \qquad j\text{列}$$

(2) $\boldsymbol{E}$ 的第 i 行（列）乘以不等于零的数 k，得到的矩阵

$$\boldsymbol{E}[i(k)]=\begin{pmatrix} 1 & & & & & \\ & \ddots & & & & \\ & & 1 & & & \\ & & & k & & & \\ & & & & 1 & & \\ & & & & & \ddots & \\ & & & & & & 1 \end{pmatrix}\begin{matrix} \\ \\ \\ i\text{行} \\ \\ \\ \\ \end{matrix}$$

$$i\text{列}$$

(3) 把 $\boldsymbol{E}$ 的第 j 行的 k 倍加到第 i 行（或第 i 列的 k 倍加到第 j 列），得到的矩阵

$$\boldsymbol{E}[i,j(k)]=\begin{pmatrix} 1 & & & & \\ & \ddots & & & \\ & & 1 & \cdots & k & \\ & & & \ddots & \vdots & \\ & & & & 1 & \\ & & & & & \ddots & \\ & & & & & & 1 \end{pmatrix}\begin{matrix} \\ \\ i\text{行} \\ \\ j\text{行} \\ \\ \\ \end{matrix}$$

$$i\text{列} \qquad j\text{列}$$

由于初等变换是可逆的，不难证明初等矩阵也是可逆的，而且

$$[E(i,j)]^{-1}=E(i,j),\{E[i(k)]\}^{-1}=E\left[i\left(\frac{1}{k}\right)\right],\{E[i,j(k)]\}^{-1}=E[i,j(-k)].$$

定理 3 设 $\boldsymbol{A}=(a_{ij})$ 是 $m\times n$ 矩阵，则

(1) 对 $\boldsymbol{A}$ 施行一次初等行变换，相当于用一个相应的 m 阶初等矩阵左乘 $\boldsymbol{A}$；

(2) 对 $\boldsymbol{A}$ 施行一次初等列变换，相当于用一个相应的 n 阶初等矩阵右乘 $\boldsymbol{A}$.

证明 现证交换 $\boldsymbol{A}$ 的第 i 行和第 j 行相当于用 $\boldsymbol{E}_m(i,j)$ 左乘矩阵 $\boldsymbol{A}$

$$\boldsymbol{E}_m(i,j)\boldsymbol{A}=\begin{pmatrix} 1 & & & & & & \\ & \ddots & & & & & \\ & & 1 & & & & \\ & & & 0 & \cdots & 1 & & \\ & & & \vdots & & \vdots & & \\ & & & 1 & \cdots & 0 & & \\ & & & & & & 1 & \\ & & & & & & & \ddots & \\ & & & & & & & & 1 \end{pmatrix}\begin{pmatrix} a_{11} & a_{12} & \cdots & a_{1n} \\ \vdots & \vdots & & \vdots \\ a_{i1} & a_{i2} & \cdots & a_{in} \\ \vdots & \vdots & & \vdots \\ a_{j1} & a_{j2} & \cdots & a_{jn} \\ \vdots & \vdots & & \vdots \\ a_{m1} & a_{m2} & \cdots & a_{mn} \end{pmatrix}=\begin{pmatrix} a_{11} & a_{12} & \cdots & a_{1n} \\ \vdots & \vdots & & \vdots \\ a_{j1} & a_{j2} & \cdots & a_{jn} \\ \vdots & \vdots & & \vdots \\ a_{i1} & a_{i2} & \cdots & a_{in} \\ \vdots & \vdots & & \vdots \\ a_{m1} & a_{m2} & \cdots & a_{mn} \end{pmatrix}$$

由此可见，$\boldsymbol{E}_m(i,\ j)\boldsymbol{A}$ 恰好等于矩阵 $\boldsymbol{A}$ 的第 i 行和第 j 列互换得到的矩阵.

同理可证其他变换.

推论 矩阵 $\boldsymbol{A}$ 和矩阵 $\boldsymbol{B}$ 等价的充分必要条件是存在一系列的初等矩阵 $\boldsymbol{P}_1$，$\boldsymbol{P}_2$，…，$\boldsymbol{P}_s$ 和 $\boldsymbol{Q}_1$，$\boldsymbol{Q}_2$，…，$\boldsymbol{Q}_t$，使得

$$\boldsymbol{B}=\boldsymbol{P}_s\cdots\boldsymbol{P}_2\boldsymbol{P}_1\boldsymbol{A}\boldsymbol{Q}_1\boldsymbol{Q}_2\cdots\boldsymbol{Q}_t$$

2.3.3 求逆矩阵的初等变换法

由 2.2 节的定理 1 知，n 阶矩阵 $\boldsymbol{A}$ 可逆的充要条件是 $|\boldsymbol{A}|\neq 0$，而且矩阵 $\boldsymbol{A}$ 经过有限次初等变换可以化为标准形矩阵，这个标准形一定是单位矩阵，否则 $|\boldsymbol{A}|=0$. 由此得以下定理.

定理 4 若 $\boldsymbol{A}$ 是 n 阶可逆矩阵，则 $\boldsymbol{A}$ 经过有限次初等变换可以化为单位矩阵，即 $\boldsymbol{A}\sim\boldsymbol{E}$.

定理 5 n 阶矩阵 $\boldsymbol{A}$ 可逆的充分必要条件是 $\boldsymbol{A}$ 可以表示为若干个初等矩阵的乘积.

证明 因为初等矩阵可逆，故充分性显然.

必要性 设 $\boldsymbol{A}$ 可逆，则由定理 4 知，$\boldsymbol{A}$ 可以经过有限次初等变换化为单位矩阵 $\boldsymbol{E}$，即存在初等矩阵 $\boldsymbol{P}_1$，$\boldsymbol{P}_2$，…，$\boldsymbol{P}_s$；$\boldsymbol{Q}_1$，$\boldsymbol{Q}_2$，…，$\boldsymbol{Q}_t$，使得

$$\boldsymbol{P}_s\cdots\boldsymbol{P}_2\boldsymbol{P}_1\boldsymbol{A}\boldsymbol{Q}_1\boldsymbol{Q}_2\cdots\boldsymbol{Q}_t=\boldsymbol{E}$$

所以

$$\begin{aligned}\boldsymbol{A}&=\boldsymbol{P}_1^{-1}\boldsymbol{P}_2^{-1}\cdots\boldsymbol{P}_s^{-1}\boldsymbol{E}\boldsymbol{Q}_t^{-1}\cdots\boldsymbol{Q}_2^{-1}\boldsymbol{Q}_1^{-1}\\&=\boldsymbol{P}_1^{-1}\boldsymbol{P}_2^{-1}\cdots\boldsymbol{P}_s^{-1}\boldsymbol{Q}_t^{-1}\cdots\boldsymbol{Q}_2^{-1}\boldsymbol{Q}_1^{-1}\end{aligned}$$

即 $\boldsymbol{A}$ 可以表示为若干个初等矩阵的乘积.

设 $\boldsymbol{A}$ 是可逆矩阵，则 $\boldsymbol{A}^{-1}$ 也是可逆矩阵，根据定理 5，存在初等矩阵 $\boldsymbol{G}_1$，$\boldsymbol{G}_2$，…$\boldsymbol{G}_k$，使得

$$\boldsymbol{A}^{-1}=\boldsymbol{G}_1\boldsymbol{G}_2\cdots\boldsymbol{G}_k \tag{2-15}$$

两边右乘 $\boldsymbol{A}$，得

$$\boldsymbol{A}^{-1}\boldsymbol{A}=\boldsymbol{G}_1\boldsymbol{G}_2\cdots\boldsymbol{G}_k\boldsymbol{A}$$

即

$$\boldsymbol{E}=\boldsymbol{G}_1\boldsymbol{G}_2\cdots\boldsymbol{G}_k\boldsymbol{A} \tag{2-16}$$

式(2-15) 可以写为：

$$\boldsymbol{A}^{-1}=\boldsymbol{G}_1\boldsymbol{G}_2\cdots\boldsymbol{G}_k\boldsymbol{E} \tag{2-17}$$

比较式(2-16) 和式(2-17) 可以看出：当对 $\boldsymbol{A}$ 施行有限次初等行变换化为 $\boldsymbol{E}$ 时，对单位矩阵 $\boldsymbol{E}$ 施行与 $\boldsymbol{A}$ 相同的初等行变换就可以将 $\boldsymbol{E}$ 化为 $\boldsymbol{A}^{-1}$. 由此我们可以得到一种求逆矩阵的初等变换法.

构造一个 $n\times 2n$ 矩阵 $(\boldsymbol{A},\ \boldsymbol{E})$，对它施行初等行变换，将左半部分的矩阵 $\boldsymbol{A}$

化为单位矩阵，这时右半部分的矩阵 $\boldsymbol{E}$ 就化为 $\boldsymbol{A}^{-1}$，即

$$(\boldsymbol{A},\boldsymbol{E})\xrightarrow{\text{初等行变换}}(\boldsymbol{E},\boldsymbol{A}^{-1})$$

例 3　设矩阵

$$\boldsymbol{A}=\begin{pmatrix}1&2&3\\2&2&1\\3&4&3\end{pmatrix}$$

求 $\boldsymbol{A}^{-1}$.

解　$$(\boldsymbol{A},\boldsymbol{E})=\begin{pmatrix}1&2&3&1&0&0\\2&2&1&0&1&0\\3&4&3&0&0&1\end{pmatrix}\xrightarrow[r_3-3r_1]{r_2-2r_1}\begin{pmatrix}1&2&3&1&0&0\\0&-2&-5&-2&1&0\\0&-2&-6&-3&0&1\end{pmatrix}$$

$$\xrightarrow[r_3-r_2]{r_1+r_2}\begin{pmatrix}1&0&-2&-1&1&0\\0&-2&-5&-2&1&0\\0&0&-1&-1&-1&1\end{pmatrix}\xrightarrow[r_2-5r_3]{r_1-2r_3}\begin{pmatrix}1&0&0&1&3&-2\\0&-2&0&3&6&-5\\0&0&-1&-1&-1&1\end{pmatrix}$$

$$\xrightarrow[r_3\times(-1)]{r_2\times(-\frac{1}{2})}\begin{pmatrix}1&0&0&1&3&-2\\0&1&0&-\frac{3}{2}&-3&\frac{5}{2}\\0&0&1&1&1&-1\end{pmatrix}=(\boldsymbol{E},\boldsymbol{A}^{-1})$$

所以
$$\boldsymbol{A}^{-1}=\begin{pmatrix}1&3&-2\\-\frac{3}{2}&-3&\frac{5}{2}\\1&1&-1\end{pmatrix}$$

利用初等变换求逆矩阵的方法，还可以用于求解矩阵方程 $\boldsymbol{AX}=\boldsymbol{B}$.

设 $\boldsymbol{A}$ 可逆，则

$$\boldsymbol{X}=\boldsymbol{A}^{-1}\boldsymbol{B} \tag{2-18}$$

另一方面，由于 $\boldsymbol{A}$ 可逆，故存在初等矩阵 $\boldsymbol{P}_1$，$\boldsymbol{P}_2$，…，$\boldsymbol{P}_s$，使得

$$\boldsymbol{P}_s\cdots\boldsymbol{P}_2\boldsymbol{P}_1\boldsymbol{A}=\boldsymbol{E} \tag{2-19}$$

上式两边右乘 $\boldsymbol{A}^{-1}$，得

$$\boldsymbol{P}_s\cdots\boldsymbol{P}_2\boldsymbol{P}_1\boldsymbol{E}=\boldsymbol{A}^{-1}$$

代入式(2-18) 得

$$\boldsymbol{X}=\boldsymbol{A}^{-1}\boldsymbol{B}=\boldsymbol{P}_s\cdots\boldsymbol{P}_2\boldsymbol{P}_1\boldsymbol{EB}=\boldsymbol{P}_s\cdots\boldsymbol{P}_2\boldsymbol{P}_1\boldsymbol{B} \tag{2-20}$$

比较式(2-19) 和式(2-20) 可以看出：对 $\boldsymbol{A}$ 施行有限初等行变换将 $\boldsymbol{A}$ 化为单位矩阵 $\boldsymbol{E}$ 时，对 $\boldsymbol{B}$ 施行同样的初等行变换就可以将 $\boldsymbol{B}$ 化为 $\boldsymbol{X}=\boldsymbol{A}^{-1}\boldsymbol{B}$. 即

$$(\boldsymbol{A},\boldsymbol{B})\xrightarrow{\text{初等行变换}}(\boldsymbol{E},\boldsymbol{A}^{-1}\boldsymbol{B}).$$

同理，求解矩阵方程 $\boldsymbol{XA}=\boldsymbol{B}$，可以用初等列变换求 $\boldsymbol{X}=\boldsymbol{BA}^{-1}$，即

$$\begin{pmatrix}\boldsymbol{A}\\\boldsymbol{B}\end{pmatrix}\xrightarrow{\text{初等列变换}}\begin{pmatrix}\boldsymbol{E}\\\boldsymbol{BA}^{-1}\end{pmatrix}$$

例 4 已知矩阵方程 $\boldsymbol{AX}=\boldsymbol{A}+\boldsymbol{X}$，其中

$$\boldsymbol{A}=\begin{pmatrix}2&2&0\\2&1&3\\0&1&0\end{pmatrix}$$

求矩阵 $\boldsymbol{X}$.

解 由矩阵方程 $\boldsymbol{AX}=\boldsymbol{A}+\boldsymbol{X}$ 得 $(\boldsymbol{A}-\boldsymbol{E})\boldsymbol{X}=\boldsymbol{A}$，现求 $(\boldsymbol{A}-\boldsymbol{E})^{-1}\boldsymbol{A}$，

$$(\boldsymbol{A}-\boldsymbol{E},\boldsymbol{A})=\begin{pmatrix}1&2&0&2&2&0\\2&0&3&2&1&3\\0&1&-1&0&1&0\end{pmatrix}\xrightarrow{r_2-2r_1}\begin{pmatrix}1&2&0&2&2&0\\0&-4&3&-2&-3&3\\0&1&-1&0&1&0\end{pmatrix}$$

$$\xrightarrow{r_2\leftrightarrow r_3}\begin{pmatrix}1&2&0&2&2&0\\0&1&-1&0&1&0\\0&-4&3&-2&-3&3\end{pmatrix}\xrightarrow{r_3+4r_2}\begin{pmatrix}1&2&0&2&2&0\\0&1&-1&0&1&0\\0&0&-1&-2&1&3\end{pmatrix}$$

$$\xrightarrow[r_3\times(-1)]{r_1-2r_2}\begin{pmatrix}1&0&2&2&0&0\\0&1&-1&0&1&0\\0&0&1&2&-1&-3\end{pmatrix}\xrightarrow[r_2+r_3]{r_1-2r_3}\begin{pmatrix}1&0&0&-2&2&6\\0&1&0&2&0&-3\\0&0&1&2&-1&-3\end{pmatrix}$$

$$=[\boldsymbol{E},(\boldsymbol{A}-\boldsymbol{E})^{-1}\boldsymbol{A}].$$

所以

$$\boldsymbol{X}=(\boldsymbol{A}-\boldsymbol{E})^{-1}\boldsymbol{A}=\begin{pmatrix}-2&2&6\\2&0&-3\\2&-1&-3\end{pmatrix}$$

习题 2.3

1. 用初等行变换将下列矩阵化为行最简形矩阵：

(1) $\begin{pmatrix}1&0&2&-1\\2&0&3&1\\3&0&4&3\end{pmatrix}$；(2) $\begin{pmatrix}0&2&-3&1\\0&3&-4&3\\0&4&-7&-1\end{pmatrix}$；

(3) $\begin{pmatrix}2&-1&-1&1&2\\1&1&-2&1&4\\4&-6&2&-2&4\\3&6&-9&7&9\end{pmatrix}$；(4) $\begin{pmatrix}1&-1&3&-4&3\\3&-3&5&-4&1\\2&-2&3&-2&0\\3&-3&4&-2&-1\end{pmatrix}$

2. 用初等行、列变换将下列矩阵化为标准形矩阵：

(1) $\begin{pmatrix}1 & -1 & 2\\3 & 2 & 1\\1 & -2 & 0\end{pmatrix}$；(2) $\begin{pmatrix}1 & -1 & 2\\3 & -3 & 1\\-2 & 2 & -4\end{pmatrix}$；

(3) $\begin{pmatrix}2 & 3 & 1 & -3 & -7\\1 & 2 & 0 & -2 & -4\\3 & -2 & 8 & 3 & 0\\2 & -3 & 7 & 4 & 3\end{pmatrix}$；(4) $\begin{pmatrix}1 & 0 & 1 & 0\\-2 & 1 & 3 & 7\\3 & -1 & 0 & 3\\-4 & 1 & -3 & 1\\4 & -3 & 1 & -3\end{pmatrix}$

3. 利用初等行变换求下列矩阵的逆矩阵.

(1) $\begin{pmatrix}1 & 0 & 0\\1 & 2 & 0\\1 & 2 & 3\end{pmatrix}$；(2) $\begin{pmatrix}2 & 2 & 3\\1 & -1 & 0\\-1 & 2 & 1\end{pmatrix}$；

(3) $\begin{pmatrix}0 & 0 & 0 & 1\\0 & 0 & 1 & 1\\0 & 1 & 1 & 1\\1 & 1 & 1 & 1\end{pmatrix}$；(4) $\begin{pmatrix}3 & -2 & 0 & -1\\0 & 2 & 2 & 1\\1 & -2 & -3 & -2\\0 & 1 & 2 & 1\end{pmatrix}$

4. 利用初等变换求解下列矩阵方程：

(1) $\begin{pmatrix}1 & 0 & 0\\0 & -2 & 0\\1 & 1 & 1\end{pmatrix}\boldsymbol{X}=\begin{pmatrix}1\\0\\1\end{pmatrix}$；

(2) 设 $\boldsymbol{X}=\boldsymbol{A}\boldsymbol{X}+\boldsymbol{B}$，其中

$\boldsymbol{A}=\begin{pmatrix}0 & 1 & 0\\-1 & 1 & 1\\-1 & 0 & -1\end{pmatrix}$；$\boldsymbol{B}=\begin{pmatrix}1 & -1\\2 & 0\\5 & -3\end{pmatrix}$

*5. 设矩阵

$\boldsymbol{A}=\begin{pmatrix}1 & 2 & 3 & 4\\2 & 3 & 4 & 5\\5 & 4 & 3 & 2\end{pmatrix}$

求一个矩阵 $\boldsymbol{P}$，使 $\boldsymbol{PA}$ 为行最简形矩阵（其中 $\boldsymbol{P}$ 是初等矩阵的乘积）.

2.4 矩阵的秩

2.4.1 矩阵的秩

由前一节知，矩阵可以经过初等行变换化为行阶梯形矩阵，且行阶梯形矩阵所含非零行的行数是唯一确定的，这个矩阵的数值特征就是矩阵的“秩”，鉴于这个数的唯一性尚未证明，我们在此首先利用行列式来定义矩阵的秩，然后给出用初等变换求矩阵秩的方法.

定义 1 在 $m\times n$ 矩阵 $\boldsymbol{A}$ 中，任取 k 行、k 列（$k\leqslant \min\{m, n\}$），位于这 k 行、k 列交叉点处的元素按原来顺序组成的 k 阶行列式称为 A 的一个 k 阶子式.

注：$m\times n$ 矩阵的 k 阶子式共有 $C_m^kC_n^k$ 个.

例如，设矩阵

$$\boldsymbol{A}=\begin{pmatrix} 1 & -2 & 3 & 6 \\ -1 & 0 & 2 & -1 \\ 2 & 1 & 3 & -2 \end{pmatrix},$$

取 $\boldsymbol{A}$ 的一、三行和二、四列交叉点处的元素构成的二阶子式为

$$\begin{vmatrix} -2 & 6 \\ 1 & -2 \end{vmatrix}=-2$$

设 $\boldsymbol{A}$ 是 $m\times n$ 矩阵，当 $\boldsymbol{A}=0$ 时，它的任何阶子式都为零．当 $\boldsymbol{A}\neq 0$ 时，它至少有一个元素不为零，即它至少有一个一阶子式不为零．再考虑二阶子式，若 $\boldsymbol{A}$ 中有一个二阶子式不为零．则往下再考虑三阶子式，如此进行下去，最后会达到 $\boldsymbol{A}$ 中有一个 r 阶子式不为零，而再没有比 r 阶更高阶的不为零的子式．这个不为零的子式的最高阶数 r 反映了矩阵 $\boldsymbol{A}$ 的一个数值特征，它在矩阵的理论和应用中都有重要的意义.

定义 2 设 $m\times n$ 矩阵 $\boldsymbol{A}$，$\boldsymbol{A}$ 中存在一个 r 阶子式不为零，而任意的 $r+1$ 阶子式（如果存在的话）都为零，则称数 r 为矩阵 $\boldsymbol{A}$ 的秩，记为 $r(\boldsymbol{A})$ 或 $R(\boldsymbol{A})$，并规定零矩阵的秩为零.

例 1 设矩阵

$$\boldsymbol{A}=\begin{pmatrix} 2 & -1 & 0 & 3 & -3 \\ 0 & 1 & 1 & -2 & -1 \\ 0 & 0 & 0 & 2 & 3 \\ 0 & 0 & 0 & 0 & 0 \end{pmatrix}$$

求矩阵 $\boldsymbol{A}$ 的秩.

解　因为 $\boldsymbol{A}$ 是行阶梯形矩阵，它有三行是非零行，所以它的所有四阶子式全为零，而且存在一个三阶子式不为零，例如取一、二、三行，一、二、四列交叉点处的 9 个数作为三阶子式

$$\begin{vmatrix} 2 & -1 & 3 \\ 0 & 1 & -2 \\ 0 & 0 & 2 \end{vmatrix} = 4$$

所以 $r(\boldsymbol{A}) = 3$.

显然，矩阵的秩具有下列性质：

(1) 若矩阵 $\boldsymbol{A}$ 中有某 s 阶子式不为零，则 $r(\boldsymbol{A}) > s$；

(2) 若矩阵 $\boldsymbol{A}$ 中所有 t 阶子式全为零，则 $r(\boldsymbol{A}) < t$；

(3) 若矩阵 $\boldsymbol{A}$ 是 $m\times n$ 矩阵，则 $0\leqslant r(\boldsymbol{A})\leqslant \min\{m, n\}$；

(4) $r(\boldsymbol{A}) = r(\boldsymbol{A}^{\mathrm{T}})$.

当 $r(\boldsymbol{A}) = \min\{m, n\}$ 时，称 $\boldsymbol{A}$ 为满秩矩阵，否则称 $\boldsymbol{A}$ 为降秩矩阵.

例如，矩阵

$$\boldsymbol{A} = \begin{pmatrix} 1 & 2 & 3 & 4 \\ 0 & 1 & 3 & 2 \\ 0 & 0 & 1 & -1 \end{pmatrix}$$

是一个 3×4 矩阵，所以 $0\leqslant r(\boldsymbol{A})\leqslant 3$，它存在一个三阶子式

$$\begin{vmatrix} 1 & 2 & 3 \\ 0 & 1 & 3 \\ 0 & 0 & 1 \end{vmatrix} = 1 \neq 0$$

所以 $r(\boldsymbol{A}) = 3$，即 $\boldsymbol{A}$ 是满秩矩阵.

利用定义 2 直接求矩阵的秩，需要计算多个子式的值，计算量较大. 下面介绍用初等变换求矩阵秩的方法.

2.4.2　矩阵秩的求法

定理 1　初等变换不改变矩阵的秩.

* **证明**　仅就初等行变换进行证明，初等列变换的情况类似可证. 证明的关键是考察初等变换前后两个矩阵的子式有无发生等于零和不等于零的转变. 显然前两种初等行变换都不改变矩阵的秩，现给出第三种初等行变换不改变矩阵秩的证明.

设 $r(\boldsymbol{A}) = r$，将 $\boldsymbol{A}$ 的第 i 行的 k 倍加到第 j 行得矩阵 $\boldsymbol{B}$. 下面首先证明

$r(\boldsymbol{B})\leqslant r$. 取 $\boldsymbol{B}$ 的一个 $r+1$ 阶子式 $\boldsymbol{B}_1$（若没有，则已证明）. 若 $\boldsymbol{B}_1$ 不含 $\boldsymbol{B}$ 的第 j 行，它就是 $\boldsymbol{A}$ 的 $r+1$ 阶子式，故 $\boldsymbol{B}_1=\boldsymbol{0}$；若 $\boldsymbol{B}_1$ 含 $\boldsymbol{B}$ 的第 j 行，同时又含 $\boldsymbol{B}$ 的第 i 行，则由行列式性质 5 知，$\boldsymbol{B}_1$ 与 $\boldsymbol{A}$ 的一个 $r+1$ 阶子式相等，故 $\boldsymbol{B}_1=\boldsymbol{0}$；若 $\boldsymbol{B}_1$ 含 $\boldsymbol{B}$ 的第 j 行，而不含 $\boldsymbol{A}$ 的第 i 行，由行列式的性质 3 和性质 4，有 $\boldsymbol{B}_1=\boldsymbol{A}_1+k\boldsymbol{A}_2$，这里 $\boldsymbol{A}_1$ 和 $\boldsymbol{A}_2$ 都是 $\boldsymbol{A}$ 的 $r+1$ 阶子式，则 $\boldsymbol{A}_1=\boldsymbol{A}_2=\boldsymbol{0}$，故 $\boldsymbol{B}_1=\boldsymbol{0}$. 综上所述，$\boldsymbol{B}$ 的任意 $r+1$ 子式都为零，故 $r(\boldsymbol{B})\leqslant r=r(\boldsymbol{A})$. 另外，将 $\boldsymbol{B}$ 的第 i 行的 $(-k)$ 倍加到第 j 行就得到 $\boldsymbol{A}$，故由上面的证明结果立即可得 $r(\boldsymbol{A})=r\leqslant r(\boldsymbol{B})$，所以 $r(\boldsymbol{B})=r(\boldsymbol{A})=r$，即初等变换不改变矩阵的秩.

推论 如果矩阵 $\boldsymbol{A}$ 和 $\boldsymbol{B}$ 等阶，则 $r(\boldsymbol{A})=r(\boldsymbol{B})$.

由此，根据定理 1，我们得到利用初等变换求矩阵秩的方法：把矩阵用初等行变换变为行阶梯形矩阵，行阶梯形矩阵中非零行的行数就是该矩阵的秩.

例 2 设矩阵

$$\boldsymbol{A}=\begin{pmatrix}3 & 2 & 0 & 5 & 0\\ 3 & -2 & 3 & 6 & -1\\ 2 & 0 & 1 & 5 & -3\\ 1 & 6 & -4 & -1 & 4\end{pmatrix}$$

求矩阵 $\boldsymbol{A}$ 的秩，并求 $\boldsymbol{A}$ 的一个最高阶非零子式.

解 对 $\boldsymbol{A}$ 施行初等行变换，化为行阶梯形矩阵.

$$\boldsymbol{A}\xrightarrow{r_1\leftrightarrow r_4}\begin{pmatrix}1 & 6 & -4 & -1 & 4\\ 3 & -2 & 3 & 6 & -1\\ 2 & 0 & 1 & 5 & -3\\ 3 & 2 & 0 & 5 & 0\end{pmatrix}\xrightarrow{r_2-r_4}\begin{pmatrix}1 & 6 & -4 & -1 & 4\\ 0 & -4 & 3 & 1 & -1\\ 2 & 0 & 1 & 5 & -3\\ 3 & 2 & 0 & 5 & 0\end{pmatrix}$$

$$\xrightarrow[r_4-3r_1]{r_3-2r_1}\begin{pmatrix}1 & 6 & -4 & -1 & 4\\ 0 & -4 & 3 & 1 & -1\\ 0 & -12 & 9 & 7 & -11\\ 0 & -16 & 12 & 8 & -12\end{pmatrix}\xrightarrow[r_4-4r_2]{r_3-3r_2}\begin{pmatrix}1 & 6 & -4 & -1 & 4\\ 0 & -4 & 3 & 1 & -1\\ 0 & 0 & 0 & 4 & -8\\ 0 & 0 & 0 & 4 & -8\end{pmatrix}$$

$$\xrightarrow{r_4-r_3}\begin{pmatrix}1 & 6 & -4 & -1 & 4\\ 0 & -4 & 3 & 1 & -1\\ 0 & 0 & 0 & 4 & -8\\ 0 & 0 & 0 & 0 & 0\end{pmatrix}=\boldsymbol{B}$$

由于行阶梯形矩阵 $\boldsymbol{B}$ 有三个非零行，所以 $r(\boldsymbol{A})=3$.

考察行阶梯形矩阵 $\boldsymbol{B}$ 的第一、二、四列，得矩阵

$$\begin{pmatrix}1 & 6 & -1\\0 & -4 & 1\\0 & 0 & 4\\0 & 0 & 0\end{pmatrix}$$

计算 $\boldsymbol{B}$ 中第一、二、三行和第一、二、四列交叉处组成的子式对应于 $\boldsymbol{A}$ 的相应行、列的三阶子式

$$\begin{vmatrix}3 & 2 & 5\\3 & -2 & 6\\2 & 0 & 5\end{vmatrix}=\begin{vmatrix}3 & 2 & 5\\6 & 0 & 11\\2 & 0 & 5\end{vmatrix}=-2\begin{vmatrix}6 & 11\\2 & 5\end{vmatrix}=-16\neq 0$$

所以这个子式就是 $\boldsymbol{A}$ 的一个最高阶非零子式.

例 3 设 $\boldsymbol{A}$ 是 n 阶非奇异矩阵，$\boldsymbol{B}$ 为 $n\times m$ 矩阵，证明 $r(\boldsymbol{AB})=r(\boldsymbol{B})$.

证明 因 $|\boldsymbol{A}|\neq 0$，则 $\boldsymbol{A}$ 可以表示为若干个初等矩阵的积，即

$$\boldsymbol{A}=\boldsymbol{P}_1\boldsymbol{P}_2\cdots\boldsymbol{P}_s$$

其中 $\boldsymbol{P}_i$（$i=1, 2, \cdots, s$）是初等矩阵，两边右乘 $\boldsymbol{B}$，得

$$\boldsymbol{AB}=\boldsymbol{P}_1\boldsymbol{P}_2\cdots\boldsymbol{P}_s\boldsymbol{B}$$

即 $\boldsymbol{AB}$ 是 $\boldsymbol{B}$ 经过 s 次初等变换后得到的，因此

$$r(\boldsymbol{AB})=r(\boldsymbol{B})$$

习题 2.4

1. 设矩阵

$$\boldsymbol{A}=\begin{pmatrix}1 & -2 & 3 & -1\\2 & -1 & 1 & 0\\1 & -5 & 8 & -3\end{pmatrix}$$

（1）求 $\boldsymbol{A}$ 的所有三阶子式；

（2）求 $\boldsymbol{A}$ 的秩 $r(\boldsymbol{A})$.

2. 求矩阵

$$\boldsymbol{A}=\begin{pmatrix}1 & -1 & 2 & 1 & 0\\2 & -2 & 4 & 2 & 0\\3 & 0 & 6 & -1 & 1\\0 & 3 & 0 & 0 & 1\end{pmatrix}$$

的秩 $r(\boldsymbol{A})$，并求一个最高阶的非零子式.

3. 求下列矩阵的秩：

(1) $\begin{pmatrix} 1 & 2 & 3 \\ 2 & 3 & 1 \\ 3 & 1 & 2 \end{pmatrix}$； (2) $\begin{pmatrix} 3 & 2 & -1 & -3 & -1 \\ 2 & -1 & 3 & 1 & -3 \\ 7 & 0 & 5 & -1 & -8 \end{pmatrix}$；

(3) $\begin{pmatrix} 1 & 1 & 1 & 1 & 1 \\ 2 & 0 & -3 & 2 & 1 \\ 1 & 3 & 6 & 1 & 2 \\ 4 & 2 & 6 & 4 & 3 \end{pmatrix}$； (4) $\begin{pmatrix} 2 & -1 & 2 & 1 & 1 \\ 1 & 1 & -1 & 0 & 2 \\ 2 & 5 & -4 & -2 & 9 \\ 3 & 3 & -1 & -1 & 8 \end{pmatrix}$

*4. 设矩阵

$$\boldsymbol{A}=\begin{pmatrix} 1 & 1 & 1 & 1 \\ 1 & 0 & 2 & 2 \\ -1 & 0 & a-3 & -2 \\ 2 & 3 & 1 & a \end{pmatrix},$$

当 a 为何值时，$\boldsymbol{A}$ 为满秩矩阵？当 a 为何值时，$r(\boldsymbol{A})=2$？

5. 证明：对于任意的 $m\times n$ 矩阵 $\boldsymbol{A}$，若 $\boldsymbol{P}$ 是 m 阶可逆矩阵，$\boldsymbol{Q}$ 是 n 阶可逆矩阵，则

$$r(\boldsymbol{PA})=r(\boldsymbol{AQ})=r(\boldsymbol{PAQ})=r(\boldsymbol{A}).$$

2.5 分块矩阵

2.5.1 分块矩阵的概念

对于行数和列数较高的矩阵，为了简化它的运算，采用分块法，使大矩阵的运算化为小矩阵的运算. 我们将矩阵 $\boldsymbol{A}$ 用若干纵线和横线分成许多个小矩阵，每个小矩阵称为 $\boldsymbol{A}$ 的子块，以子块为元素的形式上的矩阵称为分块矩阵.

例如 3×4 矩阵

$$\boldsymbol{A}=\begin{pmatrix} a_{11} & a_{12} & a_{13} & a_{14} \\ a_{21} & a_{22} & a_{23} & a_{24} \\ a_{31} & a_{32} & a_{33} & a_{34} \end{pmatrix}$$

分块的方法很多，例如分为下列几种形式：

(1) $\left(\begin{array}{cc:cc} a_{11} & a_{12} & a_{13} & a_{14} \\ a_{21} & a_{22} & a_{23} & a_{24} \\ \hdashline a_{31} & a_{32} & a_{33} & a_{34} \end{array}\right)$，(2) $\left(\begin{array}{c:ccc} a_{11} & a_{12} & a_{13} & a_{14} \\ \hdashline a_{21} & a_{22} & a_{23} & a_{24} \\ a_{31} & a_{32} & a_{33} & a_{34} \end{array}\right)$，

(3) $\left(\begin{array}{c:c:c:c} a_{11} & a_{12} & a_{13} & a_{14} \\ a_{21} & a_{22} & a_{23} & a_{24} \\ a_{31} & a_{32} & a_{33} & a_{34} \end{array}\right)$，(4) $\left(\begin{array}{cccc} a_{11} & a_{12} & a_{13} & a_{14} \\ \hdashline a_{21} & a_{22} & a_{23} & a_{24} \\ \hdashline a_{31} & a_{32} & a_{33} & a_{34} \end{array}\right)$

例如分块（1）可以记为

$$\boldsymbol{A}=\begin{pmatrix} \boldsymbol{A}_{11} & \boldsymbol{A}_{12} \\ \boldsymbol{A}_{21} & \boldsymbol{A}_{22} \end{pmatrix}$$

其中 $\boldsymbol{A}_{11}=\begin{pmatrix} a_{11} & a_{12} \\ a_{21} & a_{22} \end{pmatrix}$，$\boldsymbol{A}_{12}=\begin{pmatrix} a_{13} & a_{14} \\ a_{23} & a_{24} \end{pmatrix}$，$\boldsymbol{A}_{21}=(a_{31} \quad a_{32})$，$\boldsymbol{A}_{22}=(a_{33} \quad a_{34})$.

一个矩阵的分块方法有多种，分块时要根据矩阵的特点和需要进行，例如矩阵

$$\boldsymbol{A}=\begin{pmatrix} 1 & 0 & 0 & 3 \\ 0 & 1 & 0 & -1 \\ 0 & 0 & 1 & 0 \\ 0 & 0 & 0 & 1 \end{pmatrix}$$

可以分为

$$\boldsymbol{A}=\left(\begin{array}{ccc:c} 1 & 0 & 0 & 3 \\ 0 & 1 & 0 & -1 \\ 0 & 0 & 1 & 0 \\ \hdashline 0 & 0 & 0 & 1 \end{array}\right)=\begin{pmatrix} \boldsymbol{E}_3 & \boldsymbol{B} \\ \boldsymbol{0} & \boldsymbol{E}_1 \end{pmatrix}，其中 \boldsymbol{B}=\begin{pmatrix} 3 \\ -1 \\ 0 \end{pmatrix};$$

也可以分为

$$\boldsymbol{A}=\left(\begin{array}{cc:cc} 1 & 0 & 0 & 3 \\ 0 & 1 & 0 & -1 \\ \hdashline 0 & 0 & 1 & 0 \\ 0 & 0 & 0 & 1 \end{array}\right)=\begin{pmatrix} \boldsymbol{E}_2 & \boldsymbol{C} \\ \boldsymbol{0} & \boldsymbol{E}_2 \end{pmatrix}，其中 \boldsymbol{C}=\begin{pmatrix} 0 & 3 \\ 0 & -1 \end{pmatrix}$$

2.5.2 分块矩阵的运算

2.5.2.1 分块矩阵的加法

设矩阵 $\boldsymbol{A}$ 与 $\boldsymbol{B}$ 是同型矩阵，采用相同的分块法（即对应的每个子块都是同型矩阵），若

$$\boldsymbol{A}=\begin{pmatrix} \boldsymbol{A}_{11} & \cdots & \boldsymbol{A}_{1r} \\ \vdots & & \vdots \\ \boldsymbol{A}_{s1} & \cdots & \boldsymbol{A}_{sr} \end{pmatrix}，\boldsymbol{B}=\begin{pmatrix} \boldsymbol{B}_{11} & \cdots & \boldsymbol{B}_{1r} \\ \vdots & & \vdots \\ \boldsymbol{B}_{s1} & \cdots & \boldsymbol{B}_{sr} \end{pmatrix}$$

则

$$\boldsymbol{A}+\boldsymbol{B}=\begin{pmatrix}\boldsymbol{A}_{11}+\boldsymbol{B}_{11} & \cdots & \boldsymbol{A}_{1r}+\boldsymbol{B}_{1r}\\ \vdots & & \vdots\\ \boldsymbol{A}_{s1}+\boldsymbol{B}_{s1} & \cdots & \boldsymbol{A}_{sr}+\boldsymbol{B}_{sr}\end{pmatrix}$$

2.5.2.2 数乘分块矩阵

设分块矩阵 $\boldsymbol{A}$，k 为数，若

$$\boldsymbol{A}=\begin{pmatrix}\boldsymbol{A}_{11} & \cdots & \boldsymbol{A}_{1r}\\ \vdots & & \vdots\\ \boldsymbol{A}_{s1} & \cdots & \boldsymbol{A}_{sr}\end{pmatrix}$$

则

$$k\boldsymbol{A}=\begin{pmatrix}k\boldsymbol{A}_{11} & \cdots & k\boldsymbol{A}_{1r}\\ \vdots & & \vdots\\ k\boldsymbol{A}_{s1} & \cdots & k\boldsymbol{A}_{sr}\end{pmatrix}$$

例 1 设 $\boldsymbol{A}$ 和 $\boldsymbol{B}$ 的分块矩阵为

$$\boldsymbol{A}=\left(\begin{array}{c:cc}1 & 1 & 3\\ 2 & 2 & -1\\ \hdashline 0 & 1 & 0\\ 0 & 0 & 1\end{array}\right)=\begin{pmatrix}\boldsymbol{A}_{11} & \boldsymbol{A}_{12}\\ \boldsymbol{0} & \boldsymbol{E}\end{pmatrix}$$

$$\boldsymbol{B}=\left(\begin{array}{c:cc}0 & -1 & 2\\ 0 & 1 & 0\\ \hdashline 1 & 2 & 0\\ -1 & 0 & 2\end{array}\right)=\begin{pmatrix}\boldsymbol{0} & \boldsymbol{B}_{12}\\ \boldsymbol{B}_{21} & 2\boldsymbol{E}\end{pmatrix}$$

求 $\boldsymbol{A}-2\boldsymbol{B}$.

解
$$\boldsymbol{A}-2\boldsymbol{B}=\begin{pmatrix}\boldsymbol{A}_{11} & \boldsymbol{A}_{12}\\ \boldsymbol{0} & \boldsymbol{E}\end{pmatrix}-2\begin{pmatrix}\boldsymbol{0} & \boldsymbol{B}_{12}\\ \boldsymbol{B}_{21} & 2\boldsymbol{E}\end{pmatrix}=\begin{pmatrix}\boldsymbol{A}_{11} & \boldsymbol{A}_{12}-2\boldsymbol{B}_{12}\\ -2\boldsymbol{B}_{21} & -3\boldsymbol{E}\end{pmatrix}$$

其中

$$\boldsymbol{A}_{12}-2\boldsymbol{B}_{12}=\begin{pmatrix}1 & 3\\ 2 & -1\end{pmatrix}-2\begin{pmatrix}-1 & 2\\ 1 & 0\end{pmatrix}=\begin{pmatrix}3 & -1\\ 0 & -1\end{pmatrix}$$

$$-2\boldsymbol{B}_{21}=-2\begin{pmatrix}1\\ -1\end{pmatrix}=\begin{pmatrix}-2\\ 2\end{pmatrix},\ -3\boldsymbol{E}=\begin{pmatrix}-3 & 0\\ 0 & -3\end{pmatrix}$$

所以

$$\boldsymbol{A}-2\boldsymbol{B}=\left(\begin{array}{c:cc}1 & 3 & -1\\ 2 & 0 & -1\\ \hdashline -2 & -3 & 0\\ 2 & 0 & -3\end{array}\right)$$

2.5.2.3 分块矩阵的乘法

设$\boldsymbol{A}$为$m\times l$矩阵，$\boldsymbol{B}$为$l\times n$矩阵，分块为

$$\boldsymbol{A}=\begin{pmatrix}\boldsymbol{A}_{11} & \cdots & \boldsymbol{A}_{1t}\\ \vdots & & \vdots\\ \boldsymbol{A}_{s1} & \cdots & \boldsymbol{A}_{st}\end{pmatrix},\ \boldsymbol{B}=\begin{pmatrix}\boldsymbol{B}_{11} & \cdots & \boldsymbol{B}_{1r}\\ \vdots & & \vdots\\ \boldsymbol{B}_{t1} & \cdots & \boldsymbol{B}_{tr}\end{pmatrix}$$

其中$\boldsymbol{A}_{i1}$，$\boldsymbol{A}_{i2}$，…，$\boldsymbol{A}_{it}$的列数分别等于$\boldsymbol{B}_{1j}$，$\boldsymbol{B}_{2j}$，…，$\boldsymbol{B}_{tj}$的行数，则

$$\boldsymbol{AB}=\begin{pmatrix}\boldsymbol{C}_{11} & \cdots & \boldsymbol{C}_{1r}\\ \vdots & & \vdots\\ \boldsymbol{C}_{s1} & \cdots & \boldsymbol{C}_{sr}\end{pmatrix}$$

其中$\boldsymbol{C}_{ij}=\sum\limits_{k=1}^{t}\boldsymbol{A}_{ik}\boldsymbol{B}_{kj}=\boldsymbol{A}_{i1}\boldsymbol{B}_{1j}+\boldsymbol{A}_{i2}\boldsymbol{B}_{2j}+\cdots+\boldsymbol{A}_{it}\boldsymbol{B}_{tj}$.

$$(i=1,2,\cdots,s;\ j=1,2,\cdots,r)$$

例2 设矩阵$\boldsymbol{A}$，$\boldsymbol{B}$分块为

$$\boldsymbol{A}=\left(\begin{array}{cc:cc}1 & 0 & 0 & 0\\ 0 & 1 & 0 & 0\\ \hdashline -1 & 2 & 1 & 0\\ 1 & 1 & 0 & 1\end{array}\right)=\begin{pmatrix}\boldsymbol{E} & \boldsymbol{0}\\ \boldsymbol{A}_{21} & \boldsymbol{E}\end{pmatrix}$$

$$\boldsymbol{B}=\left(\begin{array}{cc:cc}1 & 0 & 1 & 0\\ -1 & 2 & 0 & 1\\ \hdashline 1 & 0 & 4 & 1\\ -1 & -1 & 2 & 0\end{array}\right)=\begin{pmatrix}\boldsymbol{B}_{11} & \boldsymbol{E}\\ \boldsymbol{B}_{21} & \boldsymbol{B}_{22}\end{pmatrix}.$$

求矩阵$\boldsymbol{AB}$.

解 $\boldsymbol{AB}=\begin{pmatrix}\boldsymbol{E} & \boldsymbol{0}\\ \boldsymbol{A}_{21} & \boldsymbol{E}\end{pmatrix}\begin{pmatrix}\boldsymbol{B}_{11} & \boldsymbol{E}\\ \boldsymbol{B}_{21} & \boldsymbol{B}_{22}\end{pmatrix}=\begin{pmatrix}\boldsymbol{B}_{11} & \boldsymbol{E}\\ \boldsymbol{A}_{21}\boldsymbol{B}_{11}+\boldsymbol{B}_{21} & \boldsymbol{A}_{21}+\boldsymbol{B}_{22}\end{pmatrix}$

其中

$$\boldsymbol{A}_{21}\boldsymbol{B}_{11}+\boldsymbol{B}_{21}=\begin{pmatrix}-1 & 2\\ 1 & 1\end{pmatrix}\begin{pmatrix}1 & 0\\ -1 & 2\end{pmatrix}+\begin{pmatrix}1 & 0\\ -1 & -1\end{pmatrix}=\begin{pmatrix}-3 & 4\\ 0 & 2\end{pmatrix}+\begin{pmatrix}1 & 0\\ -1 & -1\end{pmatrix}=\begin{pmatrix}-2 & 4\\ -1 & 1\end{pmatrix}$$

$$\boldsymbol{A}_{21}+\boldsymbol{B}_{22}=\begin{pmatrix}-1 & 2\\ 1 & 1\end{pmatrix}+\begin{pmatrix}4 & 1\\ 2 & 0\end{pmatrix}=\begin{pmatrix}3 & 3\\ 3 & 1\end{pmatrix}$$

所以

$$\boldsymbol{AB}=\left(\begin{array}{cc:cc}1 & 0 & 1 & 0\\ -1 & 2 & 0 & 1\\ \hdashline -2 & 4 & 3 & 3\\ -1 & 1 & 3 & 1\end{array}\right)$$

注：矩阵按行（列）分块是常用的方法，$m\times n$ 矩阵按行可分成 m 个行向量，按列可分成 n 个列向量．例如

$$\boldsymbol{A}=\left(\begin{array}{c:c:c}1 & -2 & -1\\ 2 & 3 & -2\\ 0 & 1 & -3\end{array}\right)=(\boldsymbol{A}_1,\boldsymbol{A}_2,\boldsymbol{A}_3)$$

$$\boldsymbol{A}=\left(\begin{array}{ccc}1 & -2 & -1\\ \hdashline 2 & 3 & -2\\ \hdashline 0 & 1 & -3\end{array}\right)=\begin{pmatrix}\boldsymbol{B}_1\\ \boldsymbol{B}_2\\ \boldsymbol{B}_3\end{pmatrix}$$

2.5.2.4　分块矩阵的转置

设 $\boldsymbol{A}=\begin{pmatrix}\boldsymbol{A}_{11} & \cdots & \boldsymbol{A}_{1t}\\ \vdots & & \vdots\\ \boldsymbol{A}_{s1} & \cdots & \boldsymbol{A}_{st}\end{pmatrix}$，则 $\boldsymbol{A}^{\mathrm{T}}=\begin{pmatrix}\boldsymbol{A}_{11}^{\mathrm{T}} & \cdots & \boldsymbol{A}_{s1}^{\mathrm{T}}\\ \vdots & & \vdots\\ \boldsymbol{A}_{1t}^{\mathrm{T}} & \cdots & \boldsymbol{A}_{st}^{\mathrm{T}}\end{pmatrix}$

例如

$$\boldsymbol{A}=\left(\begin{array}{c:cc}0 & 1 & 2\\ 0 & -1 & 3\\ \hdashline 1 & 0 & 1\end{array}\right)=\begin{pmatrix}\boldsymbol{0} & \boldsymbol{A}_{12}\\ \boldsymbol{E} & \boldsymbol{A}_{22}\end{pmatrix}$$

则

$$\boldsymbol{A}^{\mathrm{T}}=\begin{pmatrix}\boldsymbol{0}^{\mathrm{T}} & \boldsymbol{E}^{\mathrm{T}}\\ \boldsymbol{A}_{12}^{\mathrm{T}} & \boldsymbol{A}_{22}^{\mathrm{T}}\end{pmatrix}=\left(\begin{array}{cc:c}0 & 0 & 1\\ \hdashline 1 & -1 & 0\\ 2 & 3 & 1\end{array}\right)$$

2.5.2.5　分块对角阵

设 $\boldsymbol{A}$ 是 n 阶矩阵，若 $\boldsymbol{A}$ 的分块矩阵只有在对角线上有非零子块，其余子块都为零的矩阵，且对角线上的子块都是方阵，即

$$\boldsymbol{A}=\begin{pmatrix}\boldsymbol{A}_1 & & & \\ & \boldsymbol{A}_2 & & \\ & & \ddots & \\ & & & \boldsymbol{A}_s\end{pmatrix}$$

则称 $\boldsymbol{A}$ 为分块对角矩阵．

分块对角矩阵具有下列性质：

(1) 若 $|\boldsymbol{A}_i|\neq 0\ (i=1,2,\cdots,s)$　则 $|\boldsymbol{A}|\neq 0$，且

$$|\boldsymbol{A}|=|\boldsymbol{A}_1||\boldsymbol{A}_2|\cdots|\boldsymbol{A}_s|$$

(2)
$$A^{-1}=\begin{pmatrix} A_1^{-1} & & & \\ & A_2^{-1} & & \\ & & \ddots & \\ & & & A_s^{-1} \end{pmatrix}$$

例3 设矩阵

$$A=\begin{pmatrix} 5 & 0 & 0 \\ 0 & 3 & 1 \\ 0 & 2 & 1 \end{pmatrix}$$

求 A^{-1}.

解 设 A 分块为

$$A=\left(\begin{array}{c:cc} 5 & 0 & 0 \\ \hdashline 0 & 3 & 1 \\ 0 & 2 & 1 \end{array}\right)=\begin{pmatrix} A_1 & 0 \\ 0 & A_2 \end{pmatrix}$$

因 $A_1=(5)$，则 $A_1^{-1}=\left(\frac{1}{5}\right)$；$A_2=\begin{pmatrix} 3 & 1 \\ 2 & 1 \end{pmatrix}$，则 $A_2^{-1}=\frac{A_2^*}{|A_2|}=\begin{pmatrix} 1 & -1 \\ -2 & 3 \end{pmatrix}$

所以
$$A^{-1}=\begin{pmatrix} A_1^{-1} & 0 \\ 0 & A_2^{-1} \end{pmatrix}=\begin{pmatrix} \frac{1}{5} & 0 & 0 \\ 0 & 1 & -1 \\ 0 & -2 & 3 \end{pmatrix}$$

习题 2.5

1. 按指定的分块方法，用分块矩阵的乘法计算下列矩阵乘积：

(1) $\left(\begin{array}{ccc} 2 & 1 & -1 \\ \hdashline 3 & 0 & -2 \\ \hdashline 1 & -1 & 1 \end{array}\right)\left(\begin{array}{c:c:c} 1 & 1 & 0 \\ 0 & 0 & -1 \\ -1 & 2 & 1 \end{array}\right)$；

(2) $\left(\begin{array}{cc:cc} a & 0 & 0 & 0 \\ 0 & a & 0 & 0 \\ \hdashline 1 & 0 & b & 0 \\ 0 & 1 & 0 & b \end{array}\right)\left(\begin{array}{cc:cc} 1 & 0 & c & 0 \\ 0 & 1 & 0 & c \\ \hdashline 0 & 0 & d & 0 \\ 0 & 0 & 0 & d \end{array}\right)$

2. 设矩阵

$$A=\begin{pmatrix} 3 & 4 & 0 & 0 \\ 4 & -3 & 0 & 0 \\ 0 & 0 & 2 & 0 \\ 0 & 0 & 2 & 2 \end{pmatrix}$$

求$|A^8|$及A^4.

3. 用分块矩阵计算矩阵的乘积.

$$\begin{pmatrix}1&2&1&0\\0&1&0&1\\0&0&2&1\\0&0&0&3\end{pmatrix}\begin{pmatrix}1&0&3&1\\0&1&2&-1\\0&0&-2&3\\0&0&0&-3\end{pmatrix}$$

*4. 设n阶矩阵A及m阶矩阵B可逆，求

(1) $\begin{pmatrix}\mathbf{0}&A\\B&\mathbf{0}\end{pmatrix}^{-1}$；(2) $\begin{pmatrix}A&\mathbf{0}\\C&B\end{pmatrix}^{-1}$

5. 求下列矩阵的逆矩阵

(1) $\begin{pmatrix}0&0&2\\1&2&0\\3&4&0\end{pmatrix}$；(2) $\begin{pmatrix}1&0&0&0\\1&2&0&0\\2&1&3&0\\1&2&1&4\end{pmatrix}$

复习题 2

一、选择题：

1. 已知A是$m\times n$矩阵，B是$n\times m$矩阵（$m\neq n$），则下列__________的运算结果是n阶方阵.

(A) AB； (B) A^TB^T； (C) B^TA^T； (D) $(AB)^T$

2. 设A，B均为n阶方阵，则__________成立.

(A) $(A+B)^2=A^2+2AB+B^2$； (B) $(A+B)(A-B)=A^2-B^2$；

(C) $A^2-E=(A-E)(A+E)$； (D) $(AB)^2=A^2B^2$

3. 设A是n阶方阵，k为常数，则$|kA|=$__________.

(A) $k|A|$； (B) $|k||A|$； (C) $k^n|A|$； (D) $k|A|^n$

4. 设A，B均为n阶方阵，满足$AB=\mathbf{0}$，则__________.

(A) $|A|=0$或$|B|=0$； (B) $A=\mathbf{0}$或$B=\mathbf{0}$；

(C) $|A|+|B|=0$； (D) $A+B=\mathbf{0}$

5. 设A，B均为n阶方阵，则__________成立.

(A) $|A+B|=|A|+|B|$； (B) $|AB|=|BA|$；

(C) $|kAB|=k|A||B|$； (D) $|A-B|=|B-A|$

6. 设A是n阶方阵，B是A经过若干次初等变换后得到的矩阵，则__________成立.

(A) $|A|=|B|$； (B) $|A|\neq|B|$；

(C) 若$|A|=0$，则$|B|=0$； (D) 若$|A|>0$，则$|B|>0$

二、填空题:

1. $\begin{pmatrix}1\\2\\3\end{pmatrix}(1,1,1)=$__________.

2. $\begin{pmatrix}1&3\\2&5\end{pmatrix}^{-1}=$__________.

3. 设$\boldsymbol{A}$，$\boldsymbol{B}$，$\boldsymbol{C}$均为n阶方阵，则$\begin{pmatrix}\boldsymbol{A}&\boldsymbol{B}\\\boldsymbol{0}&\boldsymbol{C}\end{pmatrix}\begin{pmatrix}\boldsymbol{E}_n&-\boldsymbol{A}^{-1}\boldsymbol{B}\\\boldsymbol{0}&\boldsymbol{E}_n\end{pmatrix}=$__________.

4. 设$|\boldsymbol{AB}|=1$，且$|\boldsymbol{A}|=2$，则$|\boldsymbol{B}|=$________.

5. 设$\boldsymbol{A}$是n阶方阵，$\boldsymbol{A}^*$是$\boldsymbol{A}$的伴随矩阵，则$\boldsymbol{AA}^*=\boldsymbol{A}^*\boldsymbol{A}=$________.

6. 设$\boldsymbol{A}=\begin{pmatrix}1&2&3&4\\5&6&7&8\\2&4&6&8\end{pmatrix}$，则矩阵$\boldsymbol{A}$的秩=__________.

三、计算题:

1. 设$\boldsymbol{A}=\begin{pmatrix}1&0&1\\0&2&0\\1&0&1\end{pmatrix}$，且$\boldsymbol{AB}+\boldsymbol{E}=\boldsymbol{A}^2+\boldsymbol{B}$，求$\boldsymbol{B}$.

2. 设$\boldsymbol{A}=\begin{pmatrix}3&0&1\\1&1&0\\0&1&4\end{pmatrix}$，且满足$\boldsymbol{AX}=\boldsymbol{A}+2\boldsymbol{X}$，求矩阵$\boldsymbol{X}$.

3. 求下列矩阵的逆矩阵：

(1) $\begin{pmatrix}1&2&3\\2&1&2\\1&3&4\end{pmatrix}$；(2) $\begin{pmatrix}1&1&1&1\\1&1&-1&-1\\1&-1&1&-1\\1&-1&-1&1\end{pmatrix}$

4. 将下列矩阵化为行阶梯形矩阵和行最简形矩阵.

(1) $\begin{pmatrix}1&-2&1&8\\2&1&-1&-3\\3&2&4&11\end{pmatrix}$；(2) $\begin{pmatrix}1&1&2&1\\2&-1&2&4\\1&-2&0&3\\4&1&4&2\end{pmatrix}$

5. 求下列矩阵的秩：

(1) $\begin{pmatrix}1&1&0&0\\0&1&0&0\\0&0&2&6\\0&0&-1&-3\end{pmatrix}$；(2) $\begin{pmatrix}1&1&1&1&1\\3&2&1&1&-3\\0&1&2&2&6\\5&4&3&3&-1\end{pmatrix}$

6. 用分块矩阵方法求矩阵$\boldsymbol{A}$的逆矩阵

$$A=\begin{pmatrix}3&0&0&0&0\\0&3&0&0&0\\0&0&3&0&0\\0&0&0&-1&3\\0&0&0&-2&5\end{pmatrix}$$

四、证明题：

1. 设 $\boldsymbol{A}$ 为 n 阶对称矩阵，$\boldsymbol{B}$ 为 n 阶反对称矩阵，证明 $\boldsymbol{AB}$ 为反对称矩阵的充分必要条件是 $\boldsymbol{A}$ 与 $\boldsymbol{B}$ 可交换.

2. 设 $\boldsymbol{A}$ 是非奇异矩阵，且 $\boldsymbol{AB}=\boldsymbol{BA}$，证明 $\boldsymbol{A}^{-1}\boldsymbol{B}=\boldsymbol{BA}^{-1}$.

3. 设矩阵 $\boldsymbol{A}$ 满足 $\boldsymbol{A}^2+\boldsymbol{A}-4\boldsymbol{E}=\boldsymbol{0}$，证明 $\boldsymbol{E}-\boldsymbol{A}$ 可逆，并求 $(\boldsymbol{E}-\boldsymbol{A})^{-1}$.

4. 设 n 阶方阵 $\boldsymbol{A}$ 的伴随矩阵为 $\boldsymbol{A}^*$，证明

(1) 若 $|\boldsymbol{A}|=0$，则 $|\boldsymbol{A}^*|=0$；

(2) $|\boldsymbol{A}^*|=|\boldsymbol{A}|^{n-1}$

第3章 向 量

在解析几何中，我们已经学习了平面二维向量和空间三维向量的概念.对于很多实际问题，常常需要更高维的向量. 在本课程中，我们要探讨 n 元线性方程组解的结构，也需要引入 n 维向量. 所以本章将介绍 n 维向量的线性运算、向量组的线性相关性、向量组的秩、向量空间、向量的内积和正交向量组等概念.

3.1 向量及其运算 

定义 1 一个 n 元有序组 $(a_1,a_2,\cdots,a_n)$ 称为一个 n 维向量，数 $a_1,a_2,\cdots,a_n$ 称为该向量的分量.

一般用小写希腊字母的黑体 $\boldsymbol{\alpha}$，$\boldsymbol{\beta}$，$\boldsymbol{\gamma}$ 等表示，例如

$$\boldsymbol{\alpha}=(a_1,a_2,\cdots,a_n)$$

这时，$\boldsymbol{\alpha}$ 称为 n 维行向量. 根据需要，向量也可以写成

$$\boldsymbol{\beta}=\begin{pmatrix}a_1\\a_2\\\vdots\\a_n\end{pmatrix}$$

这时，$\boldsymbol{\beta}$ 称为 n 维列向量. 列向量可以看作是行向量的转置，即 $\boldsymbol{\beta}=\boldsymbol{\alpha}^{\mathrm{T}}=(a_1,a_2,\cdots,a_n)^{\mathrm{T}}$.

注意 行向量和列向量在本质上是一样的，但进行运算时行向量和列向量应区别对待. 一般地，行（列）向量可以看成行（列）矩阵，反之亦然.

分量全为零的向量称为零向量，记作 $\mathbf{0}$. 向量 $(-a_1,-a_2,\cdots,-a_n)$ 称为向量 $\boldsymbol{\alpha}=(a_1,a_2,\cdots,a_n)$ 的负向量，记为 $-\boldsymbol{\alpha}$.

若干个同维列向量（行向量）所组成的集合称为向量组.

例如，$m\times n$ 矩阵

$$\boldsymbol{A}=\begin{pmatrix} a_{11} & a_{12} & \cdots & a_{1n} \\ a_{21} & a_{22} & \cdots & a_{2n} \\ \vdots & \vdots & & \vdots \\ a_{m1} & a_{m2} & \cdots & a_{mn} \end{pmatrix}$$

的每一列

$$\boldsymbol{\alpha}_j=\begin{pmatrix} a_{1j} \\ a_{2j} \\ \vdots \\ a_{mj} \end{pmatrix} \ (j=1,2,\cdots,n)$$

组成的向量组 $\boldsymbol{\alpha}_1,\boldsymbol{\alpha}_2,\cdots,\boldsymbol{\alpha}_n$ 称为矩阵 $\boldsymbol{A}$ 的列向量组，而矩阵 $\boldsymbol{A}$ 的每一行

$$\boldsymbol{\beta}_i=(a_{i1},a_{i2},\cdots,a_{in})\ (i=1,2,\cdots,m)$$

组成的向量组 $\boldsymbol{\beta}_1,\boldsymbol{\beta}_2,\cdots,\boldsymbol{\beta}_m$ 称为矩阵 $\boldsymbol{A}$ 的行向量组.

所以矩阵 $\boldsymbol{A}$ 可以表示为

$$\boldsymbol{A}=(\boldsymbol{\alpha}_1,\boldsymbol{\alpha}_2,\cdots,\boldsymbol{\alpha}_n) \quad 或 \quad \boldsymbol{A}=\begin{pmatrix} \boldsymbol{\beta}_1 \\ \boldsymbol{\beta}_2 \\ \vdots \\ \boldsymbol{\beta}_m \end{pmatrix}$$

这样，矩阵 $\boldsymbol{A}$ 就与其列向量组或行向量组之间建立了一一对应关系.

定义 2 设 n 维向量 $\boldsymbol{\alpha}=(a_1,a_2,\cdots,a_n)^{\mathrm{T}}$，$\boldsymbol{\beta}=(b_1,b_2,\cdots,b_n)^{\mathrm{T}}$，若 $a_i=b_i$，$i=1,2,\cdots,n$，则称向量 $\boldsymbol{\alpha}$ 和 $\boldsymbol{\beta}$ 相等，记为 $\boldsymbol{\alpha}=\boldsymbol{\beta}$.

定义 3 设 n 维向量 $\boldsymbol{\alpha}=(a_1,a_2,\cdots,a_n)^{\mathrm{T}}$，$\boldsymbol{\beta}=(b_1,b_2,\cdots,b_n)^{\mathrm{T}}$，称向量

$$(a_1+b_1,a_2+b_2,\cdots,a_n+b_n)^{\mathrm{T}}$$

为向量 $\boldsymbol{\alpha}$ 和 $\boldsymbol{\beta}$ 的和，记为 $\boldsymbol{\alpha}+\boldsymbol{\beta}$，即

$$\boldsymbol{\alpha}+\boldsymbol{\beta}=(a_1+b_1,a_2+b_2,\cdots,a_n+b_n)^{\mathrm{T}} \tag{3-1}$$

利用向量的加法和负向量的定义，可以定义向量的减法：

$$\boldsymbol{\alpha}-\boldsymbol{\beta}=\boldsymbol{\alpha}+(-\boldsymbol{\beta})=(a_1-b_1,a_2-b_2,\cdots,a_n-b_n)^{\mathrm{T}} \tag{3-2}$$

定义 4 设 n 维向量 $\boldsymbol{\alpha}=(a_1,a_2,\cdots,a_n)^{\mathrm{T}}$，$k$ 为数，称向量

$$(ka_1,ka_2,\cdots,ka_n)^{\mathrm{T}}$$

为数 k 与向量 $\boldsymbol{\alpha}$ 的乘积，记为 $k\boldsymbol{\alpha}$，即

$$k\boldsymbol{\alpha}=(ka_1,ka_2,\cdots,ka_n)^{\mathrm{T}} \tag{3-3}$$

向量的加法和数乘法统称为向量的线性运算.

向量的线性运算满足下列运算规律（$\boldsymbol{\alpha}$，$\boldsymbol{\beta}$，$\boldsymbol{\gamma}$ 为 n 维向量，$\boldsymbol{0}$ 为 n 维零向量，

k，l 为实数)：

(1) $\boldsymbol{\alpha}+(\boldsymbol{\beta}+\boldsymbol{\gamma})=(\boldsymbol{\alpha}+\boldsymbol{\beta})+\boldsymbol{\gamma}$；

(2) $\boldsymbol{\alpha}+\boldsymbol{\beta}=\boldsymbol{\beta}+\boldsymbol{\alpha}$；

(3) $\boldsymbol{\alpha}+\mathbf{0}=\mathbf{0}+\boldsymbol{\alpha}=\boldsymbol{\alpha}$；

(4) $\boldsymbol{\alpha}+(-\boldsymbol{\alpha})=(-\boldsymbol{\alpha})+\boldsymbol{\alpha}=\mathbf{0}$；

(5) $1\boldsymbol{\alpha}=\boldsymbol{\alpha}$；

(6) $(kl)\boldsymbol{\alpha}=k(l\boldsymbol{\alpha})$；

(7) $(k+l)\ \boldsymbol{\alpha}=k\boldsymbol{\alpha}+l\boldsymbol{\alpha}$；

(8) $k(\boldsymbol{\alpha}+\boldsymbol{\beta})=k\boldsymbol{\alpha}+k\boldsymbol{\beta}$.

例 1 设向量 $\boldsymbol{\alpha}=(2,0,-1,3)^{\mathrm{T}}$，$\boldsymbol{\beta}=(1,7,4,-2)^{\mathrm{T}}$，$\boldsymbol{\gamma}=(0,1,0,1)^{\mathrm{T}}$，求 $2\boldsymbol{\alpha}+\boldsymbol{\beta}-3\boldsymbol{\gamma}$.

解 $2\boldsymbol{\alpha}+\boldsymbol{\beta}-3\boldsymbol{\gamma}=2(2,0,-1,3)^{\mathrm{T}}+(1,7,4,-2)^{\mathrm{T}}-3(0,1,0,1)^{\mathrm{T}}=(5,4,2,1)^{\mathrm{T}}$.

例 2 设向量 $\boldsymbol{\alpha}=(2,1,0,2)^{\mathrm{T}}$，$\boldsymbol{\beta}=(-1,3,2,1)^{\mathrm{T}}$，且 $3\boldsymbol{\alpha}-4\boldsymbol{\gamma}=2\boldsymbol{\beta}$，求向量 $\boldsymbol{\gamma}$.

解 由 $3\boldsymbol{\alpha}-4\boldsymbol{\gamma}=2\boldsymbol{\beta}$，得

$$\begin{aligned}\boldsymbol{\gamma}&=\frac{1}{4}(3\boldsymbol{\alpha}-2\boldsymbol{\beta})\\&=\frac{3}{4}(2,1,0,2)^{\mathrm{T}}-\frac{1}{2}(-1,3,2,1)^{\mathrm{T}}\\&=\left(2,-\frac{3}{4},-1,1\right)^{\mathrm{T}}\end{aligned}$$

定义 5 给定 m 个 n 维向量组 $\boldsymbol{\alpha}_1,\boldsymbol{\alpha}_2,\cdots,\boldsymbol{\alpha}_m$ 及 m 个数 $k_1,k_2,\cdots,k_m$，称向量

$$k_1\boldsymbol{\alpha}_1+k_2\boldsymbol{\alpha}_2+\cdots+k_m\boldsymbol{\alpha}_m \tag{3-4}$$

为向量组 $\boldsymbol{\alpha}_1,\boldsymbol{\alpha}_2,\cdots,\boldsymbol{\alpha}_m$ 的一个线性组合.

定义 6 给定 $m+1$ 个 n 维向量组 $\boldsymbol{\alpha}_1,\boldsymbol{\alpha}_2,\cdots,\boldsymbol{\alpha}_m$，$\boldsymbol{\beta}$，若存在 $k_1,k_2,\cdots,k_m$，使得

$$\boldsymbol{\beta}=k_1\boldsymbol{\alpha}_1+k_2\boldsymbol{\alpha}_2+\cdots+k_m\boldsymbol{\alpha}_m \tag{3-5}$$

则称 $\boldsymbol{\beta}$ 可由向量组 $\boldsymbol{\alpha}_1,\boldsymbol{\alpha}_2,\cdots,\boldsymbol{\alpha}_m$ 线性表示，或 $\boldsymbol{\beta}$ 是 $\boldsymbol{\alpha}_1,\boldsymbol{\alpha}_2,\cdots,\boldsymbol{\alpha}_m$ 的一个线性组合.

例 3 n 维列向量组 $\boldsymbol{\xi}_1=(1,0,\cdots,0)^{\mathrm{T}},\boldsymbol{\xi}_2=(0,1,\cdots,0)^{\mathrm{T}},\cdots,\boldsymbol{\xi}_n=(0,0,\cdots,1)^{\mathrm{T}}$ 称为 n 维单位向量组. 任一 n 维列向量 $\boldsymbol{\alpha}=(a_1,a_2,\cdots,a_n)^{\mathrm{T}}$ 都可由向量组 $\boldsymbol{\xi}_1,\boldsymbol{\xi}_2,\cdots,\boldsymbol{\xi}_n$ 线性表示.

$$\boldsymbol{\alpha}=a_1\boldsymbol{\xi}_1+a_2\boldsymbol{\xi}_2+\cdots+a_n\boldsymbol{\xi}_n$$

例 4 设向量 $\boldsymbol{\alpha}_1=(1,1,1)^{\mathrm{T}}$，$\boldsymbol{\alpha}_2=(2,3,1)^{\mathrm{T}}$，$\boldsymbol{\alpha}_3=(3,1,2)^{\mathrm{T}}$，$\boldsymbol{\beta}=(0,4,2)^{\mathrm{T}}$，问 $\boldsymbol{\beta}$

能否由 $\boldsymbol{\alpha}_1$，$\boldsymbol{\alpha}_2$，$\boldsymbol{\alpha}_3$ 线性表示?

解 设 $\boldsymbol{\beta}=k_1\boldsymbol{\alpha}_1+k_2\boldsymbol{\alpha}_2+k_3\boldsymbol{\alpha}_3$，即

$k_1(1,1,1)^{\mathrm{T}}+k_2(2,3,1)^{\mathrm{T}}+k_3(3,1,2)^{\mathrm{T}}=(0,4,2)^{\mathrm{T}}$，整理得

$$(k_1+2k_2+3k_3,k_1+3k_2+k_3,k_1+k_2+2k_3)^{\mathrm{T}}=(0,4,2)^{\mathrm{T}}$$

由向量相等的定义，得线性方程组：

$$\begin{cases}k_1+2k_2+3k_3=0\\k_1+3k_2+k_3=4\\k_1+k_2+2k_3=2\end{cases}$$

因系数行列式

$$D=\begin{vmatrix}1&2&3\\1&3&1\\1&1&2\end{vmatrix}=-3\neq0$$

而且 $D_1=-18$，$D_2=0$，$D_3=6$.

由克拉默法则知，方程组有唯一解

$$k_1=\frac{D_1}{D}=6，k_2=\frac{D_2}{D}=0，k_3=\frac{D_3}{D}=-2$$

所以 $\boldsymbol{\beta}$ 可以由 $\boldsymbol{\alpha}_1$，$\boldsymbol{\alpha}_2$，$\boldsymbol{\alpha}_3$ 线性表示，且

$$\boldsymbol{\beta}=6\boldsymbol{\alpha}_1+0\boldsymbol{\alpha}_2-2\boldsymbol{\alpha}_3=6\boldsymbol{\alpha}_1-2\boldsymbol{\alpha}_3$$

例 4 的一般情况，设非齐次线性方程组

$$\begin{cases}a_{11}x_1+a_{12}x_2+\cdots+a_{1n}x_n=b_1\\a_{21}x_1+a_{22}x_2+\cdots+a_{2n}x_n=b_2\\\cdots\cdots\cdots\cdots\cdots\cdots\cdots\cdots\cdots\cdots\\a_{m1}x_1+a_{m2}x_2+\cdots+a_{mn}x_n=b_m\end{cases}\tag{3-6}$$

记

$$\boldsymbol{\alpha}_j=\begin{pmatrix}a_{1j}\\a_{2j}\\\vdots\\a_{mj}\end{pmatrix}(j=1,2,\cdots,n)，\boldsymbol{b}=\begin{pmatrix}b_1\\b_2\\\vdots\\b_m\end{pmatrix}$$

则线性方程组(3-6) 可以表示为向量方程

$$x_1\boldsymbol{\alpha}_1+x_2\boldsymbol{\alpha}_2+\cdots+x_n\boldsymbol{\alpha}_n=\boldsymbol{b}\tag{3-7}$$

由此可见，向量 $\boldsymbol{b}$ 可由向量组 $\boldsymbol{\alpha}_1,\boldsymbol{\alpha}_2,\cdots,\boldsymbol{\alpha}_n$ 线性表示，则以 $x_1,x_2,\cdots,x_n$ 为未知量的非齐次线性方程组(3-6) 一定有解；反之，非齐次线性方程组(3-6)

有解

$$x_1=k_1,\ x_2=k_2,\cdots,x_n=k_n$$

则向量 $\boldsymbol{b}$ 可由向量组 $\boldsymbol{\alpha}_1,\boldsymbol{\alpha}_2,\cdots,\boldsymbol{\alpha}_n$ 线性表示，即

$$\boldsymbol{b}=k_1\boldsymbol{\alpha}_1+k_2\boldsymbol{\alpha}_2+\cdots+k_n\boldsymbol{\alpha}_n$$

习题 3.1

1. 已知向量 $\boldsymbol{\alpha}=(3,5,-1,0)^{\mathrm{T}}$，$\boldsymbol{\beta}=(2,0,-4,3)^{\mathrm{T}}$，求 $3\boldsymbol{\beta}-2\boldsymbol{\alpha}$.

2. 从下列向量方程中求向量 $\boldsymbol{x}$：

$$3(\boldsymbol{\alpha}_1-\boldsymbol{x})+2(\boldsymbol{\alpha}_2+\boldsymbol{x})=5(\boldsymbol{\alpha}_3+\boldsymbol{x})$$

其中 $\boldsymbol{\alpha}_1=(2,5,1,3)^{\mathrm{T}}$，$\boldsymbol{\alpha}_2=(10,1,5,10)^{\mathrm{T}}$，$\boldsymbol{\alpha}_3=(4,1,-1,1)^{\mathrm{T}}$.

3. 判断下列各组中的向量 $\boldsymbol{\beta}$ 是否可以表示为其余向量的线性组合，若可以，试求出其表达式：

(1) $\boldsymbol{\beta}=(4,5,6)^{\mathrm{T}}$，$\boldsymbol{\alpha}_1=(3,-3,2)^{\mathrm{T}}$，$\boldsymbol{\alpha}_2=(-2,1,2)^{\mathrm{T}}$，$\boldsymbol{\alpha}_3=(1,2,-1)^{\mathrm{T}}$；

(2) $\boldsymbol{\beta}=(-1,1,3,1)^{\mathrm{T}}$，$\boldsymbol{\alpha}_1=(1,2,1,1)^{\mathrm{T}}$，$\boldsymbol{\alpha}_2=(1,1,1,2)^{\mathrm{T}}$，$\boldsymbol{\alpha}_3=(-3,-2,1,-3)^{\mathrm{T}}$；

(3) $\boldsymbol{\beta}=\left(1,0,-\frac{1}{2}\right)^{\mathrm{T}}$，$\boldsymbol{\alpha}_1=(1,1,1)^{\mathrm{T}}$，$\boldsymbol{\alpha}_2-(1,-1,\ 2)^{\mathrm{T}}$，$\boldsymbol{\alpha}_3=(-1,1,2)^{\mathrm{T}}$

*4. 已知向量组 $\boldsymbol{B}$：$\boldsymbol{\beta}_1$，$\boldsymbol{\beta}_2$，$\boldsymbol{\beta}_3$ 由向量组 $\boldsymbol{A}$：$\boldsymbol{\alpha}_1$，$\boldsymbol{\alpha}_2$，$\boldsymbol{\alpha}_3$ 线性表示为

$$\boldsymbol{\beta}_1=\boldsymbol{\alpha}_1-\boldsymbol{\alpha}_2+\boldsymbol{\alpha}_3,\ \boldsymbol{\beta}_2=\boldsymbol{\alpha}_1+\boldsymbol{\alpha}_2-\boldsymbol{\alpha}_3,\ \boldsymbol{\beta}_3=-\boldsymbol{\alpha}_1+\boldsymbol{\alpha}_2+\boldsymbol{\alpha}_3,$$

试将向量组 $\boldsymbol{A}$ 的向量由向量组 $\boldsymbol{B}$ 的向量线性表示.

3.2 向量组的线性相关性

定义 1 给定 m 个 n 维向量组 $\boldsymbol{\alpha}_1,\boldsymbol{\alpha}_2,\cdots,\boldsymbol{\alpha}_m$，若存在 m 个不全为零的数 $k_1,k_2,\cdots,k_m$，使得

$$k_1\boldsymbol{\alpha}_1+k_2\boldsymbol{\alpha}_2+\cdots+k_m\boldsymbol{\alpha}_m=\boldsymbol{0} \tag{3-8}$$

成立，则称向量组 $\boldsymbol{\alpha}_1,\boldsymbol{\alpha}_2,\cdots,\boldsymbol{\alpha}_m$ 线性相关，否则称向量组 $\boldsymbol{\alpha}_1,\boldsymbol{\alpha}_2,\cdots,\boldsymbol{\alpha}_m$ 线性无关，即当且仅当 $k_1=k_2=\cdots=k_m=0$ 时，式(3-8) 才成立，则称 $\boldsymbol{\alpha}_1,\boldsymbol{\alpha}_2,\cdots,\boldsymbol{\alpha}_m$ 线性无关.

由定义可知：

(1) 包含零向量的向量组必线性相关. 事实上，若 $\boldsymbol{\alpha}_i=\boldsymbol{0}$，则 $0\boldsymbol{\alpha}_1+\cdots+0\boldsymbol{\alpha}_{i-1}+1\boldsymbol{\alpha}_i+0\boldsymbol{\alpha}_{i+1}+\cdots+0\boldsymbol{\alpha}_m=\boldsymbol{0}$，故向量组 $\boldsymbol{\alpha}_1,\boldsymbol{\alpha}_2,\cdots,\boldsymbol{\alpha}_m$ 线性相关；

（2）单独一个非零向量 $\boldsymbol{\alpha}$ 线性无关；

（3）n 维单位向量组 $\boldsymbol{\xi}_1=(1,0,\cdots,0)^T,\boldsymbol{\xi}_2=(0,1,\cdots,0)^T,\cdots,\boldsymbol{\xi}_n=(0,0,\cdots,1)^T$ 线性无关. 事实上，设

$$k_1\boldsymbol{\xi}_1+k_2\boldsymbol{\xi}_2+\cdots+k_n\boldsymbol{\xi}_n=\mathbf{0}$$

即

$$(k_1,k_2,\cdots,k_n)^T=\mathbf{0}$$

亦即 $k_1=k_2=\cdots=k_n=0$，故 $\boldsymbol{\xi}_1,\boldsymbol{\xi}_2,\cdots,\boldsymbol{\xi}_n$ 线性无关.

例 1 判断下列向量组是否线性相关：

$$\boldsymbol{\alpha}_1=(1,2,3)^T,\ \boldsymbol{\alpha}_2=(2,2,0)^T,\ \boldsymbol{\alpha}_3=(3,0,3)^T.$$

解 考虑向量方程

$$k_1\boldsymbol{\alpha}_1+k_2\boldsymbol{\alpha}_2+k_3\boldsymbol{\alpha}_3=\mathbf{0}$$

即

$$k_1\begin{pmatrix}1\\2\\3\end{pmatrix}+k_2\begin{pmatrix}2\\2\\0\end{pmatrix}+k_3\begin{pmatrix}3\\0\\3\end{pmatrix}=\mathbf{0}$$

比较两端分量，得齐次线性方程组

$$\begin{cases}k_1+2k_2+3k_3=0\\2k_1+2k_2=0\\3k_1+3k_3=0\end{cases}$$

因系数行列式

$$\begin{vmatrix}1&2&3\\2&2&0\\3&0&3\end{vmatrix}=-12\neq 0$$

故该齐次线性方程组仅有零解，即 $k_1=k_2=k_3=0$，从而向量组 $\boldsymbol{\alpha}_1$，$\boldsymbol{\alpha}_2$，$\boldsymbol{\alpha}_3$ 线性无关.

例 2 判断下列向量组是否线性相关：

$$\boldsymbol{\alpha}_1=(1,-1,2,3)^T,\ \boldsymbol{\alpha}_2=(2,2,0,-2)^T,\ \boldsymbol{\alpha}_3=(0,1,-1,-2)^T.$$

解 考虑向量方程 $k_1\boldsymbol{\alpha}_1+k_2\boldsymbol{\alpha}_2+k_3\boldsymbol{\alpha}_3=0$，比较两端分量得齐次线性方程组

$$\begin{cases}k_1+2k_2=0\\-k_1+2k_2+k_3=0\\2k_1-k_3=0\\3k_1-2k_2-2k_3=0\end{cases}$$

由于方程个数不等于未知量个数，用系数矩阵的初等行变换法解之.

$$A=\begin{pmatrix}1&2&0\\-1&2&1\\2&0&-1\\3&-2&-2\end{pmatrix}\xrightarrow[r_4-3r_1]{\substack{r_2+r_1\\r_3-2r_1}}\begin{pmatrix}1&2&0\\0&4&1\\0&-4&-1\\0&-8&-2\end{pmatrix}\xrightarrow{\substack{r_3+r_2\\r_4+2r_2}}\begin{pmatrix}1&2&0\\0&4&1\\0&0&0\\0&0&0\end{pmatrix}$$

由此得同解方程组

$$\begin{cases}k_1+2k_2=0\\4k_2+k_3=0\end{cases}$$

取 $k_2=-1$，$k_1=2$，$k_3=4$ 是方程组的解。

由此得

$$2\boldsymbol{\alpha}_1-\boldsymbol{\alpha}_2+4\boldsymbol{\alpha}_3=\mathbf{0}$$

所以 $\boldsymbol{\alpha}_1$，$\boldsymbol{\alpha}_2$，$\boldsymbol{\alpha}_3$ 线性相关.

上面的两例表明，判断一个向量组是否线性相关，可归结为判断一个齐次线性方程组是否有非零解，即有下列定理.

定理 1　m 个 n 维向量组 $\boldsymbol{\alpha}_1,\boldsymbol{\alpha}_2,\cdots,\boldsymbol{\alpha}_m$ 线性相关的充分必要条件是齐次线性方程组

$$\begin{cases}a_{11}x_1+a_{21}x_2+\cdots+a_{m1}x_m=0\\a_{12}x_1+a_{22}x_2+\cdots+a_{m2}x_m=0\\\cdots\cdots\cdots\cdots\cdots\cdots\cdots\cdots\\a_{1n}x_1+a_{2n}x_2+\cdots+a_{mn}x_m=0\end{cases}\tag{3-9}$$

有非零解.

其中，$\boldsymbol{\alpha}_i=(a_{i1},a_{i2},\cdots,a_{in})\mathrm{T}$，$i=1,2,\cdots,m$.

定理 1 的另一叙述方式如下.

定理 1′　m 个 n 维向量组 $\boldsymbol{\alpha}_1,\boldsymbol{\alpha}_2,\cdots,\boldsymbol{\alpha}_m$ 线性无关的充分必要条件是齐次线性方程组(3-9) 仅有零解.

推论 1　n 个 n 维向量组线性相关（无关）的充分必要条件是以各向量的分量为行或列构成的 n 阶行列式等于零（不等于零）.

定理 2　若向量组中有部分向量（部分组）线性相关，则整个向量组线性相关.

证明　设向量组 $\boldsymbol{\alpha}_1,\boldsymbol{\alpha}_2,\cdots,\boldsymbol{\alpha}_m$ 中有 s 个（$s\leqslant m$）向量的部分组线性相关，不妨设 $\boldsymbol{\alpha}_1,\boldsymbol{\alpha}_2,\cdots,\boldsymbol{\alpha}_s$，则存在不全为零的数 $k_1,k_2,\cdots,k_s$，使得

$$k_1\boldsymbol{\alpha}_1+k_2\boldsymbol{\alpha}_2+\cdots+k_s\boldsymbol{\alpha}_s=\mathbf{0}$$

成立. 因而存在不全为零的数 $k_1,k_2,\cdots,k_s,0,\cdots,0$ 使

$$k_1\boldsymbol{\alpha}_1+\cdots+k_s\boldsymbol{\alpha}_s+0\boldsymbol{\alpha}_{s+1}+\cdots+0\boldsymbol{\alpha}_m=\mathbf{0}$$

成立，即 $\boldsymbol{\alpha}_1,\boldsymbol{\alpha}_2,\cdots,\boldsymbol{\alpha}_m$ 线性相关.

推论 2 线性无关的向量组中任一部分向量组线性无关.

定理 3 若 n 维向量组 $\boldsymbol{\alpha}_1,\boldsymbol{\alpha}_2,\cdots,\boldsymbol{\alpha}_m$ 线性无关，则在每一向量的对应位置上添加 r 个分量所得到的 $n+r$ 维向量组 $\boldsymbol{\beta}_1,\boldsymbol{\beta}_2,\cdots,\boldsymbol{\beta}_m$ 也线性无关.

***证明** 不失一般性，仅添一个分量，且添加在第 $n+1$ 个分量的位置上，即

$$\boldsymbol{\beta}_i=(a_{i1},a_{i2},\cdots,a_{in},b_i)^{\mathrm{T}}(i=1,2,\cdots,m)$$

考虑向量方程
$$k_1\boldsymbol{\beta}_1+k_2\boldsymbol{\beta}_2+\cdots+k_m\boldsymbol{\beta}_m=\mathbf{0}$$

比较两端分量，得齐次线性方程组

$$\begin{cases}a_{11}k_1+a_{21}k_2+\cdots+a_{m1}k_m=0\\ a_{12}k_1+a_{22}k_2+\cdots+a_{m2}k_m=0\\ \cdots\cdots\cdots\cdots\cdots\cdots\cdots\cdots\\ a_{1n}k_1+a_{2n}k_2+\cdots+a_{mn}k_m=0\\ b_1k_1+b_2k_2+\cdots+b_mk_m=0\end{cases}\tag{3-10}$$

由于 $\boldsymbol{\alpha}_1,\boldsymbol{\alpha}_2,\cdots,\boldsymbol{\alpha}_m$ 线性无关，由定理 1′知齐次线性方程组

$$\begin{cases}a_{11}k_1+a_{21}k_2+\cdots+a_{m1}k_m=0\\ a_{12}k_1+a_{22}k_2+\cdots+a_{m2}k_m=0\\ \cdots\cdots\cdots\cdots\cdots\cdots\cdots\cdots\\ a_{1n}k_1+a_{2n}k_2+\cdots+a_{mn}k_m=0\end{cases}\tag{3-11}$$

仅有零解. 因齐次线性方程组(3-10)的解必为方程组(3-11)的解，所以齐次线性方程组(3-10)仅有零解，故 $\boldsymbol{\beta}_1,\boldsymbol{\beta}_2,\cdots,\boldsymbol{\beta}_m$ 线性无关.

注意 定理 3 的逆命题不成立. 例如 $\boldsymbol{\beta}_1=(1,1,0)$ 与 $\boldsymbol{\beta}_2=(2,2,3)$ 线性无关，但 $\boldsymbol{\alpha}_1=(1,1)$ 和 $\boldsymbol{\alpha}_2=(2,2)$ 线性相关.

定理 4 m 个 n 维向量组 $\boldsymbol{\alpha}_1,\boldsymbol{\alpha}_2,\cdots,\boldsymbol{\alpha}_m$ $(m\geqslant 2)$ 线性相关的充分必要条件是其中至少有一个向量是其余 $m-1$ 个向量的线性组合.

证明 必要性. 设 $\boldsymbol{\alpha}_1,\boldsymbol{\alpha}_2,\cdots,\boldsymbol{\alpha}_m$ 线性相关，则存在不全为零的数 $k_1,k_2,\cdots,k_m$，使得

$$k_1\boldsymbol{\alpha}_1+k_2\boldsymbol{\alpha}_2+\cdots+k_m\boldsymbol{\alpha}_m=\mathbf{0}$$

不妨设 $k_1\neq 0$，则

$$\boldsymbol{\alpha}_1=\frac{-k_2}{k_1}\boldsymbol{\alpha}_2-\frac{k_3}{k_1}\boldsymbol{\alpha}_3-\cdots-\frac{k_m}{k_1}\boldsymbol{\alpha}_m$$

即 $\boldsymbol{\alpha}_1$ 能表示为其余 $m-1$ 个向量的线性组合.

充分性. 不妨设 $\boldsymbol{\alpha}_1$ 能表示为 $\boldsymbol{\alpha}_2,\cdots,\boldsymbol{\alpha}_m$ 的线性组合，则存在 $\lambda_2,\lambda_3,\cdots,$

λ_m，使得

$$\boldsymbol{\alpha}_1=\lambda_2\boldsymbol{\alpha}_2+\lambda_3\boldsymbol{\alpha}_3+\cdots+\lambda_m\boldsymbol{\alpha}_m$$

即

$$-\boldsymbol{\alpha}_1+\lambda_2\boldsymbol{\alpha}_2+\cdots+\lambda_m\boldsymbol{\alpha}_m=\mathbf{0}$$

故向量组 $\boldsymbol{\alpha}_1,\boldsymbol{\alpha}_2,\cdots,\boldsymbol{\alpha}_m$ 线性相关.

推论 3　m 个 n 维向量组 $\boldsymbol{\alpha}_1,\boldsymbol{\alpha}_2,\cdots,\boldsymbol{\alpha}_m$（$m\geqslant2$）线性无关的充分必要条件是其中任一向量都不能表示为其余向量的线性组合.

推论 4　任何 $n+1$ 个 n 维向量组必线性相关，即向量的个数大于向量维数的向量组必线性相关.

*__证明__　设 $\boldsymbol{\alpha}_1,\boldsymbol{\alpha}_2,\cdots,\boldsymbol{\alpha}_n,\boldsymbol{\alpha}_{n+1}$ 是 n 维向量组. 若 $\boldsymbol{\alpha}_1,\boldsymbol{\alpha}_2,\cdots,\boldsymbol{\alpha}_n$ 线性相关，则由定理 2 知，$\boldsymbol{\alpha}_1,\boldsymbol{\alpha}_2,\cdots,\boldsymbol{\alpha}_n,\boldsymbol{\alpha}_{n+1}$ 线性相关.

若 $\boldsymbol{\alpha}_1,\boldsymbol{\alpha}_2,\cdots,\boldsymbol{\alpha}_n$ 线性无关，则由推论 1 知，行列式 $|\boldsymbol{\alpha}_1,\boldsymbol{\alpha}_2,\cdots,\boldsymbol{\alpha}_n|\neq0$. 故由克拉默法则知，向量方程 $x_1\boldsymbol{\alpha}_1+x_2\boldsymbol{\alpha}_2+\cdots+x_n\boldsymbol{\alpha}_n=\boldsymbol{\alpha}_{n+1}$，即线性方程组

$$(\boldsymbol{\alpha}_1,\boldsymbol{\alpha}_2,\cdots,\boldsymbol{\alpha}_n)\begin{pmatrix}x_1\\x_2\\\vdots\\x_n\end{pmatrix}=\boldsymbol{\alpha}_{n+1}$$

有唯一解：$x_1=k_1$，$x_2=k_2$，…，$x_n=k_n$. 于是

$$k_1\boldsymbol{\alpha}_1+k_2\boldsymbol{\alpha}_2+\cdots+k_n\boldsymbol{\alpha}_n=\boldsymbol{\alpha}_{n+1}$$

由定理 4 知，$\boldsymbol{\alpha}_1,\boldsymbol{\alpha}_2,\cdots,\boldsymbol{\alpha}_n,\boldsymbol{\alpha}_{n+1}$ 线性相关.

推论 5　方程的个数小于未知量个数的齐次线性方程组必有非零解.

定理 5　若向量组 $\boldsymbol{\alpha}_1$，$\boldsymbol{\alpha}_2$，…，$\boldsymbol{\alpha}_m$ 线性无关，而向量组 $\boldsymbol{\alpha}_1$，$\boldsymbol{\alpha}_2$，…，$\boldsymbol{\alpha}_m$，$\boldsymbol{\beta}$ 线性相关，则 $\boldsymbol{\beta}$ 可以由向量组 $\boldsymbol{\alpha}_1$，$\boldsymbol{\alpha}_2$，…，$\boldsymbol{\alpha}_m$ 线性表示，且表示法唯一.

*__证明__　因为 $\boldsymbol{\alpha}_1$，$\boldsymbol{\alpha}_2$，…，$\boldsymbol{\alpha}_m$，$\boldsymbol{\beta}$ 线性相关，故存在不全为零的数 k_1，k_2，…，k_m，k，使得

$$k_1\boldsymbol{\alpha}_1+k_2\boldsymbol{\alpha}_2+\cdots+k_m\boldsymbol{\alpha}_m+k\boldsymbol{\beta}=\mathbf{0}$$

成立. 注意到 $\boldsymbol{\alpha}_1$，$\boldsymbol{\alpha}_2$，…，$\boldsymbol{\alpha}_m$ 线性无关，则 $k\neq0$，否则 $k=0$，则 $\boldsymbol{\alpha}_1$，$\boldsymbol{\alpha}_2$，…，$\boldsymbol{\alpha}_m$ 线性相关，与条件矛盾，故

$$\boldsymbol{\beta}=-\frac{k_1}{k}\boldsymbol{\alpha}_1-\frac{k_2}{k}\boldsymbol{\alpha}_2-\cdots-\frac{k_m}{k}\boldsymbol{\alpha}_m$$

即 $\boldsymbol{\beta}$ 可由 $\boldsymbol{\alpha}_1$，$\boldsymbol{\alpha}_2$，…，$\boldsymbol{\alpha}_m$ 线性表示.

下证该表示法的唯一性. 设有两种表达式：

$$\boldsymbol{\beta}=\lambda_1\boldsymbol{\alpha}_1+\lambda_2\boldsymbol{\alpha}_2+\cdots+\lambda_m\boldsymbol{\alpha}_m$$

$$\boldsymbol{\beta}=h_1\boldsymbol{\alpha}_1+h_2\boldsymbol{\alpha}_2+\cdots+h_m\boldsymbol{\alpha}_m$$

两式相减，得

$$(\lambda_1-h_1)\boldsymbol{\alpha}_1+(\lambda_2-h_2)\boldsymbol{\alpha}_2+\cdots+(\lambda_m-h_m)\boldsymbol{\alpha}_m=\mathbf{0}$$

因为 $\boldsymbol{\alpha}_1$，$\boldsymbol{\alpha}_2$，…，$\boldsymbol{\alpha}_m$ 线性无关，故 $\lambda_i-h_i=0$ $(i=1,2,\cdots,m)$ 即 $\lambda_i=h_i$ $(i=1,2,\cdots,m)$，所以表示法是唯一的.

例 3 设向量组 $\boldsymbol{\alpha}_1$，$\boldsymbol{\alpha}_2$，$\boldsymbol{\alpha}_3$ 线性无关，证明：向量组 $\boldsymbol{\alpha}_1+\boldsymbol{\alpha}_2$，$\boldsymbol{\alpha}_2+\boldsymbol{\alpha}_3$，$\boldsymbol{\alpha}_3+\boldsymbol{\alpha}_1$ 也线性无关.

证明 设 $k_1(\boldsymbol{\alpha}_1+\boldsymbol{\alpha}_2)+k_2(\boldsymbol{\alpha}_2+\boldsymbol{\alpha}_3)+k_3(\boldsymbol{\alpha}_3+\boldsymbol{\alpha}_1)=\mathbf{0}$

整理得 $(k_1+k_3)\boldsymbol{\alpha}_1+(k_1+k_2)\boldsymbol{\alpha}_2+(k_2+k_3)\boldsymbol{\alpha}_3=\mathbf{0}$.

因为 $\boldsymbol{\alpha}_1$，$\boldsymbol{\alpha}_2$，$\boldsymbol{\alpha}_3$ 线性无关，则

$$\begin{cases}k_1+k_3=0\\k_1+k_2=0\\k_2+k_3=0\end{cases}$$

因系数行列式 $\begin{vmatrix}1&0&1\\1&1&0\\0&1&1\end{vmatrix}=-2\neq0$

故方程组仅有零解 $k_1=k_2=k_3=0$. 所以 $\boldsymbol{\alpha}_1+\boldsymbol{\alpha}_2$，$\boldsymbol{\alpha}_2+\boldsymbol{\alpha}_3$，$\boldsymbol{\alpha}_3+\boldsymbol{\alpha}_1$ 线性无关.

习题 3.2

1. 判断下列向量组是否线性相关：

(1) $\boldsymbol{\alpha}_1=(3,2,0)^{\mathrm{T}}$，$\boldsymbol{\alpha}_2=(-1,2,1)^{\mathrm{T}}$；

(2) $\boldsymbol{\alpha}_1=(5,4,3)^{\mathrm{T}}$，$\boldsymbol{\alpha}_2=(3,3,2)^{\mathrm{T}}$，$\boldsymbol{\alpha}_3=(8,1,3)^{\mathrm{T}}$；

(3) $\boldsymbol{\alpha}_1=(2,1,3)^{\mathrm{T}}$，$\boldsymbol{\alpha}_2=(-3,1,1)^{\mathrm{T}}$，$\boldsymbol{\alpha}_3=(1,1,-2)^{\mathrm{T}}$；

(4) $\boldsymbol{\alpha}_1=(4,-5,2,6)^{\mathrm{T}}$，$\boldsymbol{\alpha}_2=(2,-2,1,3)^{\mathrm{T}}$，$\boldsymbol{\alpha}_3=(6,-3,3,9)^{\mathrm{T}}$，$\boldsymbol{\alpha}_4=(4,-1,5,6)^{\mathrm{T}}$

2. 设向量组 $\boldsymbol{\alpha}_1=(a,2,1)^{\mathrm{T}}$，$\boldsymbol{\alpha}_2=(2,a,0)^{\mathrm{T}}$，$\boldsymbol{\alpha}_3=(1,-1,1)^{\mathrm{T}}$，试确定 a 为何值时，向量组线性相关.

3. 设 $\boldsymbol{\alpha}_1$，$\boldsymbol{\alpha}_2$ 线性无关，$\boldsymbol{\alpha}_1+\boldsymbol{\beta}$，$\boldsymbol{\alpha}_2+\boldsymbol{\beta}$ 线性相关，求向量 $\boldsymbol{\beta}$ 由 $\boldsymbol{\alpha}_1$，$\boldsymbol{\alpha}_2$ 线性表示的表达式.

*4. 试证对于任意的 n 维向量组 $\boldsymbol{\alpha}_1$，$\boldsymbol{\alpha}_2$，$\boldsymbol{\alpha}_3$，向量组 $\boldsymbol{\alpha}_1-\boldsymbol{\alpha}_2$，$\boldsymbol{\alpha}_2-\boldsymbol{\alpha}_3$，$\boldsymbol{\alpha}_3-\boldsymbol{\alpha}_1$ 总是线性相关的.

*5. 设向量 $\boldsymbol{\alpha}_1$，$\boldsymbol{\alpha}_2$，$\boldsymbol{\alpha}_3$ 线性无关，证明向量组 $\boldsymbol{\beta}_1=\boldsymbol{\alpha}_1-\boldsymbol{\alpha}_2+\boldsymbol{\alpha}_3$，$\boldsymbol{\beta}_2=\boldsymbol{\alpha}_1+$

$\boldsymbol{\alpha}_2+2\boldsymbol{\alpha}_3$，$\boldsymbol{\beta}_3=\boldsymbol{\alpha}_1-2\boldsymbol{\alpha}_2-3\boldsymbol{\alpha}_3$ 也线性无关.

3.3　向量组的秩

3.3.1　向量组的极大无关组与秩

定义1　设有向量组 $\boldsymbol{\alpha}_1$，$\boldsymbol{\alpha}_2$，…，$\boldsymbol{\alpha}_m$，若它的一个部分组 $\boldsymbol{\alpha}_{i1}$，$\boldsymbol{\alpha}_{i2}$，…，$\boldsymbol{\alpha}_{ir}$（$r\leqslant m$）满足下列条件：

（1）$\boldsymbol{\alpha}_{i1}$，$\boldsymbol{\alpha}_{i2}$，…，$\boldsymbol{\alpha}_{ir}$ 线性无关；

（2）向量组 $\boldsymbol{\alpha}_1$，$\boldsymbol{\alpha}_2$，…，$\boldsymbol{\alpha}_m$ 的每一个向量都可以由 $\boldsymbol{\alpha}_{i1}$，$\boldsymbol{\alpha}_{i2}$，…，$\boldsymbol{\alpha}_{ir}$ 线性表示，则称 $\boldsymbol{\alpha}_{i1}$，$\boldsymbol{\alpha}_{i2}$，…，$\boldsymbol{\alpha}_{ir}$ 是向量组 $\boldsymbol{\alpha}_1$，$\boldsymbol{\alpha}_2$，…，$\boldsymbol{\alpha}_m$ 的一个极大无关组.

注：由3.2中的定理4知，定义中的（2）可以改为：

（2′）向量组 $\boldsymbol{\alpha}_1$，$\boldsymbol{\alpha}_2$，…，$\boldsymbol{\alpha}_m$ 中的任意 $r+1$ 个向量（如果有的话）都线性相关.

注意　（1）任何一个含有非零向量的向量组必有极大无关组；只含零向量的向量组不存在极大无关组.

（2）若一个向量组是线性无关组，则它的极大无关组就是它本身.

（3）向量组的极大无关组一般不唯一，例如，二维向量组 $\boldsymbol{\alpha}_1=(1,0)^{\mathrm{T}}$，$\boldsymbol{\alpha}_2=(0,1)^{\mathrm{T}}$，$\boldsymbol{\alpha}_3=(1,1)^{\mathrm{T}}$，显然 $\boldsymbol{\alpha}_1$ 与 $\boldsymbol{\alpha}_2$，$\boldsymbol{\alpha}_1$ 与 $\boldsymbol{\alpha}_3$，$\boldsymbol{\alpha}_2$ 与 $\boldsymbol{\alpha}_3$ 都是它的极大无关组.

定义2　给定两个 n 维向量组

（1）$\boldsymbol{\alpha}_1$，$\boldsymbol{\alpha}_2$，…，$\boldsymbol{\alpha}_s$；

（2）$\boldsymbol{\beta}_1$，$\boldsymbol{\beta}_2$，…，$\boldsymbol{\beta}_m$

若向量组（1）中每一个向量都能由向量组（2）线性表示，则称向量组（1）可由向量组（2）线性表示. 若向量组（1）和（2）可以相互线性表示，则称向量组（1）和（2）等价，记作$\{\boldsymbol{\alpha}_1,\boldsymbol{\alpha}_2,\cdots,\boldsymbol{\alpha}_s\}\cong\{\boldsymbol{\beta}_1,\boldsymbol{\beta}_2,\cdots,\boldsymbol{\beta}_m\}$.

不难证明，向量组的等价关系具有下列性质：

（1）自反性　即$\{\boldsymbol{\alpha}_1,\boldsymbol{\alpha}_2,\cdots,\boldsymbol{\alpha}_s\}\cong\{\boldsymbol{\alpha}_1,\boldsymbol{\alpha}_2,\cdots,\boldsymbol{\alpha}_s\}$；

（2）对称性　若$\{\boldsymbol{\alpha}_1,\boldsymbol{\alpha}_2,\cdots,\boldsymbol{\alpha}_s\}\cong\{\boldsymbol{\beta}_1,\boldsymbol{\beta}_2,\cdots,\boldsymbol{\beta}_m\}$，则$\{\boldsymbol{\beta}_1,\boldsymbol{\beta}_2,\cdots,\boldsymbol{\beta}_m\}\cong\{\boldsymbol{\alpha}_1,\boldsymbol{\alpha}_2,\cdots,\boldsymbol{\alpha}_s\}$；

（3）传递性　若$\{\boldsymbol{\alpha}_1,\boldsymbol{\alpha}_2,\cdots,\boldsymbol{\alpha}_s\}\cong\{\boldsymbol{\beta}_1,\boldsymbol{\beta}_2,\cdots,\boldsymbol{\beta}_m\}$，$\{\boldsymbol{\beta}_1,\boldsymbol{\beta}_2,\cdots,\boldsymbol{\beta}_m\}\cong\{\boldsymbol{\gamma}_1,\boldsymbol{\gamma}_2,\cdots,\boldsymbol{\gamma}_t\}$，则$\{\boldsymbol{\alpha}_1,\boldsymbol{\alpha}_2,\cdots,\boldsymbol{\alpha}_s\}\cong\{\boldsymbol{\gamma}_1,\boldsymbol{\gamma}_2,\cdots,\boldsymbol{\gamma}_t\}$.

由极大无关组的定义和向量组等价的性质，立即可得以下定理.

定理 1 （1）向量组和它的极大无关组等价；

（2）向量组的任意两个极大无关组等价.

定理 2 若向量组 $\boldsymbol{\beta}_1$，$\boldsymbol{\beta}_2$，…，$\boldsymbol{\beta}_m$ 能由向量组 $\boldsymbol{\alpha}_1$，$\boldsymbol{\alpha}_2$，…，$\boldsymbol{\alpha}_s$ 线性表示，且 $m>s$，则向量组 $\boldsymbol{\beta}_1$，$\boldsymbol{\beta}_2$，…，$\boldsymbol{\beta}_m$ 线性相关.

***证明** 设

$$k_1\boldsymbol{\beta}_1+k_2\boldsymbol{\beta}_2+\cdots+k_m\boldsymbol{\beta}_m=\mathbf{0} \tag{3-12}$$

又由已知条件，设

$$\boldsymbol{\beta}_i=a_{i1}\boldsymbol{\alpha}_1+a_{i2}\boldsymbol{\alpha}_2+\cdots+a_{is}\boldsymbol{\alpha}_s \quad (i=1,2,\cdots,m)$$

代入式(3-12)，经整理得

$$(a_{11}k_1+a_{21}k_2+\cdots+a_{m1}k_m)\boldsymbol{\alpha}_1+(a_{12}k_1+a_{22}k_2+\cdots+a_{m2}k_m)\boldsymbol{\alpha}_2$$
$$+\cdots+(a_{1s}k_1+a_{2s}k_2+\cdots+a_{ms}k_m)\boldsymbol{\alpha}_s=\mathbf{0}$$

因 $m>s$，由 3.2 节中的推论 5 知齐次线性方程组

$$\begin{cases} a_{11}k_1+a_{21}k_2+\cdots+a_{m1}k_m=0 \\ a_{12}k_1+a_{22}k_2+\cdots+a_{m2}k_m=0 \\ \cdots\cdots\cdots\cdots\cdots\cdots\cdots\cdots \\ a_{1s}k_1+a_{2s}k_2+\cdots+a_{ms}k_m=0 \end{cases}$$

必有非零解，即存在不全为零的数 k_1，k_2，…，k_m 使式(3-12）成立，故 $\boldsymbol{\beta}_1$，$\boldsymbol{\beta}_2$，…,$\boldsymbol{\beta}_m$ 线性相关.

推论 1 若向量组 $\boldsymbol{\beta}_1$，$\boldsymbol{\beta}_2$，…，$\boldsymbol{\beta}_m$ 能由向量组 $\boldsymbol{\alpha}_1$，$\boldsymbol{\alpha}_2$，…，$\boldsymbol{\alpha}_s$ 线性表示，且向量组 $\boldsymbol{\beta}_1$，$\boldsymbol{\beta}_2$，…，$\boldsymbol{\beta}_m$ 线性无关，则 $m\leqslant s$.

推论 2 两个等价的，并且都线性无关的向量组所含向量的个数相同.

推论 3 一个向量组的任意两个极大无关组所含向量的个数相同.

由此，向量组的极大无关组所含向量的个数是向量组的一个重要的数值特征.

定义 3 向量组的极大无关组所含向量的个数称为这个向量组的秩.

记向量组 $\boldsymbol{\alpha}_1$，$\boldsymbol{\alpha}_2$，…，$\boldsymbol{\alpha}_m$ 的秩为 r（$\boldsymbol{\alpha}_1$，$\boldsymbol{\alpha}_2$，…，$\boldsymbol{\alpha}_m$）或 $R(\boldsymbol{\alpha}_1,\boldsymbol{\alpha}_2,\cdots,\boldsymbol{\alpha}_m)$.

规定只含零向量的向量组的秩为零.

注意 若一个向量组的秩为 r，则其中任意 r 个线性无关的向量组都能作为该向量组的一个极大无关组.

定理 3 等价的向量组有相同的秩.

证明 由于向量组与其极大无关组等价，由等价关系的传递性，等价向量组的极大无关组等价，所以所含向量个数相等，即秩相等.

3.3.2 矩阵的秩与向量组的秩的关系

定义 4 矩阵 $\boldsymbol{A}$ 的行向量组的秩称为 $\boldsymbol{A}$ 的行秩，列向量组的秩称为 $\boldsymbol{A}$ 的列秩.

定理 4 矩阵 $\boldsymbol{A}$ 的秩与其行秩相等.

* **证明** 设 $\boldsymbol{A}$ 是 $m\times n$ 矩阵，且 $R(\boldsymbol{A})=r$，并不妨设 $\boldsymbol{A}$ 的 r 阶子式

$$D_r=\begin{vmatrix} a_{11} & \cdots & a_{1r} \\ \vdots & & \vdots \\ a_{r1} & \cdots & a_{rr} \end{vmatrix}\neq 0$$

则 $\boldsymbol{A}$ 的前 r 行向量线性无关，下面需证 $\boldsymbol{A}$ 的 l 个行向量（$l=r+1$，…，m）可由前 r 个行向量线性表示. 为此，作 $r+1$ 阶辅助行列式

$$D_k=\begin{vmatrix} a_{11} & \cdots & a_{1r} & a_{1k} \\ \vdots & & \vdots & \vdots \\ a_{r1} & \cdots & a_{rr} & a_{rk} \\ a_{l1} & \cdots & a_{lr} & a_{lk} \end{vmatrix}$$

当 $k\leqslant r$ 时，D 中有两列相同，则 $D_k=0$；当 $k>r$ 时，D_k 是 $\boldsymbol{A}$ 的 $r+1$ 阶子式，由矩阵秩的定义知，$D_k=0$. 总之，对于每一个 $k(k=1,2,\cdots,n)$，都有 $D_k=0$，将 D_k 按最后一列展开，得

$$D_k=a_{1k}A_1+a_{2k}A_2+\cdots+a_{rk}A_r+a_{lk}D_r=0$$

这里，A_1，A_2，…，A_r，Dr 是 D_k 中最后一列各元素的代数余子式，因 $D_r\neq 0$，故有

$$a_{lk}=-\frac{1}{D_r}(A_1a_{1k}+A_2a_{2k}+\cdots+A_ra_{rk})\qquad(k=1,2,\cdots,n)$$

取 $k=1,2,\cdots,n$，且令 $\lambda_i=-\dfrac{A_i}{D_r}(i=1,2,\cdots,r)$，则得 n 个等式

$$\begin{cases} a_{l1}=\lambda_1a_{11}+\lambda_2a_{21}+\cdots+\lambda_ra_{r1} \\ a_{l2}=\lambda_1a_{12}+\lambda_2a_{22}+\cdots+\lambda_ra_{r2} \\ \cdots\cdots\cdots\cdots\cdots\cdots\cdots\cdots\cdots \\ a_{ln}=\lambda_1a_{1n}+\lambda_2a_{2n}+\cdots+\lambda_ra_{m} \end{cases}\qquad(r<l\leqslant m)$$

写成向量组合式：

$$\boldsymbol{\alpha}_l=\lambda_1\boldsymbol{\alpha}_1+\lambda_2\boldsymbol{\alpha}_2+\cdots+\lambda_r\boldsymbol{\alpha}_r\quad(r<l\leqslant m)$$

上式表明 $\boldsymbol{A}$ 的第 l 行向量（$l=r+1$，…，m）可由前 r 行线性表示，所以 $\boldsymbol{A}$ 的行秩也是 r.

注意到$R(\boldsymbol{A})=R(\boldsymbol{A}^{\mathrm{T}})$，而$\boldsymbol{A}$的列秩是$\boldsymbol{A}^{\mathrm{T}}$的行秩，由此得推论.

推论 4 矩阵$\boldsymbol{A}$的秩与其列秩相等.

第二章2.4节的定理1已证明了初等行（列）变换不改变矩阵的秩。在这里，以例题的形式用矩阵的列向量组的线性相关性再一次证明这一结论。

***例 1** 初等行（列）变换不改变矩阵的秩.

证明 设$m\times n$矩阵$\boldsymbol{A}=(\boldsymbol{\alpha}_1,\boldsymbol{\alpha}_2,\cdots,\boldsymbol{\alpha}_n)$，考虑$\boldsymbol{A}$的列向量组的线性组合

$$x_1\boldsymbol{\alpha}_1+x_2\boldsymbol{\alpha}_2+\cdots+x_n\boldsymbol{\alpha}_n=\mathbf{0} \tag{3-13}$$

式(3-13)可以写成一个齐次线性方程组

$$\boldsymbol{AX}=(\boldsymbol{\alpha}_1,\boldsymbol{\alpha}_2,\cdots,\boldsymbol{\alpha}_n)\begin{pmatrix}x_1\\x_2\\\vdots\\x_n\end{pmatrix}=\mathbf{0} \tag{3-14}$$

若对$\boldsymbol{A}$施行初等行变换，矩阵$\boldsymbol{A}$化为矩阵$\boldsymbol{B}$，设$\boldsymbol{B}$的列向量组为$\boldsymbol{\alpha}_1'$，$\boldsymbol{\alpha}_2'$，$\cdots$，$\boldsymbol{\alpha}_n'$，即$\boldsymbol{B}=(\boldsymbol{\alpha}_1',\boldsymbol{\alpha}_2',\cdots,\boldsymbol{\alpha}_n')$，其效果相当于对齐次线性方程组(3-14)进行相等的初等行变换，得到方程组

$$\boldsymbol{BX}=(\boldsymbol{\alpha}_1',\boldsymbol{\alpha}_2',\cdots,\boldsymbol{\alpha}_n')\begin{pmatrix}x_1\\x_2\\\vdots\\x_n\end{pmatrix}=\mathbf{0} \tag{3-15}$$

显然方程组(3-14)和方程组(3-15)同解，将方程组(3-15)写成线性组合形式

$$x_1\boldsymbol{\alpha}_1'+x_2\boldsymbol{\alpha}_2'+\cdots+x_n\boldsymbol{\alpha}_n'=\mathbf{0} \tag{3-16}$$

由式(3-13)和式(3-16)可以看出，$\boldsymbol{\alpha}_1$，$\boldsymbol{\alpha}_2$，$\cdots$，$\boldsymbol{\alpha}_n$和$\boldsymbol{\alpha}_1'$，$\boldsymbol{\alpha}_2'$，$\cdots$，$\boldsymbol{\alpha}_n'$有相同的线性相关性，即$R(\boldsymbol{\alpha}_1,\boldsymbol{\alpha}_2,\cdots,\boldsymbol{\alpha}_n)=R(\boldsymbol{\alpha}_1',\boldsymbol{\alpha}_2',\cdots,\boldsymbol{\alpha}_n')$，所以初等行变换不改变矩阵的列秩.

同理可以证明，初等列变换不改变矩阵的行秩，又因为矩阵的行秩、列秩都等于矩阵的秩，所以初等变换不改变矩阵的秩.

由此结论提供了一种用初等变换求向量组的极大无关组的方法：把向量组的各个向量作为列向量构成一个矩阵，对$\boldsymbol{A}$施行初等行变换化为行最简形矩阵$\boldsymbol{B}$，则

(1) 矩阵$\boldsymbol{B}$的列向量组的极大无关组对应的$\boldsymbol{A}$的部分列向量组是$\boldsymbol{A}$的列向量组的极大无关组；

(2) 矩阵$\boldsymbol{B}$的某一列向量关于极大无关组的线性表示对应于$\boldsymbol{A}$的相应列向量关于它的极大无关组的线性表示.

例 2 求下列向量组的一个极大无关组，并把其他向量用该极大无关组线性

表示.

$\boldsymbol{\alpha}_1=(2,1,3,-1)^{\mathrm{T}}$，$\boldsymbol{\alpha}_2=(3,-1,2,0)^{\mathrm{T}}$，$\boldsymbol{\alpha}_3=(1,3,4,-2)^{\mathrm{T}}$，$\boldsymbol{\alpha}_4=(4,-3,1,1)^{\mathrm{T}}$.

解　以 $\boldsymbol{\alpha}_1$，$\boldsymbol{\alpha}_2$，$\boldsymbol{\alpha}_3$，$\boldsymbol{\alpha}_4$ 为列向量构成矩阵 $\boldsymbol{A}$，并对其施行初等行变换

$\boldsymbol{A}=(\boldsymbol{\alpha}_1,\boldsymbol{\alpha}_2,\boldsymbol{\alpha}_3,\boldsymbol{\alpha}_4)$

$$=\begin{pmatrix}2&3&1&4\\1&-1&3&-3\\3&2&4&1\\-1&0&-2&1\end{pmatrix}\xrightarrow{r_1\leftrightarrow r_2}\begin{pmatrix}1&-1&3&-3\\2&3&1&4\\3&2&4&1\\-1&0&-2&1\end{pmatrix}\xrightarrow[r_4+r_1]{\substack{r_2-2r_1\\r_3-3r_1}}$$

$$\begin{pmatrix}1&-1&3&-3\\0&5&-5&10\\0&5&-5&10\\0&-1&1&-2\end{pmatrix}\xrightarrow{\substack{r_3-r_2\\r_4+\frac{1}{5}r_2}}\begin{pmatrix}1&-1&3&-3\\0&5&-5&10\\0&0&0&0\\0&0&0&0\end{pmatrix}\xrightarrow{\frac{1}{5}r_2}$$

$$\begin{pmatrix}1&-1&3&-3\\0&1&-1&2\\0&0&0&0\\0&0&0&0\end{pmatrix}\xrightarrow{r_1+r_2}\begin{pmatrix}1&0&2&-1\\0&1&-1&2\\0&0&0&0\\0&0&0&0\end{pmatrix}=\boldsymbol{B}$$

则 $R(\boldsymbol{A})=2$，即向量组的一个极大无关组含两个向量，取 $\boldsymbol{B}$ 的第一、二列对应的 $\boldsymbol{A}$ 的第一、二列的向量 $\boldsymbol{\alpha}_1$，$\boldsymbol{\alpha}_2$ 是该向量组的一个极大无关组，而且通过 $\boldsymbol{B}$ 的列向量的线性表示关系得到 $\boldsymbol{A}$ 的列向量关于极大无关组 $\boldsymbol{\alpha}_1$，$\boldsymbol{\alpha}_2$ 的线性表示关系

$$\boldsymbol{\alpha}_3=2\boldsymbol{\alpha}_1-\boldsymbol{\alpha}_2$$

$$\boldsymbol{\alpha}_4=-\boldsymbol{\alpha}_1+2\boldsymbol{\alpha}_2$$

例3　求下列向量组的秩和一个极大无关组.

$$\boldsymbol{\alpha}_1=(1,2,-1,1)^{\mathrm{T}},\ \boldsymbol{\alpha}_2=(2,0,t,0)^{\mathrm{T}},$$
$$\boldsymbol{\alpha}_3=(0,-4,5,-2)^{\mathrm{T}},\ \boldsymbol{\alpha}_4=(3,-2,t+4,-1)^{\mathrm{T}}.$$

解　对下列矩阵作初等行变换

$\boldsymbol{A}=(\boldsymbol{\alpha}_1,\boldsymbol{\alpha}_2,\boldsymbol{\alpha}_3,\boldsymbol{\alpha}_4)$

$$=\begin{pmatrix}1&2&0&3\\2&0&-4&-2\\-1&t&5&t+4\\1&0&-2&-1\end{pmatrix}\xrightarrow[r_4-r_1]{\substack{r_2-2r_1\\r_3+r_1}}\begin{pmatrix}1&2&0&3\\0&-4&-4&-8\\0&t+2&5&t+7\\0&-2&-2&-4\end{pmatrix}\xrightarrow{-\frac{1}{4}r_2}$$

$$\begin{pmatrix}1&2&0&3\\0&1&1&2\\0&t+2&5&t+7\\0&-2&-2&-4\end{pmatrix}\xrightarrow[r_4+2r_2]{r_3-(t+2)r_2}\begin{pmatrix}1&2&0&3\\0&1&1&2\\0&0&3-t&3-t\\0&0&0&0\end{pmatrix}$$

(1) $t=3$ 时，$R(\boldsymbol{A})=2$，从而向量组的秩为 2，且 $\boldsymbol{\alpha}_1$，$\boldsymbol{\alpha}_2$ 是其一个极大无关组；

(2) $t\neq3$ 时，$R(\boldsymbol{A})=3$，从而向量组的秩为 3，且 $\boldsymbol{\alpha}_1$，$\boldsymbol{\alpha}_2$，$\boldsymbol{\alpha}_3$ 是其一个极大无关组.

习题 3.3

1. 求下列向量组的秩，并求一个极大无关组：

(1) $\boldsymbol{\alpha}_1=(1,1,1)^{\mathrm{T}}$，$\boldsymbol{\alpha}_2=(1,1,0)^{\mathrm{T}}$，$\boldsymbol{\alpha}_3=(1,0,0)^{\mathrm{T}}$；

(2) $\boldsymbol{\alpha}_1=(2,1,1,1)^{\mathrm{T}}$，$\boldsymbol{\alpha}_2=(-1,1,7,10)^{\mathrm{T}}$，$\boldsymbol{\alpha}_3=(3,1,-1,-2)^{\mathrm{T}}$，$\boldsymbol{\alpha}_4=(8,5,7,11)^{\mathrm{T}}$；

(3) $\boldsymbol{\alpha}_1=(-1,-1,5,2)^{\mathrm{T}}$，$\boldsymbol{\alpha}_2=(1,-1,3,0)^{\mathrm{T}}$，$\boldsymbol{\alpha}_3=(-2,-2,10,4)^{\mathrm{T}}$，$\boldsymbol{\alpha}_4=(1,-2,7,1)^{\mathrm{T}}$.

2. 求下列向量组的极大无关组，并将向量组中其余向量表为该极大无关组的线性组合.

(1) $\boldsymbol{\alpha}_1=(1,-2,5)^{\mathrm{T}}$，$\boldsymbol{\alpha}_2=(3,2,-1)^{\mathrm{T}}$，$\boldsymbol{\alpha}_3=(3,10,-17)^{\mathrm{T}}$；

(2) $\boldsymbol{\beta}_1=(1,3,-5,1)^{\mathrm{T}}$，$\boldsymbol{\beta}_2=(2,6,1,4)^{\mathrm{T}}$，$\boldsymbol{\beta}_3=(3,9,7,10)^{\mathrm{T}}$；

(3) $\boldsymbol{\gamma}_1=(1,2,3,4)^{\mathrm{T}}$，$\boldsymbol{\gamma}_2=(2,3,4,5)^{\mathrm{T}}$，$\boldsymbol{\gamma}_3=(3,4,5,6)^{\mathrm{T}}$，$\boldsymbol{\gamma}_4=(4,5,6,7)^{\mathrm{T}}$.

3. 设向量组 $\boldsymbol{\alpha}_1=(a,3,1)^{\mathrm{T}}$，$\boldsymbol{\alpha}_2=(2,b,3)^{\mathrm{T}}$，$\boldsymbol{\alpha}_3=(1,2,1)^{\mathrm{T}}$，$\boldsymbol{\alpha}_4=(2,3,1)^{\mathrm{T}}$，的秩为 2，求 a，b 的值.

4. 利用初等行变换求下列矩阵的列向量组的一个极大无关组，并把其余列向量用极大无关组线性表示.

(1) $\boldsymbol{A}=\begin{pmatrix}25&31&17&43\\75&94&53&132\\75&94&54&134\\25&32&20&48\end{pmatrix}$；(2) $\boldsymbol{B}=\begin{pmatrix}1&1&2&2&1\\0&2&1&5&-1\\2&0&3&-1&3\\1&1&0&4&-1\end{pmatrix}$

*5. 设 $\boldsymbol{\alpha}_1$，$\boldsymbol{\alpha}_2$，…，$\boldsymbol{\alpha}_n$ 是一组 n 维向量组，已知 n 维单位向量组 $\boldsymbol{\xi}_1$，$\boldsymbol{\xi}_2$，…，$\boldsymbol{\xi}_n$ 能由它们线性表示，证明 $\boldsymbol{\alpha}_1$，$\boldsymbol{\alpha}_2$，…，$\boldsymbol{\alpha}_n$ 线性无关.

*6. 设

$$\begin{cases}\boldsymbol{\beta}_1=\boldsymbol{\alpha}_2+\boldsymbol{\alpha}_3+\cdots+\boldsymbol{\alpha}_n\\ \boldsymbol{\beta}_2=\boldsymbol{\alpha}_1+\boldsymbol{\alpha}_3+\cdots+\boldsymbol{\alpha}_n\\ \cdots\cdots\cdots\cdots\cdots\cdots\\ \boldsymbol{\beta}_n=\boldsymbol{\alpha}_1+\boldsymbol{\alpha}_2+\cdots+\boldsymbol{\alpha}_{n-1}\end{cases}$$

证明向量组 $\boldsymbol{\alpha}_1$，$\boldsymbol{\alpha}_2$，$\cdots\boldsymbol{\alpha}_n$ 与向量组 $\boldsymbol{\beta}_1$，$\boldsymbol{\beta}_2$，…，$\boldsymbol{\beta}_n$ 等价.

3.4 向量空间

3.4.1 向量空间的概念

定义1 设 $\boldsymbol{V}$ 为 n 维向量的非空集合，若 $\boldsymbol{V}$ 对向量的加法和数乘法两种运算封闭，即

(1) 若 $\boldsymbol{\alpha}$，$\boldsymbol{\beta}\in\boldsymbol{V}$，则 $\boldsymbol{\alpha}+\boldsymbol{\beta}\in\boldsymbol{V}$；

(2) 若 $\boldsymbol{\alpha}\in\boldsymbol{V}$，$\lambda\in\boldsymbol{R}$，则 $\lambda\boldsymbol{\alpha}\in\boldsymbol{V}$.

则称 $\boldsymbol{V}$ 为向量空间，记为 $\boldsymbol{R}^n$.

特别地，当 $n=1$ 时，$\boldsymbol{R}^1$ 是一维向量空间，简记为 $\boldsymbol{R}$，它表示实数轴.

当 $n=2$ 时，$\boldsymbol{R}^2$ 为二维向量空间，它表示实平面.

当 $n=3$ 时，$\boldsymbol{R}^3$ 为三维向量空间，它表示实体空间.

当 $n>3$ 时，$\boldsymbol{R}^n$ 没有直观的几何形象.

定义2 设向量空间 $\boldsymbol{V}_1$ 和 $\boldsymbol{V}_2$，若 $\boldsymbol{V}_1\subseteq\boldsymbol{V}_2$，则称 $\boldsymbol{V}_1$ 是 $\boldsymbol{V}_2$ 的子空间.

例1 仅含零向量的集合是一个向量空间，称为零空间.

例2 判断下列集合是否是向量空间：

(1) $\boldsymbol{V}_1=\{x=(0,x_2,\cdots,x_n)^{\mathrm{T}}\mid x_2,\cdots,x_n\in\boldsymbol{R}\}$；

(2) $\boldsymbol{V}_2=\{x=(1,x_2,\cdots,x_n)^{\mathrm{T}}\mid x_2,\cdots,x_n\in\boldsymbol{R}\}$.

解 (1) 设 $\boldsymbol{\alpha}=(0,a_2,\cdots,a_n)$，$\boldsymbol{\beta}=(0,b_2,\cdots,b_n)\in\boldsymbol{V}_1\lambda\in\boldsymbol{R}$，有

$$\boldsymbol{\alpha}+\boldsymbol{\beta}=(0,a_2+b_2,\cdots,a_n+b_n)\in\boldsymbol{V}_1,$$

$$\lambda\boldsymbol{\alpha}=(0,\lambda a_2,\cdots,\lambda a_n)\in\boldsymbol{V}_1$$

所以 $\boldsymbol{V}_1$ 是向量空间.

(2) 设 $\boldsymbol{\alpha}=(1,a_2,\cdots,a_n)$，$\boldsymbol{\beta}=(1,b_2,\cdots,b_n)\in\boldsymbol{V}_2$，$2\in\boldsymbol{R}$，有

$$\boldsymbol{\alpha}+\boldsymbol{\beta}=(2,a_2+b_2,\cdots,a_n+b_n)\notin\boldsymbol{V}_2$$

$$2\boldsymbol{\alpha}=(2,2a_2,\cdots,2a_n)\notin\boldsymbol{V}_2$$

所以 $\boldsymbol{V}_2$ 不是向量空间.

* **例3** 齐次线性方程组的全体解集合是一个向量空间.

解 设 $\boldsymbol{AX}=\boldsymbol{0}$ 的解集合为

$$\boldsymbol{S}=\{\boldsymbol{\alpha}\mid \boldsymbol{A\alpha}=\boldsymbol{0}\}(\boldsymbol{A}\text{ 是齐次线性方程组的系数矩阵})$$

显然 $\boldsymbol{S}$ 非空（因 $0\in\boldsymbol{S}$），任取 $\boldsymbol{\alpha}$，$\boldsymbol{\beta}\in\boldsymbol{S}$，$\lambda\in\boldsymbol{R}$，有

$$\boldsymbol{A}(\boldsymbol{\alpha}+\boldsymbol{\beta})=\boldsymbol{A\alpha}+\boldsymbol{A\beta}=\boldsymbol{0},\text{即 }\boldsymbol{\alpha}+\boldsymbol{\beta}\in\boldsymbol{S},$$

$$\boldsymbol{A}(\lambda\boldsymbol{\alpha})=\lambda(\boldsymbol{A\alpha})=\boldsymbol{0}\quad\text{即 }\lambda\boldsymbol{\alpha}\in\boldsymbol{S},$$

所以 $\boldsymbol{S}$ 是一个向量空间. 称 $\boldsymbol{S}$ 为齐次线性方程组的解空间.

*3.4.2 向量空间的基和维数

定义 3 设 $\boldsymbol{V}$ 是一个向量空间，$\boldsymbol{\alpha}_1$，$\boldsymbol{\alpha}_2$，…，$\boldsymbol{\alpha}_r\in\boldsymbol{V}$，若

(1) $\boldsymbol{\alpha}_1$，$\boldsymbol{\alpha}_2$，…，$\boldsymbol{\alpha}_r$ 线性无关；

(2) $\boldsymbol{V}$ 中任一向量 $\boldsymbol{\alpha}$ 都可由 $\boldsymbol{\alpha}_1$，$\boldsymbol{\alpha}_2$，…，$\boldsymbol{\alpha}_r$ 线性表示；

则称向量组 $\boldsymbol{\alpha}_1$，$\boldsymbol{\alpha}_2$，…，$\boldsymbol{\alpha}_r$ 为 $\boldsymbol{V}$ 的一组基，数 r 称为向量空间的维数，记为 $\dim\boldsymbol{V}=r$，并称 $\boldsymbol{V}$ 为 r 维的向量空间.

注：(1) 只含零向量的向量空间没有基，称为零维向量空间；

(2) 若把向量空间 $\boldsymbol{V}$ 看作向量组，则 $\boldsymbol{V}$ 的基就是向量组的极大无关组，$\boldsymbol{V}$ 的维数就是向量组的秩；

(3) 若向量组 $\boldsymbol{\alpha}_1$，$\boldsymbol{\alpha}_2$，…，$\boldsymbol{\alpha}_r$ 是向量空间 $\boldsymbol{V}$ 的基，则向量空间 $\boldsymbol{V}$ 可以表示为

$$\boldsymbol{V}=\{x\mid x=\lambda_1\boldsymbol{\alpha}_1+\lambda_2\boldsymbol{\alpha}_2+\cdots+\lambda_r\boldsymbol{\alpha}_r,\lambda_1,\lambda_2,\cdots,\lambda_r\in\boldsymbol{R}\}$$

此时，$\boldsymbol{V}$ 又称为基 $\boldsymbol{\alpha}_1$，$\boldsymbol{\alpha}_2$，…，$\boldsymbol{\alpha}_r$ 生成的向量空间.

例 4 证明 n 维单位向量组

$$\boldsymbol{\xi}_1=(1,0,\cdots,0)^{\mathrm{T}},\boldsymbol{\xi}_2=(0,1,\cdots,0)^{\mathrm{T}}\cdots,\boldsymbol{\xi}_n=(0,0,\cdots,1)^{\mathrm{T}}$$

是 n 维向量空间 $\boldsymbol{R}^n$ 的一个基.

证明 (1) 在 3.2 节中已证明 $\boldsymbol{\xi}_1$，$\boldsymbol{\xi}_2$，…，$\boldsymbol{\xi}_n$ 线性无关；

(2) 任取 $\boldsymbol{\alpha}=(a_1,a_2,\cdots,a_n)^{\mathrm{T}}\in\boldsymbol{R}^n$，则有

$$\boldsymbol{\alpha}=a_1\boldsymbol{\xi}_1+a_2\boldsymbol{\xi}_2+\cdots+a_n\boldsymbol{\xi}_n,$$

因此向量组 $\boldsymbol{\xi}_1$，$\boldsymbol{\xi}_2$，…，$\boldsymbol{\xi}_n$ 是 $\boldsymbol{R}^n$ 的一个基.

定义 4 设 $\boldsymbol{\alpha}_1$，$\boldsymbol{\alpha}_2$，…，$\boldsymbol{\alpha}_r$ 是向量空间 $\boldsymbol{V}$ 的一组基，$\boldsymbol{V}$ 中任意一个向量 $\boldsymbol{\alpha}$ 可以唯一地表示为

$$\boldsymbol{\alpha}=\lambda_1\boldsymbol{\alpha}_1+\lambda_2\boldsymbol{\alpha}_2+\cdots+\lambda_r\boldsymbol{\alpha}_r,$$

称数组 λ_1，λ_2，…，λ_r 为向量 $\boldsymbol{\alpha}$ 在基 $\boldsymbol{\alpha}_1$，$\boldsymbol{\alpha}_2$，…，$\boldsymbol{\alpha}_r$ 下的坐标，记为 $(\lambda_1,\lambda_2,\cdots,\lambda_r)$.

例如，向量空间 $\boldsymbol{R}^n$ 中的向量 $\boldsymbol{\alpha}=(a_1,a_2,\cdots,a_n)$ 在基 $\boldsymbol{\xi}_1=(1,0,\cdots,0)^{\mathrm{T}}$，

$\boldsymbol{\xi}_2=(0,1,\cdots,0)^{\mathrm{T}}$，…，$\boldsymbol{\xi}_n=(0,0,\cdots,1)^{\mathrm{T}}$ 下的坐标为 $(a_1, a_2, \cdots, a_n)$. 也称 $\boldsymbol{\xi}_1$，$\boldsymbol{\xi}_2$，…，$\boldsymbol{\xi}_n$ 为 n 维向量空间 $\boldsymbol{R}^n$ 的自然基.

例 5　给定向量组

$$\boldsymbol{\alpha}_1=(-2,4,1)^{\mathrm{T}},\ \boldsymbol{\alpha}_2=(-1,3,5)^{\mathrm{T}},\ \boldsymbol{\alpha}_3=(2,-3,1)^{\mathrm{T}},\ \boldsymbol{\beta}=(1,1,3)^{\mathrm{T}},$$

试证：向量组 $\boldsymbol{\alpha}_1$，$\boldsymbol{\alpha}_2$，$\boldsymbol{\alpha}_3$ 是向量空间 $\boldsymbol{R}^3$ 的一组基，并求 $\boldsymbol{\beta}$ 在基 $\boldsymbol{\alpha}_1$，$\boldsymbol{\alpha}_2$，$\boldsymbol{\alpha}_3$ 下的坐标.

证明　令 $\boldsymbol{A}=(\boldsymbol{\alpha}_1,\boldsymbol{\alpha}_2,\boldsymbol{\alpha}_3,\boldsymbol{\beta})$，对矩阵 $\boldsymbol{A}$ 施行初等行变换：

$$\boldsymbol{A}=(\boldsymbol{\alpha}_1,\boldsymbol{\alpha}_2,\boldsymbol{\alpha}_3,\boldsymbol{\beta})=\begin{pmatrix}-2 & -1 & 2 & 1\\ 4 & 3 & -3 & 1\\ 1 & 5 & 1 & 3\end{pmatrix}\longrightarrow\begin{pmatrix}1 & 0 & 0 & 4\\ 0 & 1 & 0 & -1\\ 0 & 0 & 1 & 4\end{pmatrix}$$

由上面的阶梯形矩阵可知，$\boldsymbol{\alpha}_1$，$\boldsymbol{\alpha}_2$，$\boldsymbol{\alpha}_3$ 线性无关，即 $\boldsymbol{\alpha}_1$，$\boldsymbol{\alpha}_2$，$\boldsymbol{\alpha}_3$ 是向量空间 $\boldsymbol{R}^3$ 的一组基，且

$$\boldsymbol{\beta}=4\boldsymbol{\alpha}_1-\boldsymbol{\alpha}_2+4\boldsymbol{\alpha}_3,$$

故 $\boldsymbol{\beta}$ 在 $\boldsymbol{\alpha}_1$，$\boldsymbol{\alpha}_2$，$\boldsymbol{\alpha}_3$ 下的坐标为 $(4, -1, 4)$.

3.4.3　向量的内积与正交向量组

在空间解析几何中，向量 $\boldsymbol{\alpha}=(x_1, x_2, x_3)^{\mathrm{T}}$ 和 $\boldsymbol{\beta}=(y_1, y_2, y_3)^{\mathrm{T}}$ 的长度和它们之间的夹角等度量性质可以通过两个向量的数量积来定义.

向量 $\boldsymbol{\alpha}$ 和 $\boldsymbol{\beta}$ 的数量积

$$(\boldsymbol{\alpha},\boldsymbol{\beta})=|\boldsymbol{\alpha}||\boldsymbol{\beta}|\cos\theta\ (\theta \text{ 为 } \boldsymbol{\alpha} \text{ 和 } \boldsymbol{\beta} \text{ 的夹角})$$

或

$$(\boldsymbol{\alpha},\boldsymbol{\beta})=x_1y_1+x_2y_2+x_3y_3$$

则向量 $\boldsymbol{\alpha}$ 的长及向量 $\boldsymbol{\alpha}$ 和 $\boldsymbol{\beta}$ 的夹角的余弦值分别为

$$|\boldsymbol{\alpha}|=\sqrt{x_1^2+x_2^2+x_3^2}$$

$$\cos\theta=\frac{(\boldsymbol{\alpha},\boldsymbol{\beta})}{|\boldsymbol{\alpha}||\boldsymbol{\beta}|}=\frac{x_1y_1+x_2y_2+x_3y_3}{\sqrt{x_1^2+x_2^2+x_3^2}\sqrt{y_1^2+y_2^2+y_3^2}}$$

下面把以上概念推广到 n 维向量空间中.

定义 5　设 $\boldsymbol{\alpha}=(x_1,x_2,\cdots,x_n)^{\mathrm{T}}$，$\boldsymbol{\beta}=(y_1,y_2,\cdots,y_n)^{\mathrm{T}}\in\boldsymbol{R}^n$，令

$$(\boldsymbol{\alpha},\boldsymbol{\beta})=x_1y_1+x_2y_2+\cdots+x_ny_n \tag{3-17}$$

称 $(\boldsymbol{\alpha}, \boldsymbol{\beta})$ 为向量 $\boldsymbol{\alpha}$ 和 $\boldsymbol{\beta}$ 的内积.

内积是两个向量之间的一种运算，其结果是一个实数. 利用矩阵的乘法，向量的内积也可以表示为

$$(\boldsymbol{\alpha},\boldsymbol{\beta})=\boldsymbol{\alpha}^{\mathrm{T}}\boldsymbol{\beta}=(x_1,x_2,\cdots,x_n)\begin{pmatrix}y_1\\y_2\\\vdots\\y_n\end{pmatrix}$$

容易验证，向量的内积具有下列性质（$\boldsymbol{\alpha}$，$\boldsymbol{\beta}$，$\boldsymbol{\gamma}$ 是 n 维向量，$\mathbf{0}$ 为 n 维零向量，λ 是实数）：

(1) $(\boldsymbol{\alpha},\boldsymbol{\beta})=(\boldsymbol{\beta},\boldsymbol{\alpha})$；

(2) $(\lambda\boldsymbol{\alpha},\boldsymbol{\beta})=\lambda(\boldsymbol{\alpha},\boldsymbol{\beta})$；

(3) $(\boldsymbol{\alpha}+\boldsymbol{\beta},\boldsymbol{\gamma})=(\boldsymbol{\alpha},\boldsymbol{\gamma})+(\boldsymbol{\beta},\boldsymbol{\gamma})$；

(4) $(\boldsymbol{\alpha},\mathbf{0})=0$；

(5) $(\boldsymbol{\alpha},\boldsymbol{\alpha})\geqslant 0$，当且仅当 $\boldsymbol{\alpha}=\mathbf{0}$ 时，$(\boldsymbol{\alpha},\boldsymbol{\alpha})=0$.

定义 6 设 $\boldsymbol{\alpha}=(x_1,x_2,\cdots,x_n)^{\mathrm{T}}\in\boldsymbol{R}^n$，称

$$\|\boldsymbol{\alpha}\|=\sqrt{(\boldsymbol{\alpha},\boldsymbol{\alpha})}=\sqrt{x_1^2+x_2^2+\cdots+x_n^2} \tag{3-18}$$

为向量 $\boldsymbol{\alpha}$ 的长度（或范数）.

特别地，若 $\|\boldsymbol{\alpha}\|=1$，称 $\boldsymbol{\alpha}$ 为单位向量.

向量的长度具有下列性质：

(1) 非负性 $\|\boldsymbol{\alpha}\|\geqslant 0$，当且仅当 $\boldsymbol{\alpha}=\mathbf{0}$ 时，$\|\boldsymbol{\alpha}\|=0$；

(2) 齐次性 $\|\lambda\boldsymbol{\alpha}\|=|\lambda|\,\|\boldsymbol{\alpha}\|$；

(3) 三角不等式 $\|\boldsymbol{\alpha}+\boldsymbol{\beta}\|\leqslant\|\boldsymbol{\alpha}\|+\|\boldsymbol{\beta}\|$.

设两个非零向量 $\boldsymbol{\alpha}$，$\boldsymbol{\beta}\in\boldsymbol{R}^n$，定义

$$\langle\boldsymbol{\alpha},\boldsymbol{\beta}\rangle=\arccos\frac{(\boldsymbol{\alpha},\boldsymbol{\beta})}{\|\boldsymbol{\alpha}\|\,\|\boldsymbol{\beta}\|}, \tag{3-19}$$

称为向量 $\boldsymbol{\alpha}$ 和 $\boldsymbol{\beta}$ 的夹角.

例如，向量 $\boldsymbol{\alpha}=(1,2,2,3)^{\mathrm{T}}$，$\boldsymbol{\beta}=(3,1,5,1)^{\mathrm{T}}$ 的夹角的余弦

$$\cos\langle\boldsymbol{\alpha},\boldsymbol{\beta}\rangle=\frac{(\boldsymbol{\alpha},\boldsymbol{\beta})}{\|\boldsymbol{\alpha}\|\,\|\boldsymbol{\beta}\|}=\frac{1\times 3+2\times 1+2\times 5+3\times 1}{\sqrt{1^2+2^2+2^2+3^2}\sqrt{3^2+1^2+5^2+1^2}}$$

$$=\frac{18}{3\sqrt{2}\times 6}=\frac{\sqrt{2}}{2}$$

所以 $\boldsymbol{\alpha}$ 和 $\boldsymbol{\beta}$ 的夹角为 $\frac{\pi}{4}$.

定义 7 若向量 $\boldsymbol{\alpha}$ 和 $\boldsymbol{\beta}$ 的内积为零，即

$$(\boldsymbol{\alpha},\boldsymbol{\beta})=0$$

则称 $\boldsymbol{\alpha}$ 和 $\boldsymbol{\beta}$ 正交，记为 $\boldsymbol{\alpha}\perp\boldsymbol{\beta}$.

显然，零向量与任何向量正交.

定义 8　(1) 若非零向量组 $\boldsymbol{\alpha}_1$，$\boldsymbol{\alpha}_2$，…，$\boldsymbol{\alpha}_r$ 两两正交，则称 $\boldsymbol{\alpha}_1$，$\boldsymbol{\alpha}_2$，…，$\boldsymbol{\alpha}_r$ 是正交向量组；

(2) 若 $\boldsymbol{\alpha}_1$，$\boldsymbol{\alpha}_2$，…，$\boldsymbol{\alpha}_r$ 是正交向量组，且 $\|\boldsymbol{\alpha}_i\|=1$，$(i=1,2,\cdots,r)$，则称 $\boldsymbol{\alpha}_1$，$\boldsymbol{\alpha}_2$，…，$\boldsymbol{\alpha}_r$ 是正交单位向量组.

例如，$\boldsymbol{R}^n$ 中的单位向量组 $\boldsymbol{\xi}_1=(1,0,\cdots,0)^{\mathrm{T}}$，$\boldsymbol{\xi}_2=(0,1,\cdots,0)^{\mathrm{T}}$，…，$\boldsymbol{\xi}_n=(0,0,\cdots,1)^{\mathrm{T}}$是正交单位向量组，事实上，$(\boldsymbol{\xi}_i,\boldsymbol{\xi}_j)=0$ $(i\neq j)$，$(\boldsymbol{\xi}_i,\boldsymbol{\xi}_j)=1$ $(i=j)$.

定理 1　若 n 维向量组 $\boldsymbol{\alpha}_1$，$\boldsymbol{\alpha}_2$，…，$\boldsymbol{\alpha}_r$ 是一个正交向量组，则 $\boldsymbol{\alpha}_1$，$\boldsymbol{\alpha}_2$，…，$\boldsymbol{\alpha}_r$ 线性无关.

证明　设有 k_1，k_2，…，k_r，使

$$k_1\boldsymbol{\alpha}_1+k_2\boldsymbol{\alpha}_2+\cdots+k_r\boldsymbol{\alpha}_r=\boldsymbol{0}$$

以 $\boldsymbol{\alpha}_1^{\mathrm{T}}$ 左乘上式两端，当 $i\geqslant 2$ 时 $\boldsymbol{\alpha}_1^{\mathrm{T}}\boldsymbol{\alpha}_i=\boldsymbol{0}$，故得

$$k_1\boldsymbol{\alpha}_1^{\mathrm{T}}\boldsymbol{\alpha}_i=\boldsymbol{0}$$

因 $\|\boldsymbol{\alpha}_1\|=\sqrt{\boldsymbol{\alpha}_1^{\mathrm{T}}\boldsymbol{\alpha}_1}\neq 0$，从而 $k_1=0$，类似可以证明 $k_2=k_3=\cdots=k_r=0$，于是向量组 $\boldsymbol{\alpha}_1$，$\boldsymbol{\alpha}_2$，…，$\boldsymbol{\alpha}_r$ 线性无关.

* **定义 9**　设 $\boldsymbol{V}\subseteq\boldsymbol{R}^n$ 是一个向量空间.

(1) 若 $\boldsymbol{\alpha}_1$，$\boldsymbol{\alpha}_2$，…，$\boldsymbol{\alpha}_r$ 是 $\boldsymbol{V}$ 的一个基，且是两两正交的向量组，则称 $\boldsymbol{\alpha}_1$，$\boldsymbol{\alpha}_2$，…，$\boldsymbol{\alpha}_r$ 是 $\boldsymbol{V}$ 的一个正交基；

(2) 若 $\boldsymbol{e}_1$，$\boldsymbol{e}_2$，…，$\boldsymbol{e}_r$ 是 V 的一个正交基，且都是单位向量，则称 $\boldsymbol{e}_1$，$\boldsymbol{e}_2$，…，$\boldsymbol{e}_r$ 是 $\boldsymbol{V}$ 的一个标准正交基（或规范正交基）.

例如 $\boldsymbol{\xi}_1=(1,0,\cdots,0)^{\mathrm{T}}$，$\boldsymbol{\xi}_2=(0,1,\cdots,0)^{\mathrm{T}}$，…，$\boldsymbol{\xi}_n=(0,0,\cdots,1)^{\mathrm{T}}$ 是 $\boldsymbol{R}^n$ 的一个标准正交基.

从定理 1 知，一个向量组线性无关是正交向量组的必要条件，那么从一个线性无关的向量组出发，求出一个与之等价的正交向量组的方法，称为施密特（Schmidt）正交化法.

施密特正交化方法分为以下两个步骤：

第一步　正交化：设 $\boldsymbol{\alpha}_1$，$\boldsymbol{\alpha}_2$，…，$\boldsymbol{\alpha}_r$ 一组线性无关的向量组.

令 $\boldsymbol{\beta}_1=\boldsymbol{\alpha}_1$，

$$\boldsymbol{\beta}_2=\boldsymbol{\alpha}_2-\frac{(\boldsymbol{\beta}_1,\boldsymbol{\alpha}_2)}{(\boldsymbol{\beta}_1,\boldsymbol{\beta}_1)}\boldsymbol{\beta}_1;$$

$$\cdots\cdots$$

$$\boldsymbol{\beta}_r=\boldsymbol{\alpha}_r-\frac{(\boldsymbol{\beta}_1,\boldsymbol{\alpha}_r)}{(\boldsymbol{\beta}_1,\boldsymbol{\beta}_1)}\boldsymbol{\beta}_1-\frac{(\boldsymbol{\beta}_2,\boldsymbol{\alpha}_r)}{(\boldsymbol{\beta}_2,\boldsymbol{\beta}_2)}\boldsymbol{\beta}_2-\cdots-\frac{(\boldsymbol{\beta}_{r-1},\boldsymbol{\alpha}_r)}{(\boldsymbol{\beta}_{r-1},\boldsymbol{\beta}_{r-1})}\boldsymbol{\beta}_{r-1}$$

容易验证 $\boldsymbol{\beta}_1$，$\boldsymbol{\beta}_2$，…，$\boldsymbol{\beta}_r$ 两两正交，而且 $\boldsymbol{\beta}_1$，$\boldsymbol{\beta}_2$，…，$\boldsymbol{\beta}_r$ 与 $\boldsymbol{\alpha}_1$，$\boldsymbol{\alpha}_2$，…，$\boldsymbol{\alpha}_r$ 等价.

第二步　单位化：令

$$\boldsymbol{e}_1=\frac{\boldsymbol{\beta}_1}{\|\boldsymbol{\beta}_1\|},\boldsymbol{e}_2=\frac{\boldsymbol{\beta}_2}{\|\boldsymbol{\beta}_2\|},\cdots,\boldsymbol{e}_r=\frac{\boldsymbol{\beta}_r}{\|\boldsymbol{\beta}_r\|}$$

则 $\boldsymbol{e}_1$，$\boldsymbol{e}_2$，…，$\boldsymbol{e}_r$ 一组正交单位向量组，即是 $\mathbf{V}$ 的一个标准正交基.

例 6　设 $\boldsymbol{\alpha}_1=(1,2,-1)^{\mathrm{T}}$，$\boldsymbol{\alpha}_2=(-1,3,1)^{\mathrm{T}}$，$\boldsymbol{\alpha}_3=(4,-1,0)^{\mathrm{T}}$，求与 $\boldsymbol{\alpha}_1$，$\boldsymbol{\alpha}_2$，$\boldsymbol{\alpha}_3$ 等价的单位正交向量组.

解　因为 $\begin{vmatrix}1 & -1 & 4\\ 2 & 3 & -1\\ -1 & 1 & 0\end{vmatrix}=20\neq 0$

故 $\boldsymbol{\alpha}_1$，$\boldsymbol{\alpha}_2$，$\boldsymbol{\alpha}_3$ 线性无关，取 $\boldsymbol{\beta}_1=\boldsymbol{\alpha}_1$，

$$\boldsymbol{\beta}_2=\boldsymbol{\alpha}_2-\frac{(\boldsymbol{\beta}_1,\boldsymbol{\alpha}_2)}{\|\boldsymbol{\beta}_1\|^2}\boldsymbol{\beta}_1=(-1,3,1)^{\mathrm{T}}-\frac{4}{6}(1,2,-1)^{\mathrm{T}}$$

$$=\left(-\frac{5}{3},\frac{5}{3},\frac{5}{3}\right)^{\mathrm{T}}$$

$$\boldsymbol{\beta}_3=\boldsymbol{\alpha}_3-\frac{(\boldsymbol{\beta}_1,\boldsymbol{\alpha}_3)}{\|\boldsymbol{\beta}_1\|^2}\boldsymbol{\beta}_1-\frac{(\boldsymbol{\beta}_2,\boldsymbol{\alpha}_3)}{\|\boldsymbol{\beta}_2\|^2}\boldsymbol{\beta}_2$$

$$=(4,-1,0)^{\mathrm{T}}-\frac{1}{3}(1,2,-1)^{\mathrm{T}}+\frac{5}{3}(-1,1,1)^{\mathrm{T}}=(2,0,2)^{\mathrm{T}}$$

把 $\boldsymbol{\beta}_1$，$\boldsymbol{\beta}_2$，$\boldsymbol{\beta}_3$ 单位化，得

$$\boldsymbol{e}_1=\frac{\boldsymbol{\beta}_1}{\|\boldsymbol{\beta}_1\|}=\frac{1}{\sqrt{6}}(1,2,-1)^{\mathrm{T}}，\boldsymbol{e}_2=\frac{\boldsymbol{\beta}_2}{\|\boldsymbol{\beta}_2\|}=\frac{1}{\sqrt{3}}(-1,1,1)^{\mathrm{T}}，\boldsymbol{e}_3=\frac{\boldsymbol{\beta}_3}{\|\boldsymbol{\beta}_3\|}=\frac{1}{\sqrt{2}}(1,0,1)^{\mathrm{T}}$$

所以 $\boldsymbol{e}_1$，$\boldsymbol{e}_2$，$\boldsymbol{e}_2$ 为所求的单位正交向量组.

3.4.4　正交矩阵

定义 10　设 $\mathbf{A}$ 是 n 阶方阵，若

$$\mathbf{A}^{\mathrm{T}}\mathbf{A}=\boldsymbol{E} \tag{3-20}$$

则称 $\mathbf{A}$ 为一个正交矩阵.

例如　下列矩阵是正交矩阵

$$\begin{pmatrix}1 & 0\\0 & -1\end{pmatrix},\begin{pmatrix}\cos\theta & -\sin\theta\\\sin\theta & \cos\theta\end{pmatrix},\begin{pmatrix}1 & 0 & 0\\0 & \frac{1}{\sqrt{2}} & \frac{1}{\sqrt{2}}\\0 & \frac{1}{\sqrt{2}} & -\frac{1}{\sqrt{2}}\end{pmatrix}$$

由定义10可知，正交矩阵具有下列性质：

（1）若$\boldsymbol{A}$是正交矩阵，则$\boldsymbol{A}^{\mathrm{T}}=\boldsymbol{A}^{-1}$也是正交矩阵；

（2）若$\boldsymbol{A}$，$\boldsymbol{B}$是正交矩阵，则$\boldsymbol{AB}$也是正交矩阵；

（3）若$\boldsymbol{A}$是正交矩阵，则$\boldsymbol{A}$的行列式$|\boldsymbol{A}|=\pm1$.

定理2 方阵为正交矩阵的充分必要条件是$\boldsymbol{A}$的列（行）向量组是正交单位向量组.

证明 设$\boldsymbol{A}=(\boldsymbol{\alpha}_1,\boldsymbol{\alpha}_2,\cdots,\boldsymbol{\alpha}_n)$，其中$\boldsymbol{\alpha}_1$，$\boldsymbol{\alpha}_2$，…，$\boldsymbol{\alpha}_n$是$\boldsymbol{A}$的列向量组，则由$\boldsymbol{A}^{\mathrm{T}}\boldsymbol{A}=\boldsymbol{E}$得

$$\begin{pmatrix}\boldsymbol{\alpha}_1^{\mathrm{T}}\\\boldsymbol{\alpha}_2^{\mathrm{T}}\\\vdots\\\boldsymbol{\alpha}_n^{\mathrm{T}}\end{pmatrix}(\boldsymbol{\alpha}_1,\boldsymbol{\alpha}_2,\cdots,\boldsymbol{\alpha}_n)=\begin{pmatrix}\boldsymbol{\alpha}_1^{\mathrm{T}}\boldsymbol{\alpha}_1 & \boldsymbol{\alpha}_1^{\mathrm{T}}\boldsymbol{\alpha}_2 & \cdots & \boldsymbol{\alpha}_1^{\mathrm{T}}\boldsymbol{\alpha}_n\\\boldsymbol{\alpha}_2^{\mathrm{T}}\boldsymbol{\alpha}_1 & \boldsymbol{\alpha}_2^{\mathrm{T}}\boldsymbol{\alpha}_2 & \cdots & \boldsymbol{\alpha}_2^{\mathrm{T}}\boldsymbol{\alpha}_n\\\cdots & \cdots & \cdots & \cdots\\\boldsymbol{\alpha}_n^{\mathrm{T}}\boldsymbol{\alpha}_1 & \boldsymbol{\alpha}_n^{\mathrm{T}}\boldsymbol{\alpha}_2 & \cdots & \boldsymbol{\alpha}_n^{\mathrm{T}}\boldsymbol{\alpha}_n\end{pmatrix}=\boldsymbol{E} \tag{3-21}$$

即

$$\boldsymbol{\alpha}_i^{\mathrm{T}}\boldsymbol{\alpha}_j=\boldsymbol{\delta}_{ij}=\begin{cases}1 & i=j\\0 & i\neq j\end{cases}\quad(i,j=1,2,\cdots,n) \tag{3-22}$$

亦即$i=j$时，$\boldsymbol{\alpha}_i^{\mathrm{T}}\boldsymbol{\alpha}_j=(\boldsymbol{\alpha}_i,\boldsymbol{\alpha}_j)=\|\boldsymbol{\alpha}_i\|^2=1$，即$\boldsymbol{\alpha}_i$是单位向量.

$$i\neq j\text{ 时},\boldsymbol{\alpha}_i^{\mathrm{T}}\boldsymbol{\alpha}_j=(\boldsymbol{\alpha}_i,\boldsymbol{\alpha}_j)=0,\text{即 }\boldsymbol{\alpha}_i\perp\boldsymbol{\alpha}_j.$$

所以$\boldsymbol{\alpha}_1$，$\boldsymbol{\alpha}_2$，…，$\boldsymbol{\alpha}_n$是正交单位向量组，反之式(3-22)成立，则式(3-21)成立，故充分性也成立. 所以，方阵是正交矩阵的充分必要条件是其列向量组为正交单位向量组.

类似可证：方阵是正交矩阵的充分必要条件是其行向量组为单位正交向量组.

习题3.4

1. 设$\boldsymbol{V}_1=\{x=(x_1,x_2,\cdots,x_n)^{\mathrm{T}}\mid x_1,x_2,\cdots,x_n\in\boldsymbol{R}$，且$x_1+\cdots+x_n=0\}$

$\boldsymbol{V}_2=\{x=(x_1,x_2,\cdots,x_n)^{\mathrm{T}}\mid x_1,x_2,\cdots,x_n\in\boldsymbol{R}$，且$x_1+\cdots+x_n=1\}$，

问$\boldsymbol{V}_1$，$\boldsymbol{V}_2$是否是向量空间？为什么？

*2. 验证$\boldsymbol{\alpha}_1=(1,-1,0)^{\mathrm{T}}$，$\boldsymbol{\alpha}_2=(2,1,3)^{\mathrm{T}}$，$\boldsymbol{\alpha}_3=(3,1,2)^{\mathrm{T}}$为$\boldsymbol{R}^3$的一个基，

并把 $\boldsymbol{\beta}_1=(5,0,7)^{\mathrm{T}}$，$\boldsymbol{\beta}_2=(-9,-8,-13)^{\mathrm{T}}$ 用这个基线性表示.

*3. 设 $\boldsymbol{R}^3$ 的一组基为 $\boldsymbol{\alpha}_1=(1,1,0)^{\mathrm{T}}$，$\boldsymbol{\alpha}_2=(1,0,1)^{\mathrm{T}}$，$\boldsymbol{\alpha}_3=(0,1,1)^{\mathrm{T}}$，求 $\boldsymbol{\alpha}=(2,0,0)^{\mathrm{T}}$ 在上述基下的坐标.

*4. 验证由 $\boldsymbol{\alpha}_1=(0,1,1)^{\mathrm{T}}$，$\boldsymbol{\alpha}_2=(1,0,1)^{\mathrm{T}}$，$\boldsymbol{\alpha}_3=(1,1,0)^{\mathrm{T}}$，生成的向量空间就是 $\boldsymbol{R}^3$.

*5. 验证 $\boldsymbol{\alpha}_1=(1,0,1)^{\mathrm{T}}$，$\boldsymbol{\alpha}_2=(2,1,0)^{\mathrm{T}}$，$\boldsymbol{\alpha}_3=(0,1,1)^{\mathrm{T}}$ 为 $\boldsymbol{R}^3$ 的一组基，并由此求 $\boldsymbol{R}^3$ 的一组标准正交基.

6. 计算向量 $\boldsymbol{\alpha}$ 和 $\boldsymbol{\beta}$ 的内积，并判定它们是否正交.

(1) $\boldsymbol{\alpha}=(-1,0,3,5)^{\mathrm{T}}$，$\boldsymbol{\beta}=(4,-2,0,-1)^{\mathrm{T}}$；

(2) $\boldsymbol{\alpha}=\left(\frac{\sqrt{3}}{2},-\frac{1}{3},\frac{\sqrt{3}}{4},-1\right)^{\mathrm{T}}$，$\boldsymbol{\beta}=\left(-\frac{\sqrt{3}}{2},-2,\sqrt{3},\frac{2}{3}\right)^{\mathrm{T}}$.

7. 利用施密特正交化方法，将下列向量组化为正交的单位向量组：

(1) $\boldsymbol{\alpha}_1=(0,1,1)^{\mathrm{T}}$，$\boldsymbol{\alpha}_2=(1,1,0)^{\mathrm{T}}$，$\boldsymbol{\alpha}_3=(1,0,1)^{\mathrm{T}}$；

(2) $\boldsymbol{\alpha}_1=(1,-2,2)^{\mathrm{T}}$，$\boldsymbol{\alpha}_2=(-1,0,-1)^{\mathrm{T}}$，$\boldsymbol{\alpha}_3=(5,-3,-7)^{\mathrm{T}}$；

(3) $\boldsymbol{\alpha}_1=(1,1,1,1)^{\mathrm{T}}$，$\boldsymbol{\alpha}_2=(3,3,-1,-1)^{\mathrm{T}}$，$\boldsymbol{\alpha}_3=(-2,0,6,8)^{\mathrm{T}}$.

8. 下列矩阵是不是正交矩阵

(1) $\begin{pmatrix} 1 & -\frac{1}{2} & \frac{1}{3} \\ -\frac{1}{2} & 1 & \frac{1}{2} \\ \frac{1}{3} & -\frac{1}{2} & -1 \end{pmatrix}$；(2) $\begin{pmatrix} \frac{1}{9} & -\frac{8}{9} & -\frac{4}{9} \\ -\frac{8}{9} & \frac{1}{9} & -\frac{4}{9} \\ -\frac{4}{9} & -\frac{4}{9} & \frac{7}{9} \end{pmatrix}$.

9. 设 $\boldsymbol{A}$，$\boldsymbol{B}$ 是正交矩阵，证明：$\boldsymbol{AB}$ 也是正交矩阵.

复习题3

一、判断题：

1. 若向量组 $\boldsymbol{\alpha}_1$，$\boldsymbol{\alpha}_2$，$\boldsymbol{\alpha}_3$，$\boldsymbol{\alpha}_4$ 线性相关，则 $\boldsymbol{\alpha}_4$ 可由 $\boldsymbol{\alpha}_1$，$\boldsymbol{\alpha}_2$，$\boldsymbol{\alpha}_3$ 线性表示；

2. 若向量组 $\boldsymbol{\alpha}_1$，$\boldsymbol{\alpha}_2$，$\boldsymbol{\alpha}_3$ 线性无关，且 $\boldsymbol{\alpha}_4$ 不能由 $\boldsymbol{\alpha}_1$，$\boldsymbol{\alpha}_2$，$\boldsymbol{\alpha}_3$ 线性表示，则 $\boldsymbol{\alpha}_1$，$\boldsymbol{\alpha}_2$，$\boldsymbol{\alpha}_3$，$\boldsymbol{\alpha}_4$ 线性无关；

3. 当 $k_1=k_2=k_3=k_4=0$ 时，$k_1\boldsymbol{\alpha}_1+k_2\boldsymbol{\alpha}_2+k_3\boldsymbol{\alpha}_3+k_4\boldsymbol{\alpha}_4=\boldsymbol{0}$，则 $\boldsymbol{\alpha}_1$，$\boldsymbol{\alpha}_2$，$\boldsymbol{\alpha}_3$，$\boldsymbol{\alpha}_4$ 线性无关；

4. 若有不全为零数 k_1，k_2，k_3，k_4，使 $k_1\boldsymbol{\alpha}_1+k_2\boldsymbol{\alpha}_2+k_3\boldsymbol{\beta}_1+k_4\boldsymbol{\beta}_2=\boldsymbol{0}$ 成立，则 $\boldsymbol{\alpha}_1$，$\boldsymbol{\alpha}_2$ 线性相关，$\boldsymbol{\beta}_1$，$\boldsymbol{\beta}_2$ 线性相关；

5. 若向量组 $\boldsymbol{\alpha}_1$，$\boldsymbol{\alpha}_2$，$\boldsymbol{\alpha}_3$，$\boldsymbol{\alpha}_4$ 中有一个是零向量，则 $\boldsymbol{\alpha}_1$，$\boldsymbol{\alpha}_2$，$\boldsymbol{\alpha}_3$，$\boldsymbol{\alpha}_4$ 线性相关；

6. 若向量组 $\boldsymbol{\alpha}_1$，$\boldsymbol{\alpha}_2$，$\boldsymbol{\alpha}_3$，$\boldsymbol{\alpha}_4$ 中任意三个向量都线性无关，则 $\boldsymbol{\alpha}_1$，$\boldsymbol{\alpha}_2$，$\boldsymbol{\alpha}_3$，$\boldsymbol{\alpha}_4$ 线性无关.

二、填空题：

1. 由 s 个 n 维向量组成的向量组 $\boldsymbol{\alpha}_1$，$\boldsymbol{\alpha}_2$，…，$\boldsymbol{\alpha}_s$，若 $s>n$，则向量组 $\boldsymbol{\alpha}_1$，$\boldsymbol{\alpha}_2$，…，$\boldsymbol{\alpha}_s$ 是线性__________.

2. 设向量组（Ⅰ）：$\boldsymbol{\alpha}_1$，$\boldsymbol{\alpha}_2$，…，$\boldsymbol{\alpha}_s$，向量组（Ⅱ）：$\boldsymbol{\alpha}_1$，$\boldsymbol{\alpha}_2$，…，$\boldsymbol{\alpha}_s$，$\boldsymbol{\alpha}_{s+1}$；若（Ⅰ）线性__________，则（Ⅱ）线性__________；若（Ⅱ）线性__________，则（Ⅰ）线性__________.

3. 设向量组（Ⅰ）：$\boldsymbol{\alpha}_1=(a_{11},a_{12},a_{13})^{\mathrm{T}}$，$\boldsymbol{\alpha}_2=(a_{21},a_{22},a_{23})^{\mathrm{T}}$，$\boldsymbol{\alpha}_3=(a_{31},a_{32},a_{33})^{\mathrm{T}}$，向量组（Ⅱ）：$\boldsymbol{\beta}_1=(a_{11},a_{12},a_{13},a_{14})^{\mathrm{T}}$，$\boldsymbol{\beta}_2=(a_{21},a_{22},a_{23},a_{24})^{\mathrm{T}}$，$\boldsymbol{\beta}_3=(a_{31},a_{32},a_{33},a_{34})^{\mathrm{T}}$；若（Ⅰ）线性__________，则（Ⅱ）线性__________；若（Ⅱ）线性__________，则（Ⅰ）线性__________.

4. 已知向量组 $\boldsymbol{\alpha}_1=(2,0,1)^{\mathrm{T}}$，$\boldsymbol{\alpha}_2=(0,1,t)^{\mathrm{T}}$，$\boldsymbol{\alpha}_3=(1,2,1)^{\mathrm{T}}$ 线性相关，则 $t=$__________.

5. 向量组 $\boldsymbol{\alpha}_1=(1,0,0)^{\mathrm{T}}$，$\boldsymbol{\alpha}_2=(0,1,0)^{\mathrm{T}}$，$\boldsymbol{\alpha}_3=(0,0,1)^{\mathrm{T}}$，$\boldsymbol{\alpha}_4=(1,1,1)^{\mathrm{T}}$ 的秩 $R(\boldsymbol{\alpha}_1,\boldsymbol{\alpha}_2,\boldsymbol{\alpha}_3,\boldsymbol{\alpha}_4)=$__________；它的一个极大无关组是__________.

6. 设 $\boldsymbol{A}$ 是一个正交矩阵，则 $\boldsymbol{A}$ 的行列式 $|\boldsymbol{A}|=$__________.

三、计算题：

1. 已知向量 $\boldsymbol{\alpha}_1=(2,5,1,3)^{\mathrm{T}}$，$\boldsymbol{\alpha}_2=(10,1,5,10)^{\mathrm{T}}$，$\boldsymbol{\alpha}_3=(4,1,-1,1)^{\mathrm{T}}$，若 $3(\boldsymbol{\alpha}_1-\boldsymbol{x})+2(\boldsymbol{\alpha}_2+\boldsymbol{x})=5(\boldsymbol{\alpha}_3+\boldsymbol{x})$. 求向量 $\boldsymbol{x}$.

2. 判断下列向量组的线性相关性：

(1) $\boldsymbol{\alpha}_1=(1,-2,3)^{\mathrm{T}}$，$\boldsymbol{\alpha}_2=(-1,1,2)^{\mathrm{T}}$，$\boldsymbol{\alpha}_3=(-1,2,-5)^{\mathrm{T}}$；

(2) $\boldsymbol{\alpha}_1=(1,3,1,4)^{\mathrm{T}}$，$\boldsymbol{\alpha}_2=(2,12,-2,12)^{\mathrm{T}}$，$\boldsymbol{\alpha}_3=(2,-3,8,2)^{\mathrm{T}}$

3. 判断向量 $\boldsymbol{\beta}$ 能否由向量组 $\boldsymbol{\alpha}_1$，$\boldsymbol{\alpha}_2$，$\boldsymbol{\alpha}_3$ 线性表示，若能，写出它的一种表示方式

(1) $\boldsymbol{\alpha}_1=(1,-1,0,3)^{\mathrm{T}}$，$\boldsymbol{\alpha}_2=(2,1,1,-1)^{\mathrm{T}}$，$\boldsymbol{\alpha}_3=(0,1,2,1)^{\mathrm{T}}$，$\boldsymbol{\beta}=(-1,0,3,6)^{\mathrm{T}}$

(2) $\boldsymbol{\alpha}_1=(1,1,1,1)^{\mathrm{T}}$，$\boldsymbol{\alpha}_2=(-1,0,2,1)^{\mathrm{T}}$，$\boldsymbol{\alpha}_3=(1,2,4,3)^{\mathrm{T}}$，$\boldsymbol{\beta}=(2,0,0,3)^{\mathrm{T}}$

4. 问 t 为何值时，下列向量组线性相关？线性无关？

$\boldsymbol{\alpha}_1=(1,1,0)^{\mathrm{T}}$，$\boldsymbol{\alpha}_2=(1,3,-1)^{\mathrm{T}}$，$\boldsymbol{\alpha}_3=(5,3,t)^{\mathrm{T}}$

5. 求下列向量组的秩和极大无关组，并将其余向量表示为极大无关组的线性组合.

$\boldsymbol{\alpha}_1=(1,1,-1)^{\mathrm{T}}$，$\boldsymbol{\alpha}_2=(3,4,-2)^{\mathrm{T}}$，$\boldsymbol{\alpha}_3=(2,4,0)^{\mathrm{T}}$，$\boldsymbol{\alpha}_4=(0,1,1)^{\mathrm{T}}$

6. 已知向量 $\boldsymbol{\alpha}=(2,1,3,2)^{\mathrm{T}}$，$\boldsymbol{\beta}=(1,2,-1,1)^{\mathrm{T}}$，试求 $\|\boldsymbol{\alpha}\|$，$\|\boldsymbol{\beta}\|$，$(\boldsymbol{\alpha},\boldsymbol{\beta})$，及 $\boldsymbol{\alpha}$ 和 $\boldsymbol{\beta}$ 的夹角 $\langle\boldsymbol{\alpha},\boldsymbol{\beta}\rangle$.

7. 把下列向量组正交化，单位化：

$\boldsymbol{\alpha}_1=(1,1,1)^{\mathrm{T}}$，$\boldsymbol{\alpha}_2=(1,2,3)^{\mathrm{T}}$，$\boldsymbol{\alpha}_3=(1,4,9)^{\mathrm{T}}$

*8. 求由向量组 $\boldsymbol{\alpha}_1=(1,-1,2,4)^{\mathrm{T}}$，$\boldsymbol{\alpha}_2=(-1,1,1,-1,0)^{\mathrm{T}}$，$\boldsymbol{\alpha}_3=(4,1,1,3)^{\mathrm{T}}$ 所生成的向量空间的一组基.

四、证明题：

1. 设向量组 $\boldsymbol{\alpha}_1$，$\boldsymbol{\alpha}_2$，$\boldsymbol{\alpha}_3$ 线性无关，证明向量组 $\boldsymbol{\beta}_1=\boldsymbol{\alpha}_1+\boldsymbol{\alpha}_2+\boldsymbol{\alpha}_3$，$\boldsymbol{\beta}_2=\boldsymbol{\alpha}_1-\boldsymbol{\alpha}_2$，$\boldsymbol{\beta}_3=\boldsymbol{\alpha}_3$ 线性无关.

2. 已知向量 $\boldsymbol{\beta}$ 可由向量组 $\boldsymbol{\alpha}_1$，$\boldsymbol{\alpha}_2$，…，$\boldsymbol{\alpha}_m$ 唯一线性表示，证明 $\boldsymbol{\alpha}_1$，$\boldsymbol{\alpha}_2$，…，$\boldsymbol{\alpha}_m$ 线性无关.

* 3. 设 $\boldsymbol{\alpha}_1=(1,1,0,0)^T$，$\boldsymbol{\alpha}_2=(0,1,1,0)^T$，$\boldsymbol{\alpha}_3=(0,0,1,1)^T$，$\boldsymbol{\alpha}_4=(0,0,0,1)^T$，证明由它所生成的向量空间即是 $\boldsymbol{R}_4$.

4. 设 $\boldsymbol{A}$ 是 n 阶正交矩阵，证明对任意的 n 维向量 $\boldsymbol{\alpha}$，$\boldsymbol{\beta}$ 均有 $(\boldsymbol{A\alpha},\ \boldsymbol{A\beta})=(\boldsymbol{\alpha},\ \boldsymbol{\beta})$.

第4章　线性方程组

线性方程组是线性代数研究的主要对象之一，求解线性方程组的问题在科学技术和经济管理中有着广泛的应用。在第1章中我们已经研究过线性方程组的一种特殊情况，即方程个数与未知量个数相等，且系数行列式不等于零时，用行列式求解线性方程组。

在这一章里，我们以矩阵和向量为工具，讨论一般线性方程组解的存在条件，以及齐次和非齐次线性方程组解的结构问题。

4.1　线性方程组有解的判别

4.1.1　非齐次线性方程组有解的判别

在第2章2.3节中，我们利用矩阵的初等行变换表示用消元法求解线性方程组的过程．在这里我们仍然用矩阵的初等行变换讨论 m 个方程组成的 n 元线性方程组的解．

设含有 m 个方程、n 个未知量的线性方程组

$$\begin{cases} a_{11}x_1+a_{12}x_2+\cdots+a_{1n}x_n=b_1 \\ a_{21}x_1+a_{22}x_2+\cdots+a_{2n}x_n=b_2 \\ \cdots\cdots\cdots\cdots\cdots\cdots\cdots\cdots\cdots\cdots \\ a_{m1}x_1+a_{m2}x_2+\cdots+a_{mn}x_n=b_m \end{cases} \tag{4-1}$$

记矩阵

$$\boldsymbol{A}=\begin{pmatrix} a_{11} & a_{12} & \cdots & a_{1n} \\ a_{21} & a_{22} & \cdots & a_{2n} \\ \vdots & \vdots & & \vdots \\ a_{m1} & a_{m2} & \cdots & a_{mn} \end{pmatrix},\quad \boldsymbol{x}=\begin{pmatrix} x_1 \\ x_2 \\ \vdots \\ x_n \end{pmatrix},\quad \boldsymbol{b}=\begin{pmatrix} b_1 \\ b_2 \\ \vdots \\ b_m \end{pmatrix}$$

则线性方程组(4-1) 可以写成矩阵形式

$$\boldsymbol{A}\boldsymbol{x}=\boldsymbol{b} \tag{4-2}$$

其中 $\boldsymbol{A}$ 称为线性方程组(4-1) 的系数矩阵，$\boldsymbol{b}$ 称为常数项矩阵，$\boldsymbol{x}$ 称为未知量矩阵，而矩阵

$$(\boldsymbol{A},\boldsymbol{b})=\begin{pmatrix} a_{11} & a_{12} & \cdots & a_{1n} & b_1 \\ a_{21} & a_{22} & \cdots & a_{2n} & b_2 \\ \vdots & \vdots & & \vdots & \vdots \\ a_{m1} & a_{m2} & \cdots & a_{mn} & b_m \end{pmatrix}$$

称为线性方程组(4-1) 的增广矩阵.

如果存在 n 个数 c_1，c_2，…，c_n，当 $x_1=c_1$，$x_2=c_2$，…，$x_n=c_n$ 时可使线性方程组(4-1) 的 m 个等式成立，则称 $x_1=c_1$，$x_2=c_2$，…，$x_n=c_n$ 为方程组(4-1) 的解. 并称方程组的全体解为方程组的解集. 如果两个方程组的解集相等，则称这两个方程组同解.

对于一般的线性方程组(4-1) 需要解决下列四个问题：

(1) 方程组在什么条件下有解?

(2) 如果方程组有解，它有多少解?

(3) 如何求出方程组的解?

(4) 如果方程组的解不唯一，那么解的结构特点怎么表示?

第 (4) 个问题留在 4.2 节、4.3 节中解决.

我们在第 2 章 2.3 节中已指出，对方程组(4-1) 的增广矩阵施以三种初等行变换等价于对方程组(4-1) 施行了三种同解变换，所以方程组(4-1) 的增广矩阵通过初等行变换化为行阶梯形矩阵后，它所对应的线性方程组与原线性方程组(4-1) 同解。由此，通过对行阶梯形矩阵对应的线性方程组解的讨论就可以得到方程组(4-1) 的有关解的结论.

例 1 解非齐次线性方程组：

$$\begin{cases} 2x_1-x_2+2x_4=4 \\ x_1+x_2+2x_3=1 \\ 4x_1+x_2+4x_3=2 \end{cases}$$

解 对增广矩阵 $(\boldsymbol{A},\boldsymbol{b})$ 施行初等行变换

$$(\boldsymbol{A},\boldsymbol{b})=\begin{pmatrix} 2 & -1 & 2 & 4 \\ 1 & 1 & 2 & 1 \\ 4 & 1 & 4 & 2 \end{pmatrix} \xrightarrow{r_1\leftrightarrow r_2} \begin{pmatrix} 1 & 1 & 2 & 1 \\ 2 & -1 & 2 & 4 \\ 4 & 1 & 4 & 2 \end{pmatrix}$$

$$\xrightarrow[r_3-4r_1]{r_2-2r_1}\begin{pmatrix}1&1&2&1\\0&-3&-2&2\\0&-3&-4&-2\end{pmatrix}\xrightarrow{r_3-r_2}\begin{pmatrix}1&1&2&1\\0&-3&-2&2\\0&0&-2&-4\end{pmatrix}$$

$$\xrightarrow{\frac{-1}{2}r_3}\begin{pmatrix}1&1&2&1\\0&-3&-2&2\\0&0&1&2\end{pmatrix}$$

由此得与原方程组同解的方解组

$$\begin{cases}x_1+x_2+2x_3=1 & ①\\ -3x_2-2x_3=2 & ②\\ x_3=2 & ③\end{cases}$$

将 $x_3=2$ 代入②得 $x_2=-2$，将 $x_2=-2$，$x_3=2$ 代入①得 $x_1=-1$，所以方程组有唯一解

$$\begin{cases}x_1=-1\\x_2=-2\\x_3=2\end{cases}$$

例 2　解非齐次线性方程组：

$$\begin{cases}x_1+3x_2-5x_3=-1\\2x_1+6x_2-3x_3=5\\3x_1+9x_2-10x_3=2\end{cases}$$

解　对增广矩阵 $(\boldsymbol{A},\boldsymbol{b})$ 施行初等行变换

$$(\boldsymbol{A},\boldsymbol{b})=\begin{pmatrix}1&3&-5&-1\\2&6&-3&5\\3&9&-10&2\end{pmatrix}\xrightarrow[r_3-3r_1]{r_2-2r_1}\begin{pmatrix}1&3&-5&-1\\0&0&7&7\\0&0&5&5\end{pmatrix}$$

$$\xrightarrow{\frac{1}{7}r_2}\begin{pmatrix}1&3&-5&-1\\0&0&1&1\\0&0&5&5\end{pmatrix}\xrightarrow{r_3-5r_2}\begin{pmatrix}1&3&-5&-1\\0&0&1&1\\0&0&0&0\end{pmatrix}$$

由此得与原方程组同解的方程组

$$\begin{cases}x_1+3x_2-5x_3=-1\\x_3=1\end{cases}$$

即

$$\begin{cases}x_1-5x_3=-1-3x_2\\x_3=1\end{cases}$$

令 $x_2=c$，解得 $x_1=4-3c$，$x_3=1$，故方程组的解为

$$\begin{cases}x_1=4-3c\\x_2=c\\x_3=1\end{cases}$$

当 c 取遍所有实数时，上式就取遍方程组的所有解，所以方程组有无穷多解. 其中 x_2 称为自由未知量.

例 3 解非齐次线性方程组：

$$\begin{cases}x_1-2x_2+3x_3-x_4=1\\3x_1-x_2+5x_3-3x_4=2\\2x_1+x_2+2x_3-2x_4=3\end{cases}$$

解 对增广矩阵 $(\boldsymbol{A},\boldsymbol{b})$ 施行初等行变换

$$(\boldsymbol{A},\boldsymbol{b})=\begin{pmatrix}1&-2&3&-1&1\\3&-1&5&-3&2\\2&1&2&-2&3\end{pmatrix}\xrightarrow[r_3-2r_1]{r_2-3r_1}\begin{pmatrix}1&-2&3&-1&1\\0&5&-4&0&-1\\0&5&-4&0&1\end{pmatrix}$$

$$\xrightarrow{r_3-r_2}\begin{pmatrix}1&-2&3&-1&1\\0&5&-4&0&-1\\0&0&0&0&2\end{pmatrix}$$

由此得与原方程组同解的方程组

$$\begin{cases}x_1-2x_2+3x_3-x_4=1\\5x_2-4x_3=-1\\0=2\end{cases}$$

显然，$0=2$ 是矛盾方程，所以方程组无解.

下面研究一般的非齐次线性方程组(4-1).

对方程组(4-1) 的增广矩阵 $(\boldsymbol{A},\boldsymbol{b})$ 施行初等行变换，将其化为行阶梯形矩阵.

$$(\boldsymbol{A},\boldsymbol{b})\rightarrow\cdots\rightarrow\begin{pmatrix}\bar{a}_{11}&\bar{a}_{12}&\cdots&\bar{a}_{1r}&\bar{a}_{1r+1}&\cdots&\bar{a}_{1n}&\bar{b}_1\\0&\bar{a}_{22}&\cdots&\bar{a}_{2r}&\bar{a}_{2r+1}&\cdots&\bar{a}_{2n}&\bar{b}_2\\\vdots&\vdots&&\vdots&\vdots&&\vdots&\vdots\\0&0&\cdots&\bar{a}_{rr}&\bar{a}_{rr+1}&\cdots&\bar{a}_{rn}&\bar{b}_r\\0&0&\cdots&0&0&\cdots&0&\bar{b}_{r+1}\\0&0&\cdots&0&0&\cdots&0&0\\\vdots&\vdots&&\vdots&\vdots&&\vdots&\vdots\\0&0&\cdots&0&0&\cdots&0&0\end{pmatrix}\qquad(4\text{-}3)$$

其中 $\bar{a}_{ii} \neq 0$ $(i=1,2,\cdots,r)$.

这个行阶梯形矩阵对应的与方程组(4-1) 同解的阶梯形方程组：

$$\begin{cases} \bar{a}_{11}x_1+\bar{a}_{12}x_2+\cdots+\bar{a}_{1r}x_r+\bar{a}_{1r+1}x_{r+1}+\cdots+\bar{a}_{1n}x_n=\bar{b}_1 \\ \qquad \bar{a}_{22}x_2+\cdots+\bar{a}_{2r}x_r+\bar{a}_{2r+1}x_{r+1}+\cdots+\bar{a}_{2n}x_n=\bar{b}_2 \\ \cdots\cdots\cdots\cdots\cdots\cdots\cdots\cdots\cdots\cdots\cdots\cdots \\ \qquad\qquad \bar{a}_{rr}x_r+\bar{a}_{rr+1}x_{r+1}+\cdots+\bar{a}_{rn}x_n=\bar{b}_r \\ \qquad\qquad\qquad 0=\bar{b}_{r+1} \end{cases} \tag{4-4}$$

现在考察方程组(4-4) [即与方程组(4-1) 同解] 的解的情况：

(1) 若 $\bar{b}_{r+1} \neq 0$，则方程组无解；

(2) 若 $\bar{b}_{r+1}=0$. 且 $r=n$，则方程组(4-4) 即为

$$\begin{cases} \bar{a}_{11}x_1+\bar{a}_{12}x_2+\cdots+\bar{a}_{1n}x_n=\bar{b}_1 \\ \qquad \bar{a}_{22}x_2+\cdots+\bar{a}_{2n}x_n=\bar{b}_2 \\ \cdots\cdots\cdots\cdots\cdots\cdots\cdots\cdots \\ \qquad\qquad \bar{a}_{nn}x_n=\bar{b}_n \end{cases} \tag{4-5}$$

自下而上依次可求出 x_n，x_{n-1}，…，x_1 的值，从而方程组(4-1) 有唯一解；

(3) 若 $\bar{b}_{r+1}=0$，且 $r<n$，则方程组(4-4) 可写为

$$\begin{cases} \bar{a}_{11}x_1+\bar{a}_{12}x_2+\cdots+\bar{a}_{1r}x_r=\bar{b}_1-\bar{a}_{1r+1}x_{r+1}-\cdots-\bar{a}_{1n}x_n \\ \qquad \bar{a}_{22}x_2+\cdots+\bar{a}_{2r}x_r=\bar{b}_2-\bar{a}_{2r+1}x_{r+1}-\cdots-\bar{a}_{2n}x_n \\ \cdots\cdots\cdots\cdots\cdots\cdots\cdots\cdots\cdots\cdots\cdots\cdots \\ \qquad\qquad \bar{a}_{rr}x_r=\bar{b}_r-\bar{a}_{rr+1}x_{r+1}-\cdots-\bar{a}_{rn}x_n \end{cases} \tag{4-6}$$

其中 x_{r+1}，…，x_n 为自由未知量. 当自由未知量任取一组值时，可唯一确定 x_1，x_2，…，x_r 的值，从而得到方程组的一组解. 因此方程组(4-1) 有无穷多组解.

注意到行阶梯形矩阵(4-3)：

(1) 当 $\bar{b}_{r+1} \neq 0$ 时，系数矩阵 $\mathbf{A}$ 的秩 $R(\mathbf{A})=r$，增广矩阵 $(\mathbf{A},\ \boldsymbol{b})$ 的秩 $R(\mathbf{A},\boldsymbol{b})=r+1$，所以 $R(\mathbf{A})<R(\mathbf{A},\boldsymbol{b})$ 时方程组无解；

(2) 当 $\bar{b}_{r+1}=0$ 时，$R(\mathbf{A})=R(\mathbf{A},\boldsymbol{b})=r$，方程组有解，且 $r=n$ 时有唯一解，$r<n$ 时有无穷多组解.

由此可得非齐次线性方程组解的判定定理.

定理 1 n 元线性方程组(4-1)

(1) 无解的充分必要条件是 $R(\boldsymbol{A})<R(\boldsymbol{A},\boldsymbol{b})$；

(2) 有唯一解的充分必要条件是 $R(\boldsymbol{A})=R(\boldsymbol{A},\boldsymbol{b})=n$；

(3) 有无穷多解的充分必要条件是 $R(\boldsymbol{A})=R(\boldsymbol{A},\boldsymbol{b})<n$。

例 4 解非齐次线性方程组

$$\begin{cases}x_1-x_2-x_3+x_4=0\\x_1-x_2+x_3-3x_4=1\\x_1-x_2-2x_3+3x_4=-\dfrac{1}{2}\end{cases}$$

解 对增广矩阵施行初等行变换

$$(\boldsymbol{A},\boldsymbol{b})=\begin{pmatrix}1&-1&-1&1&0\\1&-1&1&-3&1\\1&-1&-2&3&-\frac{1}{2}\end{pmatrix}\xrightarrow[r_3-r_1]{r_2-r_1}\begin{pmatrix}1&-1&-1&1&0\\0&0&2&-4&1\\0&0&-1&2&-\frac{1}{2}\end{pmatrix}$$

$$\xrightarrow{r_3+\frac{1}{2}r_2}\begin{pmatrix}1&-1&-1&1&0\\0&0&2&-4&1\\0&0&0&0&0\end{pmatrix}$$

因 $R(\boldsymbol{A})=2$，$R(\boldsymbol{A},\boldsymbol{b})=2$，故方程组有无穷多组解，其同解方程组为

$$\begin{cases}x_1-x_2-x_3+x_4=0\\2x_3-4x_4=1\end{cases}$$

取 x_2，x_4 为自由未知量，将其移到等式右端，得

$$\begin{cases}x_1-x_3=x_2-x_4\\2x_3=4x_4+1\end{cases}$$

令 $x_2=c_1$，$x_4=c_2$ 得 $x_3=\frac{1}{2}+2c_2$，$x_1=\frac{1}{2}+c_1+c_2$. 因此方程组的全部解为

$$\begin{cases}x_1=\dfrac{1}{2}+c_1+c_2\\x_2=c_1\\x_3=\dfrac{1}{2}+2c_2\\x_4=c_2\end{cases}$$

其中 c_1,c_2 为任意常数.

例 5 讨论 k 取何值时,方程组

$$\begin{cases}x_1-2x_2-x_3-x_4=2\\2x_1-4x_2+5x_3+3x_4=0\\3x_1-6x_2+4x_3+3x_4=3\\4x_1-8x_2+17x_3+11x_4=k\end{cases}$$

有解. 有解时，求出其解.

解 对增广矩阵施行初等行变换

$$(\boldsymbol{A},\boldsymbol{b})=\begin{pmatrix}1&-2&-1&-1&2\\2&-4&5&3&0\\3&-6&4&3&3\\4&-8&17&11&k\end{pmatrix}\xrightarrow[r_4-4r_1]{\substack{r_2-2r_1\\r_3-3r_1}}\begin{pmatrix}1&-2&-1&-1&2\\0&0&7&5&-4\\0&0&7&6&-3\\0&0&21&15&k-8\end{pmatrix}$$

$$\xrightarrow{\substack{r_3-r_2\\r_4-3r_2}}\begin{pmatrix}1&-2&-1&-1&2\\0&0&7&5&-4\\0&0&0&1&1\\0&0&0&0&k+4\end{pmatrix}$$

当 $k\neq-4$ 时，方程组无解，当 $k=-4$ 时，方程组有无穷多组解.

将 $k=-4$ 代入上述矩阵，并继续施行初等行变换

$$(\boldsymbol{A},\boldsymbol{b})\to\cdots\xrightarrow{\substack{r_1+r_3\\r_2-5r_3}}\begin{pmatrix}1&-2&-1&0&3\\0&0&7&0&-9\\0&0&0&1&1\\0&0&0&0&0\end{pmatrix}$$

由此得同解方程组

$$\begin{cases}x_1-2x_2-x_3=3\\7x_3=-9\\x_4=1\end{cases}$$

取 x_2 为自由未知量，将其移到右端，并令 $x_2=c$，得 $x_4=1$，$x_3=-\frac{9}{7}$，$x_1=\frac{12}{7}+2c$，所以方程组的全部解为

$$\begin{cases}x_1=\frac{12}{7}+2c\\x_2=c\\x_3=-\frac{9}{7}\\x_4=1\end{cases}$$

其中 c 为任意常数.

4.1.2　齐次线性方程组有解的判别

设齐次线性方程组

$$\begin{cases} a_{11}x_1+a_{12}x_2+\cdots+a_{1n}x_n=0 \\ a_{21}x_1+a_{22}x_2+\cdots+a_{2n}x_n=0 \\ \cdots\cdots\cdots\cdots\cdots\cdots\cdots\cdots \\ a_{m1}x_1+a_{m2}x_2+\cdots+a_{mn}x_n=0 \end{cases} \tag{4-7}$$

记

$$\boldsymbol{A}=\begin{pmatrix} a_{11} & a_{12} & \cdots & a_{1n} \\ a_{21} & a_{22} & \cdots & a_{2n} \\ \vdots & \vdots & & \vdots \\ a_{m1} & a_{m2} & \cdots & a_{mn} \end{pmatrix},\quad \boldsymbol{x}=\begin{pmatrix} x_1 \\ x_2 \\ \vdots \\ x_n \end{pmatrix}$$

则齐次线性方程组(4-7)可以表示为矩阵形式

$$\boldsymbol{Ax}=\boldsymbol{0} \tag{4-8}$$

显然齐次线性方程(4-7)有解（至少有一个零解）.

应用定理 1 的结论，对于齐次线性方程组(4-7)有下列定理：

定理 2　n 元齐次线性方程(4-7)

(1) 仅有零解的充分必要条件是 $R(\boldsymbol{A})=n$；

(2) 有非零解的充分必要条件是 $R(\boldsymbol{A})<n$.

在方程组(4-7)中，如果方程的个数小于未知量的个数，即 $m<n$ 时，必有 $R(\boldsymbol{A})<n$，方程组有无穷多组解. 由此得以下推论.

推论 1　对于齐次线性方程组(4-7)，若方程的个数小于未知量的个数，则方程组有非零解.

推论 2　对于齐次线性方程组(4-7)，若方程的个数等于未知量的个数，则方程组有非零解的充分必要条件是 $|\boldsymbol{A}|=0$.

例 6　解齐次线性方程组：

$$\begin{cases} 2x_1+\ x_2-2x_3-2x_4=0 \\ x_1+2x_2+2x_3+\ x_4=0 \\ x_1-\ x_2-4x_3-3x_4=0 \end{cases}$$

解　因为方程的个数小于未知量的个数，则方程组必有非零解. 对系数矩阵 $\boldsymbol{A}$ 施行初等行变换

$$A=\begin{pmatrix}2&1&-2&-2\\1&2&2&1\\1&-1&-4&-3\end{pmatrix}\xrightarrow{r_1\leftrightarrow r_2}\begin{pmatrix}1&2&2&1\\2&1&-2&-2\\1&-1&-4&-3\end{pmatrix}\xrightarrow[r_3-r_1]{r_2-2r_1}$$

$$\begin{pmatrix}1&2&2&-1\\0&-3&-6&-4\\0&-3&-6&-4\end{pmatrix}\xrightarrow[-\frac{1}{3}r_2]{r_3-r_2}\begin{pmatrix}1&2&2&-1\\0&1&2&\frac{4}{3}\\0&0&0&0\end{pmatrix}\xrightarrow{r_1-2r_2}\begin{pmatrix}1&0&-2&-\frac{5}{3}\\0&1&2&\frac{4}{3}\\0&0&0&0\end{pmatrix}$$

得同解方程组

$$\begin{cases}x_1-2x_3-\frac{5}{3}x_4=0\\x_2+2x_3+\frac{4}{3}x_4=0\end{cases}$$

取 x_3，x_4 为自由未知量，并将其移至等式右端，令 $x_3=c_1$，$x_4=c_2$，由此得方程组的全部解

$$\begin{cases}x_1=2c_1+\frac{5}{3}c_2\\x_2=-2c_1-\frac{4}{3}c_2\\x_3=c_1\\x_4=c_2\end{cases}$$

其中 c_1，c_2 为任意常数.

习题 4.1

1. 解下列非齐次线性方程组：

(1) $\begin{cases}4x_1+2x_2-x_3=2\\3x_1-x_2+2x_3=10\\11x_1+3x_2=8\end{cases}$；　　(2) $\begin{cases}x_1+x_2-x_3=3\\2x_1+x_2-x_3=5\\2x_1-x_2+x_3=3\\5x_1+x_2-x_3=11\end{cases}$；

(3) $\begin{cases}2x_1+x_2-x_3+x_4=1\\4x_1+2x_2-2x_3+x_4=2\\2x_1+x_2-x_3-x_4=1\end{cases}$；　　(4) $\begin{cases}2x_1+x_2-x_3+x_4=1\\3x_1-2x_2+x_3-3x_4=4\\x_1+4x_2-3x_3+5x_4=-2\end{cases}$

2. 解下列齐次线性方程组：

(1) $\begin{cases} x_1+2x_2-3x_3=0 \\ 2x_1+5x_2+2x_3=0 \\ 3x_1-x_2-4x_3=0 \end{cases}$；　(2) $\begin{cases} x_1+2x_2+x_3-x_4=0 \\ 3x_1+6x_2-x_3-3x_4=0 \\ 5x_1+10x_2+x_3-5x_4=0 \end{cases}$；

(3) $\begin{cases} x_1+x_2+2x_3-x_4=0 \\ 2x_1+x_2+x_3-x_4=0 \\ 2x_1+2x_2+x_3+2x_4=0 \end{cases}$；　(4) $\begin{cases} x_1-x_2+5x_3-x_4=0 \\ x_1+3x_2-9x_3+7x_4=0 \\ 2x_1-2x_2+10x_3-2x_4=0 \\ 3x_1-x_2+8x_3+x_4=0 \end{cases}$

3. λ 取何值时，下列非齐次线性方程组有唯一解、无解或有无穷多解？并在无穷多解时求出其全部解.

(1) $\begin{cases} \lambda x_1+x_2+x_3=1 \\ x_1+\lambda x_2+x_3=\lambda \\ x_1+x_2+\lambda x_3=\lambda^2 \end{cases}$；　(2) $\begin{cases} -2x_1+x_2+x_3=-2 \\ x_1-2x_2+x_3=\lambda \\ x_1+x_2-2x_3=\lambda^2 \end{cases}$

4. 确定 a 的值使下列齐次线性方程组有非零解，并在有非零解时求其全部解.

(1) $\begin{cases} ax_1+x_2+x_3=0 \\ x_1+ax_2+x_3=0 \\ x_1+x_2+ax_3=0 \end{cases}$；　(2) $\begin{cases} 2x_1-x_2+3x_3=0 \\ 3x_1-4x_2+7x_3=0 \\ x_1-2x_2+ax_3=0 \end{cases}$

4.2 齐次线性方程组解的结构

设齐次线性方程组

$$\begin{cases} a_{11}x_1+a_{12}x_2+\cdots+a_{1n}x_n=0 \\ a_{21}x_1+a_{22}x_2+\cdots+a_{2n}x_n=0 \\ \cdots\cdots\cdots\cdots\cdots\cdots\cdots\cdots \\ a_{m1}x_1+a_{m2}x_2+\cdots+a_{mn}x_n=0 \end{cases} \tag{4-9}$$

即

$$\boldsymbol{Ax}=\boldsymbol{b} \tag{4-10}$$

其中 $\boldsymbol{A}$ 是方程组(4-9) 的系数矩阵.

如果 $x_1=c_1$，$x_2=c_2$，…，$x_n=c_n$ 是齐次线性方程组(4-9) 的解，则称$\boldsymbol{\xi}=(c_1,c_2,\cdots,c_n)^{\mathrm{T}}$ 为方程组(4-9) 的一个解向量，方程组 (4-9) 的全体解向量集合，称为方程组(4-9) 的解集.

性质 1　若 $\boldsymbol{\xi}_1$，$\boldsymbol{\xi}_2$ 都是齐次线性方程组(4-9) 的解，则 $\boldsymbol{\xi}_1+\boldsymbol{\xi}_2$ 也是它的解.

证明　因 $\boldsymbol{\xi}_1$，$\boldsymbol{\xi}_2$ 都是方程组(4-9) 的解，则

$\boldsymbol{A\xi}_1=\mathbf{0}$，$\boldsymbol{A\xi}_2=\mathbf{0}$，两式相加得 $\boldsymbol{A}(\boldsymbol{\xi}_1+\boldsymbol{\xi}_2)=\boldsymbol{A\xi}_1+\boldsymbol{A\xi}_2=\mathbf{0}$，即 $\boldsymbol{\xi}_1+\boldsymbol{\xi}_2$ 是方程组(4-9) 的解.

性质 2　若 $\boldsymbol{\xi}$ 是齐次线性方程组(4-9) 的解，c 是常数，则 $c\boldsymbol{\xi}$ 也是它的解.

证明　因为 $\boldsymbol{\xi}$ 是方程组(4-9) 的解，则 $\boldsymbol{A\xi}=0$，从而 $\boldsymbol{A}(c\boldsymbol{\xi})=c(\boldsymbol{A\xi})=c\mathbf{0}=\mathbf{0}$，即 $c\boldsymbol{\xi}$ 是方程组(4-9) 的解.

根据性质 1 和性质 2，立刻可得，若 $\boldsymbol{\xi}_1$，$\boldsymbol{\xi}_2$，…，$\boldsymbol{\xi}_n$ 是方程组(4-9) 的解，c_1，c_2，…，c_n 是任意常数，则线性组合

$$c_1\boldsymbol{\xi}_1+c_2\boldsymbol{\xi}_2+\cdots+c_n\boldsymbol{\xi}_n$$

也是方程组(4-9) 的解.

从以上的性质提示我们，当方程组(4-9) 有无穷多个解时，从这无穷多个解中是否可以求出有限个解 $\boldsymbol{\xi}_1$，$\boldsymbol{\xi}_2$，…，$\boldsymbol{\xi}_s$，使方程组(4-9) 的任意一个解都可以由 $\boldsymbol{\xi}_1$，$\boldsymbol{\xi}_2$，…，$\boldsymbol{\xi}_s$ 线性表示.

定义 1　齐次线性方程组(4-9) 的解集的一个极大无关组 $\boldsymbol{\xi}_1$，$\boldsymbol{\xi}_2$，…，$\boldsymbol{\xi}_s$ 称为该方程组的一个基础解系.

由定义 1 知，齐次线性方程组(4-9) 的基础解系一定线性无关，而且方程组(4-9) 的任意一个解都可以由它线性表示.

定理 1　对于齐次线性方程组(4-9)，若 $R(\boldsymbol{A})=r<n$，则该方程组的基础解系一定存在，而且每个基础解系中所含解向量的个数等于 $n-r$.

证明　因为 $R(\boldsymbol{A})=r<n$，故齐次线性方程组(4-9) 有无穷多组解. 对其系数矩阵 $\boldsymbol{A}$ 施行初等行变换，不妨设其化为如下行最简形矩阵

$$\boldsymbol{B}=\begin{pmatrix} 1 & 0 & \cdots & 0 & b_{11} & b_{12} & \cdots & b_{1n-r} \\ 0 & 1 & \cdots & 0 & b_{21} & b_{22} & \cdots & b_{2n-r} \\ \vdots & \vdots & & \vdots & \vdots & \vdots & & \vdots \\ 0 & 0 & \cdots & 1 & b_{r1} & b_{r2} & \cdots & b_{rn-r} \\ 0 & 0 & \cdots & 0 & 0 & 0 & \cdots & 0 \\ \vdots & \vdots & & \vdots & \vdots & \vdots & & \vdots \\ 0 & 0 & \cdots & 0 & 0 & 0 & \cdots & 0 \end{pmatrix}$$

得同解方程组：

$$
\begin{cases}
x_1=-b_{11}x_{r+1}-b_{12}x_{r+2}-\cdots-b_{1n-r}x_n\\
x_2=-b_{21}x_{r+1}-b_{22}x_{r+2}-\cdots-b_{2n-r}x_n\\
\cdots\cdots\cdots\cdots\cdots\cdots\cdots\cdots\cdots\cdots\cdots\cdots\\
x_r=-b_{r1}x_{r+1}-b_{r2}x_{r+2}-\cdots-b_{rn-r}x_n
\end{cases}
\tag{4-11}
$$

其中 x_{r+1}，x_{r+2}，…，x_n 是自由未知量，分别取

$$
\begin{pmatrix} x_{r+1}\\ x_{r+2}\\ \vdots\\ x_n \end{pmatrix}=\begin{pmatrix} 1\\ 0\\ \vdots\\ 0 \end{pmatrix},\begin{pmatrix} 0\\ 1\\ \vdots\\ 0 \end{pmatrix},\cdots,\begin{pmatrix} 0\\ 0\\ \vdots\\ 1 \end{pmatrix}\quad (\text{共 } n-r \text{ 组}) \tag{4-12}
$$

代入方程组(4-11)，依次得

$$
\begin{pmatrix} x_1\\ x_2\\ \vdots\\ x_r \end{pmatrix}=\begin{pmatrix} -b_{11}\\ -b_{21}\\ \vdots\\ -b_{r1} \end{pmatrix},\begin{pmatrix} -b_{12}\\ -b_{22}\\ \vdots\\ -b_{r2} \end{pmatrix},\cdots,\begin{pmatrix} -b_{1n-r}\\ -b_{2n-r}\\ \vdots\\ -b_{rn-r} \end{pmatrix}\quad (\text{共 } n-r \text{ 组})
$$

从而得方程组(4-9) 的 $n-r$ 个解：

$$
\boldsymbol{\xi}_1=\begin{pmatrix} -b_{11}\\ \vdots\\ -b_{r1}\\ 1\\ 0\\ \vdots\\ 0 \end{pmatrix},\boldsymbol{\xi}_2=\begin{pmatrix} -b_{12}\\ \vdots\\ -b_{r2}\\ 0\\ 1\\ \vdots\\ 0 \end{pmatrix},\cdots,\boldsymbol{\xi}_{n-r}=\begin{pmatrix} -b_{1n-r}\\ \vdots\\ -b_{rn-r}\\ 0\\ 0\\ \vdots\\ 1 \end{pmatrix} \tag{4-13}
$$

现证 $\boldsymbol{\xi}_1$，$\boldsymbol{\xi}_2$，…，$\boldsymbol{\xi}_{n-r}$ 是方程组(4-9) 的基础解系.

首先因为

$$
\begin{pmatrix} 1\\ 0\\ \vdots\\ 0 \end{pmatrix},\begin{pmatrix} 0\\ 1\\ \vdots\\ 0 \end{pmatrix},\cdots,\begin{pmatrix} 0\\ 0\\ \vdots\\ 1 \end{pmatrix}
$$

线性无关，所以在每个向量前面添加 r 个分量而得到的向量组 $\boldsymbol{\xi}_1$，$\boldsymbol{\xi}_2$，…，$\boldsymbol{\xi}_{n-r}$ 仍线性无关.

其次证明齐次线性方程组(4-9) 的任一解都可以由 $\boldsymbol{\xi}_1$，$\boldsymbol{\xi}_2$，…，$\boldsymbol{\xi}_{n-r}$ 线性表示.

由式(4-11) 和式(4-12) 得

$$\boldsymbol{x}=\begin{pmatrix}x_1\\ \vdots\\ x_r\\ x_{r+1}\\ \vdots\\ x_n\end{pmatrix}=\begin{pmatrix}-b_{11}x_{r+1}-b_{12}x_{r+2}-\cdots-b_{1n-r}x_n\\ \vdots\\ -b_{r1}x_{r+1}-b_{r2}x_{r+2}-\cdots-b_{rn-r}x_n\\ x_{r+1}+0x_{r+2}+\cdots+0x_n\\ \vdots\\ 0x_{r+1}+0x_{r+2}+\cdots+x_n\end{pmatrix}$$

$$=x_{r+1}\begin{pmatrix}-b_{11}\\ \vdots\\ -b_{r1}\\ 1\\ \vdots\\ 0\end{pmatrix}+x_{r+2}\begin{pmatrix}-b_{12}\\ \vdots\\ -b_{r2}\\ 0\\ \vdots\\ 0\end{pmatrix}+\cdots+x_n\begin{pmatrix}-b_{1n-r}\\ \vdots\\ -b_{rn-r}\\ 0\\ \vdots\\ 1\end{pmatrix}$$

$$=x_{r+1}\boldsymbol{\xi}_1+x_{r+2}\boldsymbol{\xi}_2+\cdots+x_n\boldsymbol{\xi}_{n-r}$$

取 $x_{r+1}=c_1, x_{r+2}=c_2, \cdots, x_n=c_{n-r}$，则

$$\boldsymbol{x}=c_1\boldsymbol{\xi}_1+c_2\boldsymbol{\xi}_2+\cdots+c_{n-r}\boldsymbol{\xi}_{n-r}$$

所以方程组(4-9) 的任一解 x 都可以由 $\boldsymbol{\xi}_1$，$\boldsymbol{\xi}_2$，…，$\boldsymbol{\xi}_{n-r}$线性表示.

因此，$\boldsymbol{\xi}_1$，$\boldsymbol{\xi}_2$，…，$\boldsymbol{\xi}_{n-r}$是齐次线性方程组(4-9) 的基础解系.

定理 1 的证明过程给出了求齐次线性方程组的全部解的方法.

若 $\boldsymbol{\xi}_1$，$\boldsymbol{\xi}_2$，…，$\boldsymbol{\xi}_{n-r}$是齐次线性方程组的基础解，则方程组的全部解可表示为

$$\boldsymbol{x}=c_1\boldsymbol{\xi}_1+c_2\boldsymbol{\xi}_2+\cdots+c_{n-r}\boldsymbol{\xi}_{n-r}\tag{4-14}$$

其中 c_1，c_2，…，c_{n-r}为任意常数，称式(4-14) 为方程组(4-9) 的通解.

例 1　求下列齐次线性方程组的基础解系和通解.

$$\begin{cases}x_1-x_2-x_3+x_4=0\\ x_1-x_2+x_3-3x_4=0\\ x_1-x_2-2x_3+3x_4=0\end{cases}$$

解　对系数矩阵施行初等行变换

$$\mathbf{A}=\begin{pmatrix}1&-1&-1&1\\ 1&-1&1&-3\\ 1&-1&-2&3\end{pmatrix}\longrightarrow\begin{pmatrix}1&-1&-1&1\\ 0&0&2&-4\\ 0&0&-1&2\end{pmatrix}\longrightarrow$$

$$\begin{pmatrix} 1 & -1 & -1 & 1 \\ 0 & 0 & 1 & -2 \\ 0 & 0 & 0 & 0 \end{pmatrix} \longrightarrow \begin{pmatrix} 1 & -1 & 0 & -1 \\ 0 & 0 & 1 & -2 \\ 0 & 0 & 0 & 0 \end{pmatrix}$$

得同解方程组

$$\begin{cases} x_1 - x_2 - x_4 = 0 \\ x_3 - 2x_4 = 0 \end{cases}$$

选取 x_2，x_4 作为自由未知量，移项得

$$\begin{cases} x_1 = x_2 + x_4 \\ x_3 = 2x_4 \end{cases}$$

令 $x_2 = c_1$，$x_4 = c_2$，(c_1，c_2 是任意常数)，则

$$\begin{cases} x_1 = c_1 + c_2 \\ x_2 = c_1 \\ x_3 = 2c_2 \\ x_4 = c_2 \end{cases}$$

把它写成向量形式：

$$\begin{pmatrix} x_1 \\ x_2 \\ x_3 \\ x_4 \end{pmatrix} = \begin{pmatrix} c_1 + c_2 \\ c_1 + 0 \\ 0 + 2c_2 \\ 0 + c_2 \end{pmatrix} = c_1 \begin{pmatrix} 1 \\ 1 \\ 0 \\ 0 \end{pmatrix} + c_2 \begin{pmatrix} 1 \\ 0 \\ 2 \\ 1 \end{pmatrix}$$

它就是原方程组的通解，而基础解系为 $\boldsymbol{\xi}_1 = (1,1,0,0)^{\mathrm{T}}$，$\boldsymbol{\xi}_2 = (1,0,2,1)$

习题 4.2

1. 求下列齐次线性方程组的一个基础解系，并用此基础解系表示方程组的通解.

(1) $\begin{cases} 2x_1 - x_2 - x_3 = 0 \\ x_1 + x_2 - x_3 = 0 \\ 4x_1 + x_2 - 3x_3 = 0 \end{cases}$；　(2) $\begin{cases} x_1 + x_2 - x_3 + x_4 = 0 \\ x_1 - x_2 + 2x_3 - x_4 = 0 \\ 3x_1 + x_2 + x_4 = 0 \end{cases}$；

(3) $\begin{cases} x_1 - 2x_2 - x_3 - x_4 = 0 \\ 2x_1 - 4x_2 + 5x_3 + 3x_4 = 0 \\ 4x_1 - 8x_2 + 17x_3 + 11x_4 = 0 \end{cases}$；(4) $\begin{cases} 2x_1 + x_2 - x_3 - x_4 + x_5 = 0 \\ x_1 - x_2 + x_3 + x_4 - 2x_5 = 0 \\ 3x_1 + 3x_2 - 3x_3 - 3x_4 + 4x_5 = 0 \\ 4x_1 + 5x_2 - 5x_3 - 5x_4 + 7x_5 = 0 \end{cases}$；

2. 设 $\boldsymbol{A}$ 为 n 阶方阵，且 $R(\boldsymbol{A})=n-1$，$\boldsymbol{\alpha}_1$，$\boldsymbol{\alpha}_2$ 是 $\boldsymbol{Ax}=\boldsymbol{0}$ 的两个不同的解向量，求 $\boldsymbol{Ax}=\boldsymbol{0}$ 的通解.

*3. 设矩阵

$$\boldsymbol{A}=\begin{pmatrix} 2 & -2 & 1 & 3 \\ 9 & -5 & 2 & 8 \end{pmatrix}$$

求一个 4×2 矩阵 $\boldsymbol{B}$，使 $\boldsymbol{AB}=\boldsymbol{0}$，且 $R(\boldsymbol{B})=2$.

*4. 设 $\boldsymbol{A}$ 是 $m\times n$ 矩阵，$\boldsymbol{B}$ 是 $n\times s$ 矩阵，证明：$\boldsymbol{AB}=\boldsymbol{0}$ 的充分必要条件是 $\boldsymbol{B}$ 的每一列向量是齐次线性方程组 $\boldsymbol{Ax}=\boldsymbol{0}$ 的解.

4.3　非齐次线性方程组解的结构

设非齐次线性方程组

$$\begin{cases} a_{11}x_1+a_{12}x_2+\cdots+a_{1n}x_n=b_1 \\ a_{21}x_1+a_{22}x_2+\cdots+a_{2n}x_n=b_2 \\ \cdots\cdots\cdots\cdots\cdots\cdots\cdots\cdots \\ a_{m1}x_1+a_{m2}x_2+\cdots+a_{mn}x_n=b_m \end{cases} \tag{4-15}$$

对应的齐次线性方程组

$$\begin{cases} a_{11}x_1+a_{12}x_2+\cdots+a_{1n}x_n=0 \\ a_{21}x_1+a_{22}x_2+\cdots+a_{2n}x_n=0 \\ \cdots\cdots\cdots\cdots\cdots\cdots\cdots\cdots \\ a_{m1}x_1+a_{m2}x_2+\cdots+a_{mn}x_n=0 \end{cases} \tag{4-16}$$

称方程组(4-16) 为方程组(4-15) 的导出组.

记

$$\boldsymbol{A}=\begin{pmatrix} a_{11} & a_{12} & \cdots & a_{1n} \\ a_{21} & a_{22} & \cdots & a_{2n} \\ \vdots & \vdots & & \vdots \\ a_{m1} & a_{m2} & \cdots & a_{mn} \end{pmatrix},\quad \boldsymbol{x}=\begin{pmatrix} x_1 \\ x_2 \\ \vdots \\ x_n \end{pmatrix},\quad \boldsymbol{b}=\begin{pmatrix} b_1 \\ b_2 \\ \vdots \\ b_m \end{pmatrix}$$

则方程组(4-15) 的矩阵形式

$$\boldsymbol{Ax}=\boldsymbol{b} \tag{4-17}$$

方程组(4-16) 的矩阵形式

$$\boldsymbol{Ax}=\boldsymbol{0} \tag{4-18}$$

性质 1　若 $\boldsymbol{\eta}_1$ 和 $\boldsymbol{\eta}_2$ 都是 $\boldsymbol{Ax}=\boldsymbol{b}$ 的解，则 $\boldsymbol{\eta}_1-\boldsymbol{\eta}_2$ 是 $\boldsymbol{Ax}=\boldsymbol{0}$ 的解.

证明 因为$\boldsymbol{A\eta}_1=\boldsymbol{b}$，$\boldsymbol{A\eta}_2=\boldsymbol{b}$，故$\boldsymbol{A\eta}_1-\boldsymbol{A\eta}_2=\boldsymbol{0}$，即$\boldsymbol{A}(\boldsymbol{\eta}_1-\boldsymbol{\eta}_2)=\boldsymbol{0}$，所以$\boldsymbol{\eta}_1-\boldsymbol{\eta}_2$是$\boldsymbol{Ax}=\boldsymbol{0}$的解.

性质 2 若$\boldsymbol{\eta}$是$\boldsymbol{Ax}=\boldsymbol{b}$的解，$\boldsymbol{\xi}$是$\boldsymbol{Ax}=\boldsymbol{0}$的解，则$\boldsymbol{\xi}+\boldsymbol{\eta}$是$\boldsymbol{Ax}=\boldsymbol{b}$的解.

证明 因为$\boldsymbol{A\eta}=\boldsymbol{b}$，$\boldsymbol{A\xi}=\boldsymbol{0}$，故$\boldsymbol{A\eta}+\boldsymbol{A\xi}=\boldsymbol{b}$，即$\boldsymbol{A}(\boldsymbol{\eta}+\boldsymbol{\xi})=\boldsymbol{b}$，所以$\boldsymbol{\eta}+\boldsymbol{\xi}$是$\boldsymbol{Ax}=\boldsymbol{b}$的解.

定理 1 设$\boldsymbol{\eta}^*$是非齐次线性方程组$\boldsymbol{Ax}=\boldsymbol{b}$的一个解，$\boldsymbol{\xi}$是对应齐次线性方程组$\boldsymbol{Ax}=\boldsymbol{0}$的通解. 则$\boldsymbol{x}=\boldsymbol{\xi}+\boldsymbol{\eta}^*$是非齐次线性方程组$\boldsymbol{Ax}=\boldsymbol{b}$的通解.

证明 只需证明非齐次线性方程组$\boldsymbol{Ax}=\boldsymbol{b}$的任意一个解$\boldsymbol{\eta}$一定能表示为$\boldsymbol{\eta}^*$与$\boldsymbol{Ax}=\boldsymbol{0}$的某一解$\boldsymbol{\xi}$的和. 为此取$\boldsymbol{\xi}=\boldsymbol{\eta}-\boldsymbol{\eta}^*$，由性质1知，$\boldsymbol{\xi}$是齐次线性方程组$\boldsymbol{Ax}=\boldsymbol{0}$的解. 从而

$$\boldsymbol{\eta}=\boldsymbol{\xi}+\boldsymbol{\eta}^*$$

即非齐次线性方程组的任意一个解$\boldsymbol{\eta}$都能表示为该方程的一个解$\boldsymbol{\eta}^*$与其对应的齐次线性方程组的某一个解$\boldsymbol{\xi}$的和. 所以$\boldsymbol{\xi}+\boldsymbol{\eta}^*$是非齐次线性方程组$\boldsymbol{Ax}=\boldsymbol{b}$的通解.

根据定理1，为了求非齐次线性方程组$\boldsymbol{Ax}=\boldsymbol{b}$的通解，可以先求出它的一个特解$\boldsymbol{\eta}^*$，并求出对应的齐次线性方程组$\boldsymbol{Ax}=\boldsymbol{0}$的一个基础解系$\boldsymbol{\xi}_1$，$\boldsymbol{\xi}_2$，…，$\boldsymbol{\xi}_{n-r}$($r=R(\boldsymbol{A})<n$)，则非齐次线性方程组$\boldsymbol{Ax}=\boldsymbol{b}$的通解为

$$\boldsymbol{x}=c_1\boldsymbol{\xi}_1+c_2\boldsymbol{\xi}_2+\cdots+c_{n-r}\boldsymbol{\xi}_{n-r}+\boldsymbol{\eta}^*$$

例 1 求非齐次线性方程组

$$\begin{cases} x_1+3x_2-x_3-x_4=6 \\ 3x_1-x_2+5x_3-3x_4=6 \\ 3x_1+4x_2+x_3-3x_4=12 \end{cases}$$

的通解.

解 对增广矩阵施行初等行变换：

$$(\boldsymbol{A},\boldsymbol{b})=\begin{pmatrix} 1 & 3 & -1 & -1 & 6 \\ 3 & -1 & 5 & -3 & 6 \\ 3 & 4 & 1 & -3 & 12 \end{pmatrix} \longrightarrow \begin{pmatrix} 1 & 3 & -1 & -1 & 6 \\ 0 & -10 & 8 & 0 & -12 \\ 0 & -5 & 4 & 0 & -6 \end{pmatrix} \longrightarrow$$

$$\begin{pmatrix} 1 & 3 & -1 & -1 & 6 \\ 0 & 5 & -4 & 0 & 6 \\ 0 & 0 & 0 & 0 & 0 \end{pmatrix}$$

得同解方程组

$$\begin{cases} x_1+3x_2-x_3-x_4=6 \\ 5x_2-4x_3=6 \end{cases}$$

取 x_3，x_4 为自由未知量，并令 $x_3=c_1$，$x_4=c_2$，则

$$\begin{cases} x_1=-\frac{7}{5}c_1+c_2+\frac{12}{5} \\ x_2=\frac{4}{5}c_1+\frac{6}{5} \\ x_3=c_1 \\ x_4=c_2 \end{cases}$$

即通解为

$$\begin{pmatrix} x_1 \\ x_2 \\ x_3 \\ x_4 \end{pmatrix}=c_1\begin{pmatrix} -\frac{7}{5} \\ \frac{4}{5} \\ 1 \\ 0 \end{pmatrix}+c_2\begin{pmatrix} 1 \\ 0 \\ 0 \\ 1 \end{pmatrix}+\begin{pmatrix} \frac{12}{5} \\ \frac{6}{5} \\ 0 \\ 0 \end{pmatrix} \quad (c_1, c_2 \text{ 为任意常数})$$

例 2 当 λ 取何值时，下列方程组无解，有唯一解或有无穷多组解，并在有解时求通解.

$$\begin{cases} x_1+2x_2+\lambda x_3=2 \\ 2x_1+\frac{4}{3}\lambda x_2+6x_3=4 \\ \lambda x_1+6x_2+9x_3=6 \end{cases}$$

解 对增广矩阵施行初等行变换

$$(\boldsymbol{A},\boldsymbol{b})=\begin{pmatrix} 1 & 2 & \lambda & 2 \\ 2 & \frac{4}{3}\lambda & 6 & 4 \\ \lambda & 6 & 9 & 6 \end{pmatrix}\longrightarrow\begin{pmatrix} 1 & 2 & \lambda & 2 \\ 0 & \frac{4}{3}(\lambda-3) & 2(3-\lambda) & 0 \\ 0 & -2(\lambda-3) & 9-\lambda^2 & 2(3-\lambda) \end{pmatrix}\longrightarrow$$

$$\begin{pmatrix} 1 & 2 & \lambda & 2 \\ 0 & \frac{4}{3}(\lambda-3) & 2(3-\lambda) & 0 \\ 0 & 0 & -(\lambda-3)(\lambda+6) & 2(3-\lambda) \end{pmatrix}$$

(1) 当 $\lambda=-6$ 时，$R(\boldsymbol{A})=2<R(\boldsymbol{A},\boldsymbol{b})=3$，方程组无解.

(2) 当 $\lambda\neq-6$ 且 $\lambda\neq3$ 时，$R(\boldsymbol{A})=R(\boldsymbol{A},\boldsymbol{b})=3$，方程组有唯一解，其同解方程组为

$$\begin{cases} x_1+2x_2+\lambda x_3=2 \\ \frac{4}{3}x_2-2x_3=0 \\ (\lambda+6)x_3=2 \end{cases}$$

从而其唯一解为

$$x_1=\frac{6}{\lambda+6},\ x_2=\frac{3}{\lambda+6},\ x_3=\frac{2}{\lambda+6}$$

(3) 当 $\lambda=3$ 时，$R(\mathbf{A})=R(\mathbf{A},\boldsymbol{b})=1<3$，方程组有无穷多组解，其同解方程组为

$$x_1+2x_2+3x_3=2$$

取 x_2，x_3 为自由未知量，并令 $x_2=c_1$，$x_3=c_2$. 则

$$\begin{cases} x_1=-2c_1-3c_2+2 \\ x_2=c_1 \\ x_3=c_2 \end{cases}$$

即通解为

$$\begin{pmatrix} x_1 \\ x_2 \\ x_3 \end{pmatrix}=c_1\begin{pmatrix} -2 \\ 1 \\ 0 \end{pmatrix}+c_2\begin{pmatrix} -3 \\ 0 \\ 1 \end{pmatrix}+\begin{pmatrix} 2 \\ 0 \\ 0 \end{pmatrix}(c_1,c_2\text{ 是任意常数})$$

习题 4.3

1. 判断下列非齐次线性方程组是否有解，若有解，求其通解：

(1) $\begin{cases} 2x_1-x_2-x_3=0 \\ x_1+x_2-x_3=3 \\ 4x_1+x_2-3x_3=6 \end{cases}$；　(2) $\begin{cases} x_1-2x_2+x_3+2x_4=1 \\ x_1-2x_2-x_3=-1 \\ x_1+x_2+x_3+3x_4=1 \end{cases}$；

(3) $\begin{cases} 2x_1-4x_2-x_3=4 \\ -x_1-2x_2-x_4=4 \\ 3x_2+x_3+2x_4=1 \\ 3x_1+x_2+3x_4=-3 \end{cases}$；　(4) $\begin{cases} 2x_1-x_2+4x_3-3x_4=-4 \\ x_1+x_3-x_4=-3 \\ 3x_1+x_2+x_3=1 \\ 7x_1+7x_3-3x_4=3 \end{cases}$

2. 已知 $x=x_0$，$y=y_0$，$z=z_0$ 为方程组

$$\begin{cases} x+z=a \\ x-y+z=b \\ 7x-2y+5z=c \end{cases}$$

的一个解，求其通解.

3. 当 t 取何值时，线性方程组

$$\begin{cases} x_1+x_2+tx_3=4 \\ x_1-x_2+2x_3=-4 \\ -x_1+tx_2+x_3=t^2 \end{cases}$$

有无穷多组解？并求出其通解.

*4. 设四元非齐次线性方程组的系数矩阵的秩为3，已知 $\boldsymbol{\eta}_1$，$\boldsymbol{\eta}_2$，$\boldsymbol{\eta}_3$ 是它的三个解向量，且

$$\boldsymbol{\eta}_1=\begin{pmatrix}2\\3\\4\\5\end{pmatrix},\boldsymbol{\eta}_2+\boldsymbol{\eta}_3=\begin{pmatrix}1\\2\\3\\4\end{pmatrix}$$

求该方程的通解.

*5. 设 $\boldsymbol{\eta}_1$，$\boldsymbol{\eta}_2$，…，$\boldsymbol{\eta}_s$ 是非齐次线性方程组 $\boldsymbol{Ax}=\boldsymbol{b}$ 的 s 个解，k_1，k_2，…，k_s 是实数，满足：$k_1+k_2+\cdots+k_s=1$，证明

$$\boldsymbol{x}=k_1\eta_1+k_2\eta_2+\cdots+k_s\eta_s$$

也是它的解.

复习题4

一、选择题：

1. 设 n 元齐次线性方程组 $\boldsymbol{Ax}=\boldsymbol{0}$ 中，$\boldsymbol{A}$ 的秩 $R(\boldsymbol{A})=r$，则 $\boldsymbol{Ax}=\boldsymbol{0}$ 有非零解的充分必要条件是________成立.

(A) $r<n$；　(B) $r=n$；　(C) $r\geqslant n$；　(D) $r>n$

2. 设 $\boldsymbol{A}$ 为 n 阶方阵，若 $\boldsymbol{A}$ 的秩 $R(\boldsymbol{A})=n-2$，则 $\boldsymbol{Ax}=\boldsymbol{0}$ 的基础解系所含向量的个数是________.

(A) 0个；　(B) 1个；　(C) 2个；　(D) n 个

3. 非齐次线性方程组 $\boldsymbol{Ax}=\boldsymbol{b}$（$\boldsymbol{A}$ 为5阶方阵），若________成立，则该方程组有无穷多个解.

(A) $R(\boldsymbol{A})=5$；　(B) $R(\boldsymbol{A},\boldsymbol{b})=5$；

(C) $R(\boldsymbol{A})=R(\boldsymbol{A},\boldsymbol{b})=5$；　(D) $R(\boldsymbol{A})=R(\boldsymbol{A},\boldsymbol{b})<5$

4. 已知 $\boldsymbol{\eta}_1$，$\boldsymbol{\eta}_2$ 是非齐次线性方程组 $\boldsymbol{Ax}=\boldsymbol{b}$ 的两个不同的解，$\boldsymbol{\xi}_1$，$\boldsymbol{\xi}_2$ 是导出组 $\boldsymbol{Ax}=\boldsymbol{0}$ 的基础解系，k_1，k_2 是常数，则 $\boldsymbol{Ax}=\boldsymbol{b}$ 的通解________.

(A) $k_1\boldsymbol{\xi}_1+k_2\boldsymbol{\xi}_2+\frac{\boldsymbol{\eta}_1-\boldsymbol{\eta}_2}{2}$；　　(B) $k_1\boldsymbol{\xi}_1+k_2(\boldsymbol{\xi}_1+\boldsymbol{\xi}_2)+\frac{\boldsymbol{\eta}_1+\boldsymbol{\eta}_2}{2}$；

(C) $k_1\boldsymbol{\xi}_1+k_2(\boldsymbol{\eta}_1-\boldsymbol{\eta}_2)+\frac{\boldsymbol{\eta}_1-\boldsymbol{\eta}_2}{2}$；　　(D) $k_1\boldsymbol{\xi}_1+k_2(\boldsymbol{\eta}_1-\boldsymbol{\eta}_2)+\frac{\boldsymbol{\eta}_1+\boldsymbol{\eta}_2}{2}$

二、填空题：

1. n个方程的n元齐次线性方程组$\boldsymbol{Ax}=\boldsymbol{0}$有非零解的充分必要条件是$|\boldsymbol{A}|=$__________.

2. 非齐次线性方程组$\boldsymbol{Ax}=\boldsymbol{b}$有解的充分必要条件是$R(\boldsymbol{A},\boldsymbol{b})=$__________.

3. 设$\boldsymbol{A}$是n阶方阵，对于齐次线性方程$\boldsymbol{Ax}=\boldsymbol{0}$，如果每个$n$维向量都是它的解，则$R(\boldsymbol{A})=$__________.

4. 设$\boldsymbol{A}$是$m\times n$矩阵，且$m<n$，若$\boldsymbol{A}$的行向量组线性无关，则方程组$\boldsymbol{Ax}=\boldsymbol{b}$的解的个数__________.

三、计算题：

1. 求下列齐次线性方程组的基础解系和通解：

(1) $\begin{cases}x_1+2x_2-x_3-x_4=0\\x_1+2x_2+x_4=0\\-x_1-2x_2+2x_3+4x_4=0\end{cases}$；　　(2) $\begin{cases}x_1+x_2-3x_3-x_4-x_5=0\\x_1+x_2+x_3+x_4+x_5=0\end{cases}$

2. 求下列非齐次线性方程的通解：

(1) $\begin{cases}x_1+2x_2-x_3-x_4=0\\x_1+2x_2+x_4=4\\-x_1-2x_2+2x_3+4x_4=5\end{cases}$；　　(2) $\begin{cases}x_1+x_2-3x_3-x_4-x_5=1\\x_1+x_2+x_3+x_4+x_5=1\end{cases}$

3. 当λ取何值时，线性方程组

$$\begin{cases}x_1+2x_2+2x_3=\lambda x_1\\2x_1+x_2+2x_3=\lambda x_2\\2x_1+2x_3+x_3=\lambda x_3\end{cases}$$

有非零解？

4. 当a，b取何值时，方程组

$$\begin{cases}ax_1+2x_2+3x_3=4\\2x_2+bx_3=2\\2ax_1+2x_2+3x_3=6\end{cases}$$

有唯一解，无解，有无穷多组解？

四、证明题：

1. 设$\boldsymbol{\eta}_0$是非齐次线性方程组$\boldsymbol{Ax}=\boldsymbol{b}$的一个特解，$\boldsymbol{\xi}_1$，$\boldsymbol{\xi}_2$，…，$\boldsymbol{\xi}_t$是对应的齐次线性方程组$\boldsymbol{Ax}=\boldsymbol{0}$的一个基础解系，令

$$\boldsymbol{\eta}_1=\boldsymbol{\eta}_0+\boldsymbol{\xi}_1,\boldsymbol{\eta}_2=\boldsymbol{\eta}_0+\boldsymbol{\xi}_2,\cdots,\boldsymbol{\eta}_t=\boldsymbol{\eta}_0+\boldsymbol{\xi}_t,$$

证明方程组 $\boldsymbol{A}\boldsymbol{x}=\boldsymbol{b}$ 的任一解可以表示为如下形式：

$$k_0\boldsymbol{\eta}_0+k_1\boldsymbol{\eta}_1+\cdots+k_t\boldsymbol{\eta}_t$$

其中 $k_0+k_1+\cdots+k_t=1$

2. 设 $\boldsymbol{\eta}_0$，$\boldsymbol{\eta}_1$，…，$\boldsymbol{\eta}_{n-r}$ 是线性方程组 $\boldsymbol{A}\boldsymbol{x}=\boldsymbol{b}$（$\boldsymbol{b}\neq\boldsymbol{0}$）的 $n-r+1$ 个线性无关的解向量，$R(\boldsymbol{A})=r$，证明 $\boldsymbol{\eta}_1-\boldsymbol{\eta}_0$，$\boldsymbol{\eta}_2-\boldsymbol{\eta}_0$，…，$\boldsymbol{\eta}_{n-r}-\boldsymbol{\eta}_0$ 是导出组 $\boldsymbol{A}\boldsymbol{x}=\boldsymbol{0}$ 的一个基础解系.

第5章　矩阵的特征值与矩阵的对角化

矩阵的特征值、特征向量和方阵的相似对角化等理论，不仅在数学的各个分支，而且在其他科学技术领域和数量经济分析中都有广泛的应用.

本章主要讨论方阵的特征值、特征向量及方阵的对角化等问题.

5.1　矩阵的特征值与特征向量

5.1.1　矩阵的特征值与特征向量

定义 1　设 $\boldsymbol{A}$ 是 n 阶方阵，若数 λ 和 n 维非零列向量 $\boldsymbol{x}$ 使关系式

$$\boldsymbol{A}\boldsymbol{x}=\lambda\boldsymbol{x} \tag{5-1}$$

成立，则称数 λ 为 $\boldsymbol{A}$ 的特征值，$\boldsymbol{x}$ 为 $\boldsymbol{A}$ 对应于 λ 的特征向量.

下面介绍对于给定的 n 阶方阵 $\boldsymbol{A}=(a_{ij})$，如何求它的特征值和特征向量的问题.

将式(5-1) 改写为

$$(\boldsymbol{A}-\lambda\boldsymbol{E})\boldsymbol{x}=\boldsymbol{0} \tag{5-2}$$

当 $\boldsymbol{A}$ 和 λ 已知时，这是一个含有 n 个未知量 n 个方程的齐次线性方程组，它有非零解的充分必要条件是系数行列式等于零，即

$$|\boldsymbol{A}-\lambda\boldsymbol{E}|=0 \tag{5-3}$$

也即

$$\begin{vmatrix} a_{11}-\lambda & a_{12} & \cdots & a_{1n} \\ a_{21} & a_{22}-\lambda & \cdots & a_{2n} \\ \vdots & \vdots & & \vdots \\ a_{n1} & a_{n2} & \cdots & a_{nn}-\lambda \end{vmatrix}=0$$

上式是以 λ 为未知量的一元 n 次方程，称为矩阵 $\boldsymbol{A}$ 的特征方程，其左端 $|\boldsymbol{A}-$

$\lambda \boldsymbol{E}|$是λ的n次多项式，记为$f(\lambda)$，称为矩阵$\boldsymbol{A}$的特征多项式. 显然，特征方程的根就是$\boldsymbol{A}$的特征值.

设$\lambda=\lambda_i$是矩阵$\boldsymbol{A}$的一个特征值，则由齐次线性方程组

$$(\boldsymbol{A}-\lambda_i \boldsymbol{E})\boldsymbol{x}=\boldsymbol{0}$$

求得非零解$\boldsymbol{\eta}_i$，则$\boldsymbol{\eta}_i$便是矩阵$\boldsymbol{A}$对应于特征值λ_i的特征向量.

综上所述，求矩阵$\boldsymbol{A}$的特征值和特征向量的步骤为：

(1) 解特征方程$|\boldsymbol{A}-\lambda \boldsymbol{E}|=0$，求出$\boldsymbol{A}$的全部特征值$\lambda_1$，$\lambda_2$，…，$\lambda_n$（可能某些根为重根）；

(2) 对于每个不同的特征值λ_i，求出相应的齐次线性方程组$(\boldsymbol{A}-\lambda_i \boldsymbol{E})\boldsymbol{x}=\boldsymbol{0}$的一个基础解系$\boldsymbol{\eta}_1$，$\boldsymbol{\eta}_2$，…，$\boldsymbol{\eta}_s$，于是矩阵$\boldsymbol{A}$对应于$\lambda_i$的全部特征向量为

$$c_1\boldsymbol{\eta}_1+c_2\boldsymbol{\eta}_2+\cdots+c_s\boldsymbol{\eta}_s$$

其中c_1，c_2，…，c_s是不全为零的任意数.

例1 求下列矩阵的特征值与特征向量

$$\boldsymbol{A}=\begin{pmatrix}1&0&0\\2&4&5\\3&0&6\end{pmatrix}$$

解 求解矩阵$\boldsymbol{A}$的特征方程

$$|\boldsymbol{A}-\lambda \boldsymbol{E}|=\begin{vmatrix}1-\lambda&0&0\\2&4-\lambda&5\\3&0&6-\lambda\end{vmatrix}=0$$

即$(1-\lambda)(4-\lambda)(6-\lambda)=0$，故$\boldsymbol{A}$的全部特征值为$\lambda_1=1$，$\lambda_2=4$，$\lambda_3=6$.

对于$\lambda_1=1$，解线性方程组$(\boldsymbol{A}-\boldsymbol{E})\boldsymbol{x}=\boldsymbol{0}$，即

$$\begin{pmatrix}1-1&0&0\\2&4-1&5\\3&0&6-1\end{pmatrix}\begin{pmatrix}x_1\\x_2\\x_3\end{pmatrix}=\begin{pmatrix}0\\0\\0\end{pmatrix}$$

而

$$\begin{pmatrix}0&0&0\\2&3&5\\3&0&5\end{pmatrix}\longrightarrow\begin{pmatrix}3&0&5\\0&3&\frac{5}{3}\\0&0&0\end{pmatrix}$$

对应的方程组为

$$\begin{cases}3x_1+5x_3=0\\3x_2+\frac{5}{3}x_3=0\end{cases}$$

取 $x_3=1$，则 $x_1=-\frac{5}{3}$，$x_2=-\frac{5}{9}$.

所以对应于 $\lambda_1=1$ 的特征向量为 $\boldsymbol{\eta}_1=\left(-\frac{5}{3},-\frac{5}{9},1\right)^{\mathrm{T}}$，而对应于 $\lambda_1=1$ 的全部特征向量为 $c_1\boldsymbol{\eta}_1(c_1\neq0)$.

对于 $\lambda_2=4$，解线性方程组 $(\boldsymbol{A}-4\boldsymbol{E})\boldsymbol{x}=\boldsymbol{0}$，即

$$\begin{pmatrix}1-4 & 0 & 0\\ 2 & 4-4 & 5\\ 3 & 0 & 6-4\end{pmatrix}\begin{pmatrix}x_1\\ x_2\\ x_3\end{pmatrix}=\begin{pmatrix}0\\ 0\\ 0\end{pmatrix}$$

而
$$\begin{pmatrix}-3 & 0 & 0\\ 2 & 0 & 5\\ 3 & 0 & 2\end{pmatrix}\longrightarrow\begin{pmatrix}1 & 0 & 0\\ 0 & 0 & 1\\ 0 & 0 & 0\end{pmatrix}$$

对应的方程组为 $\begin{cases}x_1=0\\ x_3=0\end{cases}$，

取 $x_2=1$，且 $x_1=0$，$x_3=0$.

所以对应于 $\lambda_2=4$ 的特征向量 $\boldsymbol{\eta}_2=(0,1,0)^{\mathrm{T}}$，对应于 $\lambda_2=4$ 的全部特征向量为 $c_2\boldsymbol{\eta}_2(c_2\neq0)$.

对于 $\lambda_3=6$，解线性方程组（$\boldsymbol{A}-6\boldsymbol{E}$）$\boldsymbol{x}=\boldsymbol{0}$，即

$$\begin{pmatrix}1-6 & 0 & 0\\ 2 & 4-6 & 5\\ 3 & 0 & 6-6\end{pmatrix}\begin{pmatrix}x_1\\ x_2\\ x_3\end{pmatrix}=\begin{pmatrix}0\\ 0\\ 0\end{pmatrix}$$

而
$$\begin{pmatrix}-5 & 0 & 0\\ 2 & -2 & 5\\ 3 & 0 & 0\end{pmatrix}\longrightarrow\begin{pmatrix}1 & 0 & 0\\ 0 & -2 & 5\\ 0 & 0 & 0\end{pmatrix}$$

对应的方程组为

$$\begin{cases}x_1=0\\ -2x_2+5x_3=0\end{cases}$$

取 $x_2=5$，则 $x_3=2$，

所以对应于 $\lambda_3=6$ 的特征向量 $\boldsymbol{\eta}_3=(0,\ 5,\ 2)^{\mathrm{T}}$，对应于 $\lambda_3=6$ 的全部特征向量为 $c_3\boldsymbol{\eta}_3(c_3\neq0)$.

例 2　求下列矩阵的特征值与特征向量

$$A=\begin{pmatrix}-2 & 1 & 1\\ 0 & 2 & 0\\ -4 & 1 & 3\end{pmatrix}$$

解　求解矩阵 $\boldsymbol{A}$ 的特征方程

$$|\boldsymbol{A}-\lambda\boldsymbol{E}|=\begin{vmatrix}-2-\lambda & 1 & 1\\ 0 & 2-\lambda & 0\\ -4 & 1 & 3-\lambda\end{vmatrix}=0$$

即
$$(2-\lambda)(\lambda^2-\lambda-2)=-(\lambda+1)(\lambda-2)^2=0$$

所以 $\boldsymbol{A}$ 的特征值为 $\lambda_1=-1$，$\lambda_2=\lambda_3=2$.

对于 $\lambda_1=-1$，解线性方程组 $(\boldsymbol{A}+\boldsymbol{E})\boldsymbol{x}=\boldsymbol{0}$，即

$$\begin{pmatrix}-2+1 & 1 & 1\\ 0 & 2+1 & 0\\ -4 & 1 & 3+1\end{pmatrix}\begin{pmatrix}x_1\\ x_2\\ x_3\end{pmatrix}=\begin{pmatrix}0\\ 0\\ 0\end{pmatrix}$$

而

$$\begin{pmatrix}-1 & 1 & 1\\ 0 & 3 & 0\\ -4 & 1 & 4\end{pmatrix}\longrightarrow\begin{pmatrix}1 & 0 & -1\\ 0 & 1 & 0\\ 0 & 0 & 0\end{pmatrix}$$

对应的方程组为

$$\begin{cases}x_1-x_3=0\\ x_2=0\end{cases}$$

解得基础解系为 $\boldsymbol{\eta}_1=(1,\ 0,\ 1)^{\mathrm{T}}$，所以相应于 $\lambda_1=1$ 的全部特征向量为 $c_1\ \boldsymbol{\eta}_1$ $(c_1\neq0)$.

对于 $\lambda_2=\lambda_3=2$，解线性方程组 $(\boldsymbol{A}-2\boldsymbol{E})\boldsymbol{x}=\boldsymbol{0}$，即

$$\begin{pmatrix}-2-2 & 1 & 1\\ 0 & 2-2 & 0\\ -4 & 1 & 3-2\end{pmatrix}\begin{pmatrix}x_1\\ x_2\\ x_3\end{pmatrix}=\begin{pmatrix}0\\ 0\\ 0\end{pmatrix}$$

而

$$\begin{pmatrix}-4 & 1 & 1\\ 0 & 0 & 0\\ -4 & 1 & 1\end{pmatrix}\longrightarrow\begin{pmatrix}1 & -\frac{1}{4} & -\frac{1}{4}\\ 0 & 0 & 0\\ 0 & 0 & 0\end{pmatrix}$$

对应的方程组为 $$x_1-\frac{1}{4}x_2-\frac{1}{4}x_3=0$$

得基础解系为$\boldsymbol{\eta}_2=(1,4,0)^{\mathrm{T}}$，$\boldsymbol{\eta}_3=(1,0,4)^{\mathrm{T}}$，所以相应于$\lambda_2=\lambda_3=2$的全体特征向量为

$$c_2\boldsymbol{\eta}_2+c_3\boldsymbol{\eta}_3 \ (c_2,\ c_3 \text{ 不全为零})$$

例 3 设λ是方阵$\boldsymbol{A}$的特征值，证明

(1) λ^2 是 $\boldsymbol{A}^2$ 的特征值；

(2) 当$\boldsymbol{A}$可逆时，$\dfrac{1}{\lambda}$是$\boldsymbol{A}^{-1}$的特征值.

证明 因λ是$\boldsymbol{A}$的特征值，则存在特征向量$\boldsymbol{\eta}\neq\boldsymbol{0}$，使$\boldsymbol{A}\boldsymbol{\eta}=\lambda\boldsymbol{\eta}$，于是

(1) $\boldsymbol{A}^2\boldsymbol{\eta}=\boldsymbol{A}(\boldsymbol{A}\boldsymbol{\eta})=\boldsymbol{A}(\lambda\boldsymbol{\eta})=\lambda(\boldsymbol{A}\boldsymbol{\eta})=\lambda^2\boldsymbol{\eta}$.

所以λ^2是$\boldsymbol{A}^2$的特征值.

(2) 当$\boldsymbol{A}$可逆时，由$\boldsymbol{A}\boldsymbol{\eta}=\lambda\boldsymbol{\eta}$得$\boldsymbol{\eta}=\lambda A^{-1}\boldsymbol{\eta}$，因$\boldsymbol{\eta}\neq 0$，则$\lambda\neq 0$，故

$$\boldsymbol{A}^{-1}\boldsymbol{\eta}=\frac{1}{\lambda}\boldsymbol{\eta}$$

所以$\dfrac{1}{\lambda}$是$\boldsymbol{A}^{-1}$的特征值.

依次类推，若λ是$\boldsymbol{A}$的特征值，则λ^k是$\boldsymbol{A}^k$的特征值. 若$f(\boldsymbol{x})=a_0+a_1x+\cdots+a_mx^m$是关于$x$的$m$次多项式，记$f(\boldsymbol{A})=a_0\boldsymbol{E}+a_1\boldsymbol{A}+\cdots+a_m\boldsymbol{A}^m$，称$f(\boldsymbol{A})$是矩阵$\boldsymbol{A}$的多项式，则$f(\lambda)=a_0+a\lambda+\cdots+a_m\lambda^m$是$f(\boldsymbol{A})=a_0\boldsymbol{E}+a_1\boldsymbol{A}+\cdots+a_m\boldsymbol{A}^m$的特征值.

5.1.2 矩阵的特征值与特征向量的性质

定理 1 n阶矩阵$\boldsymbol{A}$与其转置矩阵$\boldsymbol{A}^{\mathrm{T}}$有相同的特征值.

证明 因为

$$|\boldsymbol{A}^{\mathrm{T}}-\lambda\boldsymbol{E}|=|(\boldsymbol{A}-\lambda\boldsymbol{E})^{\mathrm{T}}|=|\boldsymbol{A}-\lambda\boldsymbol{E}|$$

可见，$\boldsymbol{A}$和$\boldsymbol{A}^{\mathrm{T}}$有相同的特征多项式，所以$\boldsymbol{A}$和$\boldsymbol{A}^{\mathrm{T}}$有相同的特征值.

定理 2 n阶矩阵$\boldsymbol{A}$对应于不同特征值的特征向量必线性无关.

* **证明** 设方阵$\boldsymbol{A}$的s个不同的特征值为λ_1，λ_2，…，λ_s，对应的特征向量分别为$\boldsymbol{\eta}_1$，$\boldsymbol{\eta}_2$，…，$\boldsymbol{\eta}_s$.

用数学归纳法证明. 当$s=1$时，因$\boldsymbol{\eta}_1\neq\boldsymbol{0}$，故只含一个非零向量的向量组线性无关.

假设$s=k-1$时结论成立. 往证$s=k$时结论也成立. 即假设$\boldsymbol{\eta}_1$，$\boldsymbol{\eta}_2$，…，$\boldsymbol{\eta}_{k-1}$线性无关，要证$\boldsymbol{\eta}_1$，$\boldsymbol{\eta}_2$，…，$\boldsymbol{\eta}_k$线性无关，令

$$c_1\boldsymbol{\eta}_1+\cdots+c_{k-1}\boldsymbol{\eta}_{k-1}+c_k\boldsymbol{\eta}_k=\mathbf{0} \tag{5-4}$$

用$\boldsymbol{A}$乘上式两端，得

$$c_1\boldsymbol{A}\boldsymbol{\eta}_1+\cdots+c_{k-1}\boldsymbol{A}\boldsymbol{\eta}_{k-1}+c_k\boldsymbol{A}\boldsymbol{\eta}_k=\mathbf{0}$$

即

$$c_1\lambda_1\boldsymbol{\eta}_1+\cdots+c_{k-1}\lambda_{k-1}\boldsymbol{\eta}_{k-1}+c_k\lambda_k\boldsymbol{\eta}_k=\mathbf{0} \tag{5-5}$$

式(5-5)减去式(5-4)的λ_k倍，得

$$c_1(\lambda_1-\lambda_k)\boldsymbol{\eta}_1+\cdots+c_{k-1}(\lambda_{k-1}-\lambda_k)\boldsymbol{\eta}_{k-1}=\mathbf{0}$$

由归纳法假设，$\boldsymbol{\eta}_1$，$\boldsymbol{\eta}_2$，…，$\boldsymbol{\eta}_{k-1}$线性无关，故

$$c_i(\lambda_i-\lambda_k)=0 \quad (i=1,2,\cdots,k-1)$$

因为$\lambda_i\neq\lambda_k$（$i=1，2，\cdots，k-1$），所以

$$c_1=c_2=\cdots=c_{k-1}=0$$

代入式(5-4)，得$c_k=0$，因此$\boldsymbol{\eta}_1$，$\boldsymbol{\eta}_2$，…，$\boldsymbol{\eta}_k$线性无关.

习题 5.1

1. 求下列矩阵的特征值与特征向量.

(1) $\boldsymbol{A}=\begin{pmatrix}3&-1\\-1&3\end{pmatrix}$；　(2) $\boldsymbol{A}=\begin{pmatrix}0&0&1\\0&1&0\\1&0&0\end{pmatrix}$；

(3) $\boldsymbol{A}=\begin{pmatrix}2&-1&2\\5&-3&3\\-1&0&-2\end{pmatrix}$；　(4) $\boldsymbol{A}=\begin{pmatrix}1&2&3\\2&1&3\\3&3&6\end{pmatrix}$.

2. 已知三阶矩阵$\boldsymbol{A}$的特征值为1，-2，3，求：

(1) $2\boldsymbol{A}$的特征值；

(2) $\boldsymbol{A}^{-1}$的特征值.

3. 已知0是矩阵

$$\boldsymbol{A}=\begin{pmatrix}1&0&1\\0&2&0\\1&0&a\end{pmatrix}$$

的特征值，求$\boldsymbol{A}$的特征值和特征向量.

*4. 设$\boldsymbol{\alpha}$是方阵$\boldsymbol{A}$对应于特征值λ_0的特征向量，k为一个正整数，证明：λ_0^k是$\boldsymbol{A}^k$的特征值，且$\boldsymbol{\alpha}$是$\boldsymbol{A}^k$对应于λ_0^k的特征向量.

*5. 设2是$\boldsymbol{A}$的一个特征值，且$\boldsymbol{B}=\boldsymbol{A}^2+3\boldsymbol{A}+5\boldsymbol{E}$，证明：15是$\boldsymbol{B}$的一个特征值.

5.2 相似矩阵与矩阵的对角化 

5.2.1 相似矩阵及其性质

定义 1 设 n 阶矩阵 $\boldsymbol{A}$，$\boldsymbol{B}$，若存在 n 阶可逆矩阵 $\boldsymbol{P}$，使

$$\boldsymbol{P}^{-1}\boldsymbol{AP}=\boldsymbol{B}$$

则称 $\boldsymbol{A}$ 相似于 $\boldsymbol{B}$，或 $\boldsymbol{A}$ 与 $\boldsymbol{B}$ 相似，记为 $\boldsymbol{A}\sim\boldsymbol{B}$，可逆矩阵 $\boldsymbol{P}$ 称为相似变换矩阵.

显然，相似概念具有下列三条性质：

(1) 自反性　$\boldsymbol{A}\sim\boldsymbol{A}$；

(2) 对称性　若 $\boldsymbol{A}\sim\boldsymbol{B}$，则 $\boldsymbol{B}\sim\boldsymbol{A}$；

(3) 传递性　若 $\boldsymbol{A}\sim\boldsymbol{B}$，$\boldsymbol{B}\sim\boldsymbol{C}$，则 $\boldsymbol{A}\sim\boldsymbol{C}$.

定理 1 相似矩阵的特征多项式相同，从而相似矩阵有相同的特征值.

证明 设 $\boldsymbol{A}\sim\boldsymbol{B}$，则存在可逆矩阵 $\boldsymbol{P}$，使 $\boldsymbol{P}^{-1}\boldsymbol{AP}=\boldsymbol{B}$，从而

$$|\boldsymbol{B}-\lambda\boldsymbol{E}|=|\boldsymbol{P}^{-1}\boldsymbol{AP}-\boldsymbol{P}^{-1}(\lambda\boldsymbol{E})\boldsymbol{P}|=|\boldsymbol{P}^{-1}(\boldsymbol{A}-\lambda\boldsymbol{E})\boldsymbol{P}|=|\boldsymbol{A}-\lambda\boldsymbol{E}|$$

所以 $\boldsymbol{A}$ 与 $\boldsymbol{B}$ 有相同的特征多项式，从而有相同的特征值.

相似矩阵还具有下列性质（证明留给读者）：

(1) 相似矩阵的行列式相等；

(2) 相似矩阵的秩相等；

(3) 相似矩阵有相同的可逆性，当它们都可逆时，它们的逆矩阵也相似.

5.2.2 矩阵可对角化的条件

如果 n 阶矩阵 $\boldsymbol{A}$ 相似于一个 n 阶对角矩阵 $\boldsymbol{\Lambda}$，则称 $\boldsymbol{A}$ 可对角化，$\boldsymbol{\Lambda}$ 称为 $\boldsymbol{A}$ 的相似标准形矩阵.

定理 2 n 阶矩阵 $\boldsymbol{A}$ 可对角化的充分必要条件是 $\boldsymbol{A}$ 有 n 个线性无关的特征向量.

证明 必要性. 设 $\boldsymbol{A}\sim\boldsymbol{\Lambda}$，其中

$$\boldsymbol{\Lambda}=\begin{pmatrix}\lambda_1 & & & \\ & \lambda_2 & & \\ & & \ddots & \\ & & & \lambda_n\end{pmatrix}$$

则存在可逆矩阵 $\boldsymbol{P}$，使 $\boldsymbol{P}^{-1}\boldsymbol{AP}=\boldsymbol{\Lambda}$，或 $\boldsymbol{AP}=\boldsymbol{P\Lambda}$. 设 $\boldsymbol{P}=(\boldsymbol{\eta}_1, \boldsymbol{\eta}_2, \cdots, \boldsymbol{\eta}_n)$，则

$$\boldsymbol{A}(\boldsymbol{\eta}_1,\boldsymbol{\eta}_2,\cdots,\boldsymbol{\eta}_n)=(\boldsymbol{\eta}_1,\boldsymbol{\eta}_2,\cdots,\boldsymbol{\eta}_n)\begin{pmatrix}\lambda_1 & & & \\ & \lambda_2 & & \\ & & \ddots & \\ & & & \lambda_n\end{pmatrix}$$

即

$$(\boldsymbol{A}\boldsymbol{\eta}_1,\boldsymbol{A}\boldsymbol{\eta}_2,\cdots,\boldsymbol{A}\boldsymbol{\eta}_n)=(\lambda_1\boldsymbol{\eta}_1,\lambda_2\boldsymbol{\eta}_2,\cdots,\lambda_n\boldsymbol{\eta}_n)$$

由此得 $\boldsymbol{A}\boldsymbol{\eta}_i=\lambda_i\boldsymbol{\eta}_i$ $(i=1, 2, \cdots, n)$. 因 $\boldsymbol{P}$ 可逆，$\boldsymbol{P}$ 必然不含零列，即 $\boldsymbol{\eta}_i\neq 0$ $(i=1, 2, \cdots, n)$. 因此 $\boldsymbol{\eta}_i$ 是 $\boldsymbol{A}$ 的对应于特征值 λ_i 的特征向量，而且，由 $\boldsymbol{P}$ 可逆知 $\boldsymbol{\eta}_1, \boldsymbol{\eta}_2, \cdots, \boldsymbol{\eta}_n$ 线性无关.

充分性. 设 $\boldsymbol{\eta}_1, \boldsymbol{\eta}_2, \cdots, \boldsymbol{\eta}_n$ 是 $\boldsymbol{A}$ 的 n 个对应于特征值 $\lambda_1, \lambda_2, \cdots, \lambda_n$ 的线性无关的特征向量. 则

$$\boldsymbol{A}\boldsymbol{\eta}_i=\lambda\boldsymbol{\eta}_i \qquad (i=1, 2, \cdots, n)$$

令 $\boldsymbol{P}=(\boldsymbol{\eta}_1, \boldsymbol{\eta}_2, \cdots, \boldsymbol{\eta}_n)$，显然 $\boldsymbol{P}$ 可逆，且

$$\begin{aligned}\boldsymbol{AP}&=\boldsymbol{A}(\boldsymbol{\eta}_1,\boldsymbol{\eta}_2,\cdots,\boldsymbol{\eta}_n)=(\boldsymbol{A}\boldsymbol{\eta}_1,\boldsymbol{A}\boldsymbol{\eta}_2,\cdots,\boldsymbol{A}\boldsymbol{\eta}_n)=(\lambda\boldsymbol{\eta}_1,\lambda\boldsymbol{\eta}_2,\cdots,\lambda\boldsymbol{\eta}_n)\\&=(\boldsymbol{\eta}_1,\boldsymbol{\eta}_2,\cdots,\boldsymbol{\eta}_n)\begin{pmatrix}\lambda_1 & & & \\ & \lambda_2 & & \\ & & \ddots & \\ & & & \lambda_n\end{pmatrix}=\boldsymbol{P}\begin{pmatrix}\lambda_1 & & & \\ & \lambda_2 & & \\ & & \ddots & \\ & & & \lambda_n\end{pmatrix}=\boldsymbol{P\Lambda}\end{aligned}$$

用 $\boldsymbol{P}^{-1}$ 左乘上式两端，得

$$\boldsymbol{P}^{-1}\boldsymbol{AP}=\boldsymbol{\Lambda}$$

所以矩阵 $\boldsymbol{A}$ 与对角矩阵 $\boldsymbol{\Lambda}$ 相似.

注意　$\boldsymbol{P}$ 的列向量与对角阵 $\boldsymbol{\Lambda}$ 的对角元素的排列顺序有确定的对应关系，即 $\boldsymbol{\eta}_i$ 与 λ_i 的排列顺序对应.

由 5.1 节的定理 2 知，若矩阵 $\boldsymbol{A}$ 有 n 个不同的特征值，则 $\boldsymbol{A}$ 必有 n 个线性无关的特征向量，由此得以下推论.

推论 1　若 n 阶矩阵有 n 个不同的特征值，则 $\boldsymbol{A}$ 可对角化.

一般情况下，n 阶矩阵 $\boldsymbol{A}$ 的 n 个特征值不一定互不相同. 若某些特征值是特征方程的重根，此时推论 1 不能应用. 矩阵的特征值是特征方程的重根时，矩阵的对角化问题比较复杂. 这里我们不作理论上的讨论，只给出结论，并且重点对下一节实对称矩阵的对角化进行讨论.

***定理 2′** n 阶矩阵 $\boldsymbol{A}$ 可对角化的充分必要条件是对于 $\boldsymbol{A}$ 的每一个 r_i 重特征值 λ_i，特征矩阵（$\boldsymbol{A}-\lambda_i\boldsymbol{E}$）的秩为 $n-r_i$，即齐次线性方程组（$\boldsymbol{A}-\lambda_i\boldsymbol{E})\boldsymbol{x}=\boldsymbol{0}$ 的基础解系中含 r_i 个解向量.

n 阶矩阵 $\boldsymbol{A}$ 对角化的步骤：

(1) 解特征方程 $|\boldsymbol{A}-\lambda\boldsymbol{E}|=\boldsymbol{0}$，求出矩阵 $\boldsymbol{A}$ 的所有不同的特征值 λ_1，λ_2，…，λ_s；

(2) 对于每个不同的特征值 λ_i（$i=1$，2，…，s）求出齐次线性方程组 $(\boldsymbol{A}-\lambda_i\boldsymbol{E})\boldsymbol{x}=\boldsymbol{0}$ 的一个基础解系 $\boldsymbol{\eta}_{i1}$，$\boldsymbol{\eta}_{i2}$，…，$\boldsymbol{\eta}_{ir_i}$（r_i 为对应于特征值 λ_i 的线性无关的特征向量的个数）；

(3) 若 $\sum\limits_{i=1}^{s} r_i = n$，则矩阵 $\boldsymbol{A}$ 可对角化，此时相似变换矩阵

$$\boldsymbol{P}=(\boldsymbol{\eta}_{11},\cdots,\boldsymbol{\eta}_{1r_1},\boldsymbol{\eta}_{21},\cdots,\boldsymbol{\eta}_{2r_2},\cdots,\boldsymbol{\eta}_{s1},\cdots\boldsymbol{\eta}_{sr_s})$$

而且

$$\boldsymbol{P}^{-1}\boldsymbol{A}\boldsymbol{P}=\boldsymbol{\Lambda}=\mathrm{diag}(\lambda_1,\cdots,\lambda_1,\lambda_2,\cdots,\lambda_2,\cdots,\lambda_s,\cdots\lambda_s)$$

例 1 设矩阵

$$\boldsymbol{A}=\begin{pmatrix} 3 & 2 & -2 \\ -1 & -1 & 1 \\ 4 & 2 & -3 \end{pmatrix}$$

问 $\boldsymbol{A}$ 能否对角化？

解 先求 $\boldsymbol{A}$ 的特征值

$$|\boldsymbol{A}-\lambda\boldsymbol{E}|=\begin{vmatrix} 3-\lambda & 2 & -2 \\ -1 & -1-\lambda & 1 \\ 4 & 2 & -3-\lambda \end{vmatrix}=(\lambda+1)^2(1-\lambda)=0$$

得 $\boldsymbol{A}$ 的全部特征值 $\lambda_1=1$，$\lambda_2=\lambda_3=-1$

对于 $\lambda_1=1$，解线性方程组（$\boldsymbol{A}-\boldsymbol{E}$）$\boldsymbol{x}=\boldsymbol{0}$，

即

$$\begin{pmatrix} 2 & 2 & -2 \\ -1 & -2 & 1 \\ 4 & 2 & -4 \end{pmatrix}\begin{pmatrix} x_1 \\ x_2 \\ x_3 \end{pmatrix}=\begin{pmatrix} 0 \\ 0 \\ 0 \end{pmatrix}$$

而

$$\begin{pmatrix} 2 & 2 & -2 \\ -1 & -2 & 1 \\ 4 & 2 & -4 \end{pmatrix}\longrightarrow\begin{pmatrix} 1 & 0 & -1 \\ 0 & 1 & 0 \\ 0 & 0 & 0 \end{pmatrix}$$

对应的线性方程组为$\begin{cases} x_1 - x_3 = 0 \\ x_2 = 0 \end{cases}$

所以它的基础解系为$\boldsymbol{\eta}_1 = (1, 0, 1)^T$.

对于$\lambda_2 = \lambda_3 = -1$，解线性方程组$(\boldsymbol{A}+\boldsymbol{E})\boldsymbol{x}=\boldsymbol{0}$，即

$$\begin{pmatrix} 4 & 2 & -2 \\ -1 & 0 & 1 \\ 4 & 2 & -2 \end{pmatrix}\begin{pmatrix} x_1 \\ x_2 \\ x_3 \end{pmatrix} = \begin{pmatrix} 0 \\ 0 \\ 0 \end{pmatrix}$$

而

$$\begin{pmatrix} 4 & 2 & -2 \\ -1 & 0 & 1 \\ 4 & 2 & -2 \end{pmatrix} \longrightarrow \begin{pmatrix} 1 & 0 & -1 \\ 0 & 1 & 1 \\ 0 & 0 & 0 \end{pmatrix}$$

对应的线性方程组为

$$\begin{cases} x_1 - x_3 = 0 \\ x_2 + x_3 = 0 \end{cases}$$

所以它的基础解系为$\boldsymbol{\eta}_2 = (1, -1, 1)^T$

由于$\lambda_2 = \lambda_3 = -1$是二重特征值，而相应的齐次线性方程组$(\boldsymbol{A}+\boldsymbol{E})\boldsymbol{x}=\boldsymbol{0}$的基础解系仅含一个解向量，由定理2′知，矩阵$\boldsymbol{A}$不能对角化.

例2　将下列矩阵对角化

$$\boldsymbol{A} = \begin{pmatrix} -2 & 1 & 1 \\ 0 & 2 & 0 \\ -4 & 1 & 3 \end{pmatrix}$$

解　由5.1节的例2知，矩阵$\boldsymbol{A}$的特征值为$\lambda_1 = -1$，$\lambda_2 = \lambda_3 = 2$，而对应于$\lambda_1 = -1$的特征向量$\boldsymbol{\eta}_1 = (1,0,1)^T$；对应于$\lambda_2 = \lambda_3 = 2$的线性无关的特征向量为$\boldsymbol{\eta}_2 = (1,4,0)^T$，$\boldsymbol{\eta}_3 = (1,0,4)^T$，所以矩阵$\boldsymbol{A}$可以对角化，且相似变换矩阵

$$\boldsymbol{P} = (\boldsymbol{\eta}_1, \boldsymbol{\eta}_2, \boldsymbol{\eta}_3) = \begin{pmatrix} 1 & 1 & 1 \\ 0 & 4 & 0 \\ 1 & 0 & 4 \end{pmatrix}$$

且

$$\boldsymbol{P}^{-1}\boldsymbol{A}\boldsymbol{P} = \boldsymbol{\Lambda} = \begin{pmatrix} -1 & 0 & 0 \\ 0 & 2 & 0 \\ 0 & 0 & 2 \end{pmatrix}$$

习题5.2

1. 下列矩阵是否可以对角化？若可对角化，试求可逆矩阵$\boldsymbol{P}$，使$\boldsymbol{P}^{-1}\boldsymbol{A}\boldsymbol{P}$为

对角阵.

(1) $\boldsymbol{A}=\begin{pmatrix}1 & 1\\ -1 & 3\end{pmatrix}$;　　(2) $\boldsymbol{A}=\begin{pmatrix}3 & 4\\ 5 & 2\end{pmatrix}$;

(3) $\boldsymbol{A}=\begin{pmatrix}3 & 1 & 0\\ -4 & -1 & 0\\ 4 & -8 & -2\end{pmatrix}$;　　(4) $\boldsymbol{A}=\begin{pmatrix}1 & -1 & 1\\ 2 & 4 & -2\\ -3 & -3 & 5\end{pmatrix}$

*2. 设

$$\boldsymbol{A}=\begin{pmatrix}-1 & 1 & 0\\ -2 & 2 & 0\\ 4 & -2 & 1\end{pmatrix}$$

求 $\boldsymbol{A}^{100}$.

3. 设三阶矩阵 $\boldsymbol{A}$ 的特征值为 $\lambda_1=2$，$\lambda_2=-2$，$\lambda_3=1$，对应的特征向量依次为

$$\boldsymbol{\eta}_1=\begin{pmatrix}0\\ 1\\ 1\end{pmatrix},\ \boldsymbol{\eta}_2=\begin{pmatrix}1\\ 1\\ 1\end{pmatrix},\ \boldsymbol{\eta}_3=\begin{pmatrix}1\\ 1\\ 0\end{pmatrix}$$

求矩阵 $\boldsymbol{A}$.

4. 证明相似矩阵的下列性质：

(1) 若方阵 $\boldsymbol{A}$ 与 $\boldsymbol{B}$ 相似，则 $|\boldsymbol{A}|=|\boldsymbol{B}|$；

(2) 若方阵 $\boldsymbol{A}$ 与 $\boldsymbol{B}$ 相似，则 $R(\boldsymbol{A})=R(\boldsymbol{B})$；

(3) 若方阵 $\boldsymbol{A}$ 与 $\boldsymbol{B}$ 相似，则 $\boldsymbol{A}^{\mathrm{T}}$ 与 $\boldsymbol{B}^{\mathrm{T}}$ 亦相似；

(4) 若方阵 $\boldsymbol{A}$ 与 $\boldsymbol{B}$ 相似，且 $\boldsymbol{A}$，$\boldsymbol{B}$ 都可逆，则 $\boldsymbol{A}^{-1}$ 与 $\boldsymbol{B}^{-1}$ 亦相似.

*5. 设 $\boldsymbol{A}$，$\boldsymbol{B}$ 都是 n 阶方阵，且 $|\boldsymbol{A}|\neq 0$，证明 $\boldsymbol{AB}$ 与 $\boldsymbol{BA}$ 相似.

5.3　实对称矩阵的对角化

在上一节，我们已讲到一般的 n 阶矩阵不一定能对角化. 然而，实对称矩阵却一定可以对角化. 本节将介绍实对称矩阵的对角化问题.

定理 1　实对称矩阵的特征值是实数.

***证明**　设 λ 和 $\boldsymbol{X}$ 分别为实对称矩阵 $\boldsymbol{A}$ 的特征值和 $\boldsymbol{A}$ 对应于 λ 的特征向量，则 $\boldsymbol{AX}=\lambda\boldsymbol{X}(\boldsymbol{X}\neq\boldsymbol{0})$. 记 $\bar{\lambda}$ 为 λ 的共轭复数，$\overline{\boldsymbol{X}}$ 为 $\boldsymbol{X}$ 的共轭复向量，则

$$\boldsymbol{A}\overline{\boldsymbol{X}}=\overline{\boldsymbol{A}}\,\overline{\boldsymbol{X}}=\overline{\boldsymbol{AX}}=\overline{\lambda\boldsymbol{X}}=\bar{\lambda}\,\overline{\boldsymbol{X}}$$

于是有

$$\overline{\boldsymbol{X}}^{\mathrm{T}}\boldsymbol{A}X=\overline{\boldsymbol{X}}^{\mathrm{T}}(\boldsymbol{A}X)=\overline{\boldsymbol{X}}^{\mathrm{T}}\lambda\boldsymbol{X}=\lambda\overline{\boldsymbol{X}}^{\mathrm{T}}\boldsymbol{X}$$

及

$$\overline{\boldsymbol{X}}^{\mathrm{T}}\boldsymbol{A}\boldsymbol{X}=(\overline{\boldsymbol{X}}^{\mathrm{T}}\boldsymbol{A}^{\mathrm{T}})\boldsymbol{X}=(\boldsymbol{A}\overline{\boldsymbol{X}})^{\mathrm{T}}\boldsymbol{X}=(\bar{\lambda}\overline{\boldsymbol{X}})^{\mathrm{T}}\boldsymbol{X}=\bar{\lambda}\overline{\boldsymbol{X}}^{\mathrm{T}}\boldsymbol{X}$$

以上两式相减，得$(\lambda-\bar{\lambda})\overline{\boldsymbol{X}}^{\mathrm{T}}\boldsymbol{X}=\boldsymbol{0}$.

由于$\boldsymbol{X}\neq\boldsymbol{0}$，则

$$\overline{\boldsymbol{X}}^{\mathrm{T}}\boldsymbol{X}=(\bar{x}_1,\bar{x}_2,\cdots,\bar{x}_n)\begin{pmatrix}x_1\\x_2\\\vdots\\x_n\end{pmatrix}=|x_1|^2+|x_2|^2+\cdots+|x_n|^2\neq0$$

故$\bar{\lambda}=\lambda$，即λ是实数.

注意　因为实对称矩阵$\boldsymbol{A}$的特征值λ_i为实数，所以齐次线性方程组

$$(\boldsymbol{A}-\lambda_i\boldsymbol{E})\boldsymbol{x}=\boldsymbol{0}$$

是实系数方程组，由$|\boldsymbol{A}-\lambda_i\boldsymbol{E}|=0$知，方程组必有实的基础解系，所以对应的特征向量可取实向量.

定理2　实对称矩阵对应于不同特征值的特征向量必正交.

***证明**　设实对称矩阵$\boldsymbol{A}$有特征值λ_1，$\lambda_2(\lambda_1\neq\lambda_2)$，$\boldsymbol{\eta}_1$，$\boldsymbol{\eta}_2$分别是$\boldsymbol{A}$对应于$\lambda_1$，$\lambda_2$的特征向量，即

$$\lambda_1\boldsymbol{\eta}_1=\boldsymbol{A}\boldsymbol{\eta}_1,\ \lambda_2\boldsymbol{\eta}_2=\boldsymbol{A}\boldsymbol{\eta}_2$$

则

$$\lambda_1\boldsymbol{\eta}_1^{\mathrm{T}}=(\lambda_1\boldsymbol{\eta}_1)^{\mathrm{T}}=(\boldsymbol{A}\boldsymbol{\eta}_1)^{\mathrm{T}}=\boldsymbol{\eta}_1^{\mathrm{T}}\boldsymbol{A}^{\mathrm{T}}=\boldsymbol{\eta}_1^{\mathrm{T}}\boldsymbol{A}$$

故

$$\lambda_1\boldsymbol{\eta}_1^{\mathrm{T}}\boldsymbol{\eta}_2=(\boldsymbol{\eta}_1^{\mathrm{T}}\boldsymbol{A})\boldsymbol{\eta}_2=\boldsymbol{\eta}_1^{\mathrm{T}}(\boldsymbol{A}\boldsymbol{\eta}_2)=\boldsymbol{\eta}_1^{\mathrm{T}}(\lambda_2\boldsymbol{\eta}_2)=\lambda_2\boldsymbol{\eta}_1^{\mathrm{T}}\boldsymbol{\eta}_2$$

于是$(\lambda_1-\lambda_2)\boldsymbol{\eta}_1^{\mathrm{T}}\boldsymbol{\eta}_2=\boldsymbol{0}$，因为$\lambda_1\neq\lambda_2$，所以$\boldsymbol{\eta}_1^{\mathrm{T}}\boldsymbol{\eta}_2=\boldsymbol{0}$，即$\boldsymbol{\eta}_1$和$\boldsymbol{\eta}_2$正交.

定理3　设$\boldsymbol{A}$是n阶实对称矩阵，λ是$\boldsymbol{A}$的r重特征值，则对应于λ恰有r个线性无关的特征向量.

证明　略.

推论1　n阶实对称矩阵一定有n个线性无关的特征向量.

定理4　设$\boldsymbol{A}$是n阶实对称矩阵，则必有正交矩阵$\boldsymbol{P}$，使

$$\boldsymbol{P}^{-1}\boldsymbol{A}\boldsymbol{P}=\boldsymbol{P}^{\mathrm{T}}\boldsymbol{A}\boldsymbol{P}=\boldsymbol{\Lambda}$$

其中$\boldsymbol{\Lambda}$是以$\boldsymbol{A}$的n个特征值为对角元素的对角矩阵.

证明　设$\boldsymbol{A}$的互不相等的特征值为λ_1，λ_2，$\cdots\lambda_s$，它们的重数分别为r_1，

r_2，…，r_s，则 $r_1+r_2+\cdots+r_s=n$.

根据定理 3 知，对应于特征值 $\lambda_i(i=1, 2, \cdots, s)$ 恰有 r_i 个线性无关的特征向量，把它们正交化、单位化，即得 r_i 个单位正交的特征向量，由$r_1+r_2+\cdots+r_s=n$ 知，这样的特征向量共有 n 个，再由定理 2 知，不同特征值的特征向量正交，所以这 n 个单位特征向量两两正交，以它们作为列向量构成正交矩阵 $\boldsymbol{P}$，使

$$\boldsymbol{P}^{-1}\boldsymbol{AP}=\boldsymbol{P}^{\mathrm{T}}\boldsymbol{AP}=\boldsymbol{\Lambda}$$

实对称矩阵 $\boldsymbol{A}$ 对角化的步骤：

(1) 解特征方程 $|\boldsymbol{A}-\lambda\boldsymbol{E}|=0$，求出 $\boldsymbol{A}$ 的全部特征值 λ_1，λ_2，…，λ_s；

(2) 对于每个不同的特征值 $\lambda_i(i=1, 2, \cdots, s)$，求出齐次线性方程组 $(\boldsymbol{A}-\lambda_i\boldsymbol{E})\boldsymbol{x}=\boldsymbol{0}$ 的基础解系，从而得到 n 个线性无关的特征向量 $\boldsymbol{\varepsilon}_1$，$\boldsymbol{\varepsilon}_2$，…，$\boldsymbol{\varepsilon}_n$；

(3) 将 $\boldsymbol{\varepsilon}_1$，$\boldsymbol{\varepsilon}_2$，…，$\boldsymbol{\varepsilon}_n$ 正交化，单位化得 $\boldsymbol{\eta}_1$，$\boldsymbol{\eta}_2$，…，$\boldsymbol{\eta}_n$；

(4) 令 $\boldsymbol{P}=(\boldsymbol{\eta}_1, \boldsymbol{\eta}_2, \cdots, \boldsymbol{\eta}_n)$，则 $\boldsymbol{P}$ 为所求的正交矩阵，且

$$\boldsymbol{P}^{-1}\boldsymbol{AP}=\boldsymbol{P}^{\mathrm{T}}\boldsymbol{AP}=\boldsymbol{\Lambda}$$

例 1 设实对称矩阵

$$\boldsymbol{A}=\begin{pmatrix} 0 & -1 & 1 \\ -1 & 0 & 1 \\ 1 & 1 & 0 \end{pmatrix}$$

求一个正交矩阵 $\boldsymbol{P}$，使 $\boldsymbol{P}^{-1}\boldsymbol{AP}$ 为对角矩阵.

解 解 $\boldsymbol{A}$ 的特征方程

$$|\boldsymbol{A}-\lambda\boldsymbol{E}|=\begin{vmatrix} -\lambda & -1 & 1 \\ -1 & -\lambda & 1 \\ 1 & 1 & -\lambda \end{vmatrix}=-(\lambda-1)^2(\lambda+2)=0$$

得 $\boldsymbol{A}$ 的全部特征值 $\lambda_1=-2$，$\lambda_2=\lambda_3=1$.

对于 $\lambda_1=-2$，相应的线性方程组 $(\boldsymbol{A}+2\boldsymbol{E})\boldsymbol{x}=\boldsymbol{0}$，即

$$\begin{pmatrix} 2 & -1 & 1 \\ -1 & 2 & 1 \\ 1 & 1 & 2 \end{pmatrix}\begin{pmatrix} x_1 \\ x_2 \\ x_3 \end{pmatrix}=\begin{pmatrix} 0 \\ 0 \\ 0 \end{pmatrix}$$

而

$$\begin{pmatrix} 2 & -1 & 1 \\ -1 & 2 & 1 \\ 1 & 1 & 2 \end{pmatrix}\longrightarrow\begin{pmatrix} 1 & 0 & 1 \\ 0 & 1 & 1 \\ 0 & 0 & 0 \end{pmatrix}$$

对应的方程组 $\begin{cases} x_1+x_3=0 \\ x_2+x_3=0 \end{cases}$

解得基础解系 $\boldsymbol{\xi}_1=(-1,\ -1,\ 1)^{\mathrm{T}}$，将 $\boldsymbol{\xi}_1$ 单位化得 $\boldsymbol{\eta}_1=\frac{1}{\sqrt{3}}(-1,\ -1,\ 1)^{\mathrm{T}}$.

对于 $\lambda_2=\lambda_3=1$，相应的线性方程组为 $(\boldsymbol{A}-\boldsymbol{E})\boldsymbol{x}=\boldsymbol{0}$，即

$$\begin{pmatrix}-1 & -1 & 1\\ -1 & -1 & 1\\ 1 & 1 & -1\end{pmatrix}\begin{pmatrix}x_1\\ x_2\\ x_3\end{pmatrix}=\begin{pmatrix}0\\ 0\\ 0\end{pmatrix}$$

而

$$\begin{pmatrix}-1 & -1 & 1\\ -1 & -1 & 1\\ 1 & 1 & -1\end{pmatrix}\longrightarrow\begin{pmatrix}1 & 1 & -1\\ 0 & 0 & 0\\ 0 & 0 & 0\end{pmatrix}$$

对应的方程组
$$x_1+x_2-x_3=0$$
解得基础解系 $\boldsymbol{\xi}_2=(-1,1,0)^{\mathrm{T}}$，$\boldsymbol{\xi}_3=(1,0,1)^{\mathrm{T}}$.

将 $\boldsymbol{\xi}_2$，$\boldsymbol{\xi}_3$ 正交化：取 $\boldsymbol{\eta}_2=\boldsymbol{\xi}_2$，

$$\boldsymbol{\eta}_3=\boldsymbol{\xi}_3-\frac{(\boldsymbol{\eta}_2,\boldsymbol{\xi}_3)}{||\boldsymbol{\eta}_2||^2}\boldsymbol{\eta}_2=\begin{pmatrix}1\\ 0\\ 1\end{pmatrix}+\frac{1}{2}\begin{pmatrix}-1\\ 1\\ 0\end{pmatrix}=\frac{1}{2}\begin{pmatrix}1\\ 1\\ 2\end{pmatrix}$$

再将 $\boldsymbol{\eta}_2$，$\boldsymbol{\eta}_3$ 单位化，得 $\boldsymbol{\eta}_2'=\frac{1}{\sqrt{2}}(-1,\ 1,\ 0)^{\mathrm{T}}$，$\boldsymbol{\eta}_3'=\frac{1}{\sqrt{6}}(1,\ 1,\ 2)^{\mathrm{T}}$.

用 $\boldsymbol{\eta}_1$，$\boldsymbol{\eta}_2'$，$\boldsymbol{\eta}_3'$ 构成正交矩阵

$$\boldsymbol{P}=(\boldsymbol{\eta}_1,\boldsymbol{\eta}_2',\boldsymbol{\eta}_3')=\begin{pmatrix}-\frac{1}{\sqrt{3}} & -\frac{1}{\sqrt{2}} & \frac{1}{\sqrt{6}}\\ -\frac{1}{\sqrt{3}} & \frac{1}{\sqrt{2}} & \frac{1}{\sqrt{6}}\\ \frac{1}{\sqrt{3}} & 0 & \frac{2}{\sqrt{6}}\end{pmatrix}$$

且有

$$\boldsymbol{P}^{-1}\boldsymbol{A}\boldsymbol{P}=\boldsymbol{\Lambda}=\begin{pmatrix}-2 & 0 & 0\\ 0 & 1 & 0\\ 0 & 0 & 1\end{pmatrix}$$

例 2　设实对称矩阵

$$\boldsymbol{A}=\begin{pmatrix}4 & 0 & 0\\ 0 & 3 & 1\\ 0 & 1 & 3\end{pmatrix}$$

求一个正交矩阵 $\boldsymbol{P}$，使 $\boldsymbol{P}^{-1}\boldsymbol{A}\boldsymbol{P}$ 为对角矩阵.

解 解 $\boldsymbol{A}$ 的特征方程 $|\boldsymbol{A}-\lambda\boldsymbol{E}|=\begin{vmatrix}4-\lambda & 0 & 0\\ 0 & 3-\lambda & 1\\ 0 & 1 & 3-\lambda\end{vmatrix}=(\lambda-2)(4-\lambda)^2=0$

解得特征值 $\lambda_1=2$，$\lambda_2=\lambda_3=4$.

对于 $\lambda_1=2$，解线性方程组 $(\boldsymbol{A}-2\boldsymbol{E})\ \boldsymbol{x}=\boldsymbol{0}$，

$$(\boldsymbol{A}-2\boldsymbol{E})=\begin{pmatrix}2 & 0 & 0\\ 0 & 1 & 1\\ 0 & 1 & 1\end{pmatrix}\longrightarrow\begin{pmatrix}1 & 0 & 0\\ 0 & 1 & 1\\ 0 & 0 & 0\end{pmatrix}$$

对应的方程组为 $\begin{cases}x_1=0\\ x_2+x_3=0\end{cases}$

解得基础解系 $\boldsymbol{\xi}_1=(0,\ 1,\ -1)^{\mathrm{T}}$；

对于 $\lambda_2=\lambda_3=4$，解线性方程组 $(\boldsymbol{A}-4\boldsymbol{E})\boldsymbol{x}=\boldsymbol{0}$，

$$(\boldsymbol{A}-4\boldsymbol{E})=\begin{pmatrix}0 & 0 & 0\\ 0 & -1 & 1\\ 0 & 1 & -1\end{pmatrix}\longrightarrow\begin{pmatrix}0 & 1 & -1\\ 0 & 0 & 0\\ 0 & 0 & 0\end{pmatrix}$$

对应的方程组为 $x_2-x_3=0$

解得基础解系 $\boldsymbol{\xi}_2=(1,0,0)^{\mathrm{T}}$，$\boldsymbol{\xi}_3=(0,1,1)^{\mathrm{T}}$.

因为 $\boldsymbol{\xi}_2$ 与 $\boldsymbol{\xi}_3$ 恰好正交，则 $\boldsymbol{\xi}_1$，$\boldsymbol{\xi}_2$，$\boldsymbol{\xi}_3$ 两两正交.

将 $\boldsymbol{\xi}_1$，$\boldsymbol{\xi}_2$，$\boldsymbol{\xi}_3$ 单位化，得

$$\boldsymbol{\eta}_1=\frac{1}{\sqrt{2}}(0,1,-1)^{\mathrm{T}},\boldsymbol{\eta}_2=(1,0,0)^{\mathrm{T}},\boldsymbol{\eta}_3=\frac{1}{\sqrt{2}}(0,1,1)^{\mathrm{T}}.$$

故所求的正交矩阵为

$$\boldsymbol{P}=(\boldsymbol{\eta}_1,\boldsymbol{\eta}_2,\boldsymbol{\eta}_3)=\begin{pmatrix}0 & 1 & 0\\ \frac{1}{\sqrt{2}} & 0 & \frac{1}{\sqrt{2}}\\ -\frac{1}{\sqrt{2}} & 0 & \frac{1}{\sqrt{2}}\end{pmatrix}$$

且
$$\boldsymbol{P}^{-1}\boldsymbol{A}\boldsymbol{P}=\begin{pmatrix}2 & 0 & 0\\ 0 & 4 & 0\\ 0 & 0 & 4\end{pmatrix}$$

习题 5.3

1. 设实对称矩阵

$$A=\begin{pmatrix}-1&0&2\\0&1&2\\2&2&0\end{pmatrix}$$

(1) 求可逆矩阵 P，使 $P^{-1}AP$ 为对角矩阵；

(2) 求正交矩阵 Q，使 $Q^{-1}AQ$ 为对角矩阵.

2. 对下列实对称矩阵，求正交矩阵 P，使 $P^{-1}AP$ 为对角矩阵.

(1) $A=\begin{pmatrix}0&1\\1&0\end{pmatrix}$；　　(2) $A=\begin{pmatrix}1&1&1\\1&1&1\\1&1&1\end{pmatrix}$；

(3) $A=\begin{pmatrix}1&-2&0\\-2&2&-2\\0&-2&3\end{pmatrix}$；　　(4) $A=\begin{pmatrix}2&-2&0\\-2&1&-2\\0&-2&0\end{pmatrix}$

3. 设 $\boldsymbol{\eta}_1=(0,1,0)^T$，$\boldsymbol{\eta}_2=(1,0,1)^T$，$\boldsymbol{\eta}_3=(-1,0,1)^T$ 分别为三阶实对称矩阵 A 对应于三个不同特征值 $\lambda_1=2$，$\lambda_2=0$，$\lambda_3=-2$ 的特征向量，试求 A.

*4. 设三阶实对称矩阵 A 的特征值为 $\lambda_1=6$，$\lambda_2=\lambda_3=3$，与特征值 $\lambda_1=6$ 对应的特征向量 $\boldsymbol{\eta}_1=(1,1,1)^T$，求 A.

*5. 实对称矩阵 A 与 B 相似的充分必要条件是 A 与 B 的特征多项式相等.

复习题 5

一、选择题：

1. 设 $\lambda=2$ 是非奇异矩阵 A 的一个特征值，则矩阵 $\left(\frac{1}{3}A^2\right)^{-1}$ 有一个特征值等于________

(A) $\frac{4}{3}$；　(B) $\frac{3}{4}$；　(C) $\frac{1}{2}$；　(D) $\frac{1}{4}$

2. 设 A 是三阶方阵，其特征值分别为 $\lambda_1=3$，$\lambda_2=2$，$\lambda_3=1$，其对应的特征向量分别为 $\boldsymbol{\alpha}_1$，$\boldsymbol{\alpha}_2$，$\boldsymbol{\alpha}_3$，记 $P=(\boldsymbol{\alpha}_3,\boldsymbol{\alpha}_1,\boldsymbol{\alpha}_2)$，则 $P^{-1}AP=$________.

(A) $\begin{pmatrix}3&&\\&2&\\&&1\end{pmatrix}$；　(B) $\begin{pmatrix}2&&\\&1&\\&&3\end{pmatrix}$；　(C) $\begin{pmatrix}1&&\\&2&\\&&3\end{pmatrix}$；　(D) $\begin{pmatrix}1&&\\&3&\\&&2\end{pmatrix}$

3. 设 λ_0 是 n 阶方阵 A 的特征值，且齐次线性方程组 $(A-\lambda_0 E)X=\mathbf{0}$ 的基础解系为 $\boldsymbol{\eta}_1$ 和 $\boldsymbol{\eta}_2$，则 A 属于 λ_0 的全部特征向量是________.

(A) $\boldsymbol{\eta}_1$ 和 $\boldsymbol{\eta}_2$；　(B) $\boldsymbol{\eta}_1$ 或 $\boldsymbol{\eta}_2$；

(C) $c_1\boldsymbol{\eta}_1+c_2\boldsymbol{\eta}_2$（$c_1$，$c_2$ 不全为零）；　(D) $\boldsymbol{\eta}_1+\boldsymbol{\eta}_2$

4. 设 λ_1，λ_2 是方阵 $\boldsymbol{A}$ 的两个不同的特征值，$\boldsymbol{\alpha}$ 与 $\boldsymbol{\beta}$ 是 $\boldsymbol{A}$ 分别属于 λ_1 与 λ_2 的特征向量，则 $\boldsymbol{\alpha}$ 与 $\boldsymbol{\beta}$ 是________.

(A) 线性无关；　(B) 线性相关；　(C) 对应分量成比例；(D) 可能有零向量.

二、填空题：

1. 设三阶矩阵 $\boldsymbol{A}$ 的元素全为 1，则 $\boldsymbol{A}$ 的三个特征值是________.

2. 设 $\boldsymbol{A}$ 为 n 阶可逆矩阵，λ 为 $\boldsymbol{A}$ 的一个特征值，则 $\boldsymbol{A}$ 的伴随矩阵 $\boldsymbol{A}^*$ 的一个特征值是________.

3. n 阶矩阵与对角矩阵相似的充分必要条件是________.

4. 设矩阵 $\begin{pmatrix} 2 & 1 \\ 1 & x \end{pmatrix}$ 和 $\begin{pmatrix} 1 & 0 \\ 0 & y \end{pmatrix}$ 相似，则 $x=$________，$y=$________.

三、计算题：

1. 求下列矩阵的特征值和特征向量.

(1) $\boldsymbol{A}=\begin{pmatrix} 3 & 1 & 0 \\ -4 & -1 & 0 \\ 4 & -8 & -2 \end{pmatrix}$；　(2) $\boldsymbol{A}=\begin{pmatrix} -2 & 3 & -1 \\ -6 & 7 & -2 \\ -9 & 9 & -2 \end{pmatrix}$

2. 求可逆矩阵 $\boldsymbol{P}$，使 $\boldsymbol{P}^{-1}\boldsymbol{A}\boldsymbol{P}$ 为对角矩阵.

$$\boldsymbol{A}=\begin{pmatrix} 1 & 2 & 2 \\ 1 & 2 & -1 \\ -1 & 1 & 4 \end{pmatrix}$$

3. 求正交矩阵 $\boldsymbol{Q}$，使 $\boldsymbol{Q}^{-1}\boldsymbol{A}\boldsymbol{Q}$ 为对角矩阵.

$$\boldsymbol{A}=\begin{pmatrix} 2 & -1 & -1 \\ -1 & 2 & -1 \\ -1 & -1 & 2 \end{pmatrix}$$

4. 设三阶矩阵 $\boldsymbol{A}$ 的特征值为 $\lambda_1=1$，$\lambda_2=0$，$\lambda_3=-1$，对应的特征向量为

$$\boldsymbol{\eta}_1=\begin{pmatrix} 1 \\ 2 \\ 2 \end{pmatrix},\ \boldsymbol{\eta}_2=\begin{pmatrix} 2 \\ -2 \\ 1 \end{pmatrix},\ \boldsymbol{\eta}_3=\begin{pmatrix} -2 \\ -1 \\ 2 \end{pmatrix}$$

求矩阵 $\boldsymbol{A}$.

5. 设三阶实对称矩阵 $\boldsymbol{A}$ 的特征值为 1，-1，2，且 $\boldsymbol{B}=\boldsymbol{A}^3-5\boldsymbol{A}^2$，试求矩阵 $\boldsymbol{B}$ 的特征值.

四、证明题：

1. 设 n 阶方阵 $\boldsymbol{A}$ 满足 $\boldsymbol{A}^2=\boldsymbol{A}$，则 $\boldsymbol{A}$ 的特征值为 0 或 1.

2. 设 λ 是可逆矩阵 $\boldsymbol{A}$ 的特征值，证明 $1+\dfrac{1}{\lambda}$ 是 $\boldsymbol{E}+\boldsymbol{A}^{-1}$ 的特征值.

第6章 二 次 型

在解析几何中，为了便于研究二次曲线 $ax^2+bxy+cy^2=1$ 的几何性质，可以选用适当的坐标旋转变换把它化为标准形 $mx'^2+ny'^2=1$，这样的问题在几何及其他许多领域中有广泛的应用. 在这一章里，我们把这样的问题一般化，利用线性变换把含有 n 个变量的二次齐次多项式化为标准形，并讨论二次型的一些性质.

6.1 二次型及其矩阵

6.1.1 二次型及其矩阵表示

定义1 含有 n 个变量 x_1，x_2，…，x_n 的二次齐次多项式

$$f(x_1,x_2,\cdots,x_n)=a_{11}x_1^2+a_{22}x_2^2+\cdots+a_{nn}x_n^2+2a_{12}x_1x_2+2a_{13}x_1x_3+\cdots+2a_{(n-1)n}x_{n-1}x_n \tag{6-1}$$

称为二次型.

例如，

$$f(x_1,x_2,x_3)=3x_1^2+2x_2^2+x_3^2-2x_1x_3+4x_2x_3,$$

$$f(x_1,x_2,x_3)=2x_1x_2+3x_1x_3+x_2x_3$$

都是二次型.

二次型(6-1) 可以用矩阵形式表示. 实际上，取 $a_{ji}=a_{ij}$，则 $2a_{ij}x_ix_j=a_{ij}x_ix_j+a_{ji}x_jx_i$，所以式(6-1) 可以写为

$$\begin{aligned}f(x_1,x_2,\cdots,x_n)=&a_{11}x_1^2+a_{12}x_1x_2+\cdots+a_{1n}x_1x_n+a_{21}x_2x_1+\\&a_{22}x_2^2+\cdots+a_{2n}x_2x_n+\cdots+a_{n1}x_nx_1+\\&a_{n2}x_nx_2+\cdots+a_{nn}x_n^2\\=&x_1(a_{11}x_1+a_{12}x_2+\cdots+a_{1n}x_n)+x_2(a_{21}x_1+\end{aligned}$$

$$a_{22}x_2+\cdots+a_{2n}x_n)+\cdots+x_n(a_{n1}x_1+$$

$$a_{n2}x_2+\cdots+a_{nn}x_n)$$

$$=(x_1,x_2,\cdots,x_n)\begin{pmatrix}a_{11}x_1+a_{12}x_2+\cdots+a_{1n}x_n\\a_{21}x_1+a_{22}x_2+\cdots+a_{2n}x_n\\\vdots\\a_{n1}x_1+a_{n2}x_2+\cdots+a_{nn}x_n\end{pmatrix}$$

$$=(x_1,x_2,\cdots,x_n)\begin{pmatrix}a_{11}&a_{12}&\cdots&a_{1n}\\a_{21}&a_{22}&\cdots&a_{2n}\\\vdots&\vdots&&\vdots\\a_{n1}&a_{n2}&\cdots&a_{nn}\end{pmatrix}\begin{pmatrix}x_1\\x_2\\\vdots\\x_n\end{pmatrix}$$

$$=\boldsymbol{X}^{\mathrm{T}}\boldsymbol{A}\boldsymbol{X} \tag{6-2}$$

其中 $\boldsymbol{A}$ 为实对称矩阵，且

$$\boldsymbol{A}=\begin{pmatrix}a_{11}&a_{12}&\cdots&a_{1n}\\a_{21}&a_{22}&\cdots&a_{2n}\\\vdots&\vdots&&\vdots\\a_{n1}&a_{n2}&\cdots&a_{nn}\end{pmatrix},\ \boldsymbol{X}=\begin{pmatrix}x_1\\x_2\\\vdots\\x_n\end{pmatrix}$$

称 $f(x_1,x_2,\cdots,x_n)=f(x)=\boldsymbol{X}^{\mathrm{T}}\boldsymbol{A}\boldsymbol{X}$ 为二次型(6-1) 的矩阵形式. $\boldsymbol{A}$ 称为二次型(6-1) 的矩阵，矩阵 $\boldsymbol{A}$ 的秩 $R(\boldsymbol{A})$ 称为二次型(6-1) 的秩.

显然，n 元二次型(6-1) 与 n 阶实对称矩阵 $\boldsymbol{A}$ 之间有一一对应关系.

例 1 写出二次型

$$f(x_1,\ x_2,\ x_3)=2x_1^2-x_1x_2+4x_1x_3+x_2x_3-x_3^2$$

的矩阵形式，并求其秩.

解 因为

$$f(x_1,x_2,x_3)=2x_1^2-\frac{1}{2}x_1x_2+2x_1x_3-\frac{1}{2}x_2x_1+$$

$$0x_2^2+\frac{1}{2}x_2x_3+2x_3x_1+\frac{1}{2}x_3x_2-x_3^2$$

$$=(x_1,x_2,x_3)\begin{pmatrix}2&-\frac{1}{2}&2\\-\frac{1}{2}&0&\frac{1}{2}\\2&\frac{1}{2}&-1\end{pmatrix}\begin{pmatrix}x_1\\x_2\\x_3\end{pmatrix}$$

$$|\boldsymbol{A}|=\begin{vmatrix} 2 & -\frac{1}{2} & 2 \\ -\frac{1}{2} & 0 & \frac{1}{2} \\ 2 & \frac{1}{2} & -1 \end{vmatrix}=-\frac{5}{4}\neq 0$$

所以二次型 f 的秩为 3.

例 2　已知实对称矩阵

$$\boldsymbol{A}=\begin{pmatrix} 2 & -1 & 1 \\ -1 & 1 & 3 \\ 1 & 3 & -2 \end{pmatrix}$$

求 $\boldsymbol{A}$ 对应的二次型 f.

解　设 $\boldsymbol{X}=(x_1, x_2, x_3)^{\mathrm{T}}$，则

$$f(x_1,x_2,x_3)=\boldsymbol{X}^{\mathrm{T}}\boldsymbol{A}\boldsymbol{X}=(x_1,x_2,x_3)\begin{pmatrix} 2 & -1 & 1 \\ -1 & 1 & 3 \\ 1 & 3 & -2 \end{pmatrix}\begin{pmatrix} x_1 \\ x_2 \\ x_3 \end{pmatrix}$$

$$=\begin{pmatrix} 2x_1-x_2+x_3 \\ -x_1+x_2+3x_3 \\ x_1+3x_2-2x_3 \end{pmatrix}\begin{pmatrix} x_1 \\ x_2 \\ x_3 \end{pmatrix}$$

$$=x_1(2x_1-x_2+x_3)+x_2(-x_1+x_2+3x_3)+x_3(x_1+3x_2-2x_3)$$

$$=2x_1^2-2x_1x_2+2x_1x_3+x_2^2+6x_2x_3-2x_3^2$$

6.1.2　矩阵的合同

定义 2　称关系式

$$\begin{cases} x_1=b_{11}y_1+b_{12}y_2+\cdots+b_{1n}y_n \\ x_2=b_{21}y_1+b_{22}y_2+\cdots+b_{2n}y_n \\ \cdots\cdots\cdots\cdots\cdots\cdots\cdots\cdots\cdots\cdots \\ x_n=b_{n1}y_1+b_{n2}y_2+\cdots+b_{nn}y_n \end{cases} \tag{6-3}$$

为由变量 x_1，x_2，…，x_n 到变量 y_1，y_2，…，y_n 的线性变换.

记

$$\boldsymbol{P}=\begin{pmatrix} b_{11} & b_{12} & \cdots & b_{1n} \\ b_{21} & b_{22} & \cdots & b_{2n} \\ \vdots & \vdots & & \vdots \\ b_{n1} & b_{n2} & \cdots & b_{nn} \end{pmatrix},\ \boldsymbol{X}=\begin{pmatrix} x_1 \\ x_2 \\ \vdots \\ x_n \end{pmatrix},\ \boldsymbol{Y}=\begin{pmatrix} y_1 \\ y_2 \\ \vdots \\ y_n \end{pmatrix}$$

则式(6-3)的线性变换可以写成矩阵形式

$$X=PY \tag{6-4}$$

矩阵 P 称为线性变换(6-3)的矩阵. 若 P 为可逆矩阵，称线性变换 $X=PY$ 为可逆线性变换；若 P 为正交矩阵，称线性变换 $X=PY$ 为正交线性变换.

显然，从可逆线性变换 $X=PY$ 可以确定一个由变量 y_1，y_2，…，y_n 到变量 x_1，x_2，…，x_n 的可逆线性变换.

$$Y=P^{-1}X$$

称 $Y=P^{-1}X$ 为线性变换 $X=PY$ 的逆变换.

二次型 $f=X^{\mathrm{T}}AX$ 经过可逆线性变换 $X=PY$，可得

$$\begin{aligned} f &= X^{\mathrm{T}}AX=(PY)^{\mathrm{T}}A(PY) \\ &= Y^{\mathrm{T}}(P^{\mathrm{T}}AP)Y \\ &= Y^{\mathrm{T}}BY \end{aligned}$$

其中，$B=P^{\mathrm{T}}AP$

因为 $B^{\mathrm{T}}=(P^{\mathrm{T}}AP)^{\mathrm{T}}=P^{\mathrm{T}}A^{\mathrm{T}}P=P^{\mathrm{T}}AP=B$，即 B 仍然是实对称矩阵，故 $f=Y^{\mathrm{T}}BY$ 是含 y_1，y_2，…，y_n 的二次型. 由于 P 可逆，则矩阵 $B=P^{\mathrm{T}}AP$ 与 A 有相同的秩，所以二次型经过可逆线性变换后其秩不变.

定义 3 设 A，B 均为 n 阶矩阵，若存在 n 阶可逆矩阵 P，使得

$$B=P^{\mathrm{T}}AP$$

则称矩阵 A 与 B 合同，或 A 合同于 B，记为 $A\simeq B$.

可见，二次型 $f=X^{\mathrm{T}}AX$ 的矩阵 A 与经过可逆线性变换 $X=PY$ 得到的二次型 $f=Y^{\mathrm{T}}(P^{\mathrm{T}}AP)Y$ 的矩阵 $B=P^{\mathrm{T}}AP$ 是合同的.

矩阵的合同概念具有下列性质：

(1) 自反性 $A\simeq A$；

(2) 对称性 若 $A\simeq B$，则 $B\simeq A$；

(3) 传递性 若 $A\simeq B$，$B\simeq C$，则 $A\simeq C$.

习题 6.1

1. 写出下列二次型的矩阵表示式：

(1) $f=x^2+4xy+4y^2+2xz+z^2+4yz$；

(2) $f=x^2+y^2-7z^2-2xy-4xz-4yz$；

(3) $f=x_1x_3+x_2x_4$；

(4) $f=x_1^2+2x_2^2+3x_3^2+4x_4^2$

2. 写出下列各对称矩阵所对应的二次型.

（1）$\boldsymbol{A}=\begin{pmatrix} 1 & -\frac{1}{2} & \frac{1}{2} \\ -\frac{1}{2} & 0 & -2 \\ \frac{1}{2} & -2 & 2 \end{pmatrix}$；

（2）$\boldsymbol{A}=\begin{pmatrix} 0 & \frac{1}{2} & -1 & 0 \\ \frac{1}{2} & -1 & \frac{1}{2} & \frac{1}{2} \\ -1 & \frac{1}{2} & 0 & \frac{1}{2} \\ 0 & \frac{1}{2} & \frac{1}{2} & 1 \end{pmatrix}$

3. 写出二次型

$$f=\boldsymbol{X}^{\mathrm{T}}\begin{pmatrix} 1 & 2 & 3 \\ 4 & 5 & 6 \\ 7 & 8 & 9 \end{pmatrix}\boldsymbol{X}$$

的对称矩阵

*4. 若二次型 $f=x_1^2+x_2^2+x_3^2+2ax_1x_2+2x_1x_3+2bx_2x_3$ 的秩为 2，则 a，b 应满足什么条件?

5. 设 $\boldsymbol{A}$，$\boldsymbol{B}$ 均为 n 阶可逆矩阵，若 $\boldsymbol{A}\simeq\boldsymbol{B}$，则 $\boldsymbol{A}^{-1}\simeq\boldsymbol{B}^{-1}$.

6.2　二次型的标准形与规范形

定义 1　若二次型 f 中只含变量的平方项，即

$$f=a_{11}x_1^2+a_{22}x_2^2+\cdots+a_{nn}x_n^2 \tag{6-5}$$

则称这样的二次型为标准形.

显然，式(6-5) 的矩阵表示式为

$$f=(x_1,x_2,\cdots,x_n)\begin{pmatrix} a_{11} & & & \\ & a_{22} & & \\ & & \ddots & \\ & & & a_{nn} \end{pmatrix}\begin{pmatrix} x_1 \\ x_2 \\ \vdots \\ x_n \end{pmatrix}$$

所以二次型的标准形的矩阵是对角矩阵.

对于二次型，我们讨论的主要问题是，如何寻找可逆线性变换（或正交线性

变换）化二次型为标准形.

6.2.1 用正交线性变换化二次型为标准形

由于二次型的矩阵是实对称矩阵，找一个正交线性变换 $\boldsymbol{X}=\boldsymbol{PY}$，使二次型 $f=\boldsymbol{X}^{\mathrm{T}}\boldsymbol{AX}$ 化为标准形的问题，实际上是找一个正交矩阵 $\boldsymbol{P}$，使 $\boldsymbol{P}^{\mathrm{T}}\boldsymbol{AP}$ 为对角矩阵. 由第 5 章的 5.3 节定理 4，我们有如下定理.

定理 1 对于任意的 n 元二次型 $f=\boldsymbol{X}^{\mathrm{T}}\boldsymbol{AX}$，总存在正交线性变换 $\boldsymbol{X}=\boldsymbol{PY}$，化 f 为标准形

$$f=\lambda_1 y_1^2+\lambda_2 y_2^2+\cdots+\lambda_n y_n^2$$

其中 λ_1，λ_2，…，λ_n 是二次型矩阵 $\boldsymbol{A}$ 的特征值.

例 1 用正交线性变换将二次型

$$f=x_1^2+4x_2^2+x_3^2-4x_1x_2-8x_1x_3-4x_2x_3$$

化为标准形，并写出所作的正交线性变换.

解 二次型 f 的矩阵为

$$\boldsymbol{A}=\begin{pmatrix}1&-2&-4\\-2&4&-2\\-4&-2&1\end{pmatrix}$$

对应的特征方程为

$$|\boldsymbol{A}-\lambda\boldsymbol{E}|=\begin{vmatrix}1-\lambda&-2&-4\\-2&4-\lambda&-2\\-4&-2&1-\lambda\end{vmatrix}=0$$

即$(\lambda-5)^2(\lambda+4)=0$，故 $\boldsymbol{A}$ 的全部特征值为$\lambda_1=\lambda_2=5$，$\lambda_3=-4$.

对于 $\lambda_1=\lambda_2=5$，求解线性方程组 $(\boldsymbol{A}-5\boldsymbol{E})\boldsymbol{x}=\boldsymbol{0}$，即

$$\begin{pmatrix}-4&-2&-4\\-2&-1&-2\\-4&-2&-4\end{pmatrix}\begin{pmatrix}x_1\\x_2\\x_3\end{pmatrix}=\begin{pmatrix}0\\0\\0\end{pmatrix}$$

它的基础解系为 $\boldsymbol{\xi}_1=(1,\ -2,\ 0)^{\mathrm{T}}$，$\boldsymbol{\xi}_2=(1,\ 0,\ -1)^{\mathrm{T}}$.

将 $\boldsymbol{\xi}_1$，$\boldsymbol{\xi}_2$ 正交化，得

$$\boldsymbol{\eta}_1=\boldsymbol{\xi}_1=(1,-2,0)^{\mathrm{T}}$$

令

$$\boldsymbol{\eta}_2=\boldsymbol{\xi}_2-\frac{(\boldsymbol{\eta}_1,\boldsymbol{\xi}_2)}{||\boldsymbol{\eta}_1||^2}\boldsymbol{\eta}_1=(1,0,-1)^{\mathrm{T}}-\frac{1}{5}(1,-2,0)^{\mathrm{T}}=\left(\frac{4}{5},\frac{2}{5},-1\right)^{\mathrm{T}}$$

单位化，得$\boldsymbol{\eta}_1'=\frac{1}{\sqrt{5}}(1,\ -2,\ 0)^{\mathrm{T}}$，$\boldsymbol{\eta}_2'=\frac{1}{3\sqrt{5}}(4,\ 2,\ -5)^{\mathrm{T}}$.

对于 $\lambda_3=-4$. 求解线性方程组$(\boldsymbol{A}+4\boldsymbol{E})\boldsymbol{X}=\boldsymbol{0}$，即

$$\begin{pmatrix} 5 & -2 & -2 \\ -2 & 8 & -2 \\ -4 & -2 & 5 \end{pmatrix}\begin{pmatrix} x_1 \\ x_2 \\ x_3 \end{pmatrix}=\begin{pmatrix} 0 \\ 0 \\ 0 \end{pmatrix}$$

它的基础解系

$$\boldsymbol{\xi}_3=(2,\ 1,\ 2)^{\mathrm{T}}$$

单位化，得

$$\boldsymbol{\eta}_3'=\frac{1}{3}(2,\ 1,\ 2)^{\mathrm{T}}$$

所以正交矩阵

$$\boldsymbol{P}=(\boldsymbol{\eta}_1',\boldsymbol{\eta}_2',\boldsymbol{\eta}_3')=\begin{pmatrix} \frac{1}{\sqrt{5}} & \frac{4}{3\sqrt{5}} & \frac{2}{3} \\ -\frac{2}{\sqrt{5}} & \frac{2}{3\sqrt{5}} & \frac{1}{3} \\ 0 & -\frac{5}{3\sqrt{5}} & \frac{2}{3} \end{pmatrix}$$

则 $\boldsymbol{P}^{\mathrm{T}}\boldsymbol{AP}=\mathrm{diag}(5,\ 5,\ -4)$.

所作的正交线性变换 $\boldsymbol{X}=\boldsymbol{PY}$，即

$$\begin{cases} x_1=\frac{1}{\sqrt{5}}y_1+\frac{4}{3\sqrt{5}}y_2+\frac{2}{3}y_3 \\ x_2=-\frac{2}{\sqrt{5}}y_1+\frac{2}{3\sqrt{5}}y_2+\frac{1}{3}y_3 \\ x_3=-\frac{5}{3\sqrt{5}}y_2+\frac{2}{3}y_3 \end{cases}$$

则 $\boldsymbol{X}=\boldsymbol{PY}$ 将 f 化为标准形

$$f=5y_1^2+5y_2^2-4y_3^2$$

一般地，用正交线性变换化二次型为标准形的步骤：

(1) 求二次型 f 的矩阵 $\boldsymbol{A}$；

(2) 求出 $\boldsymbol{A}$ 的全部特征值；

(3) 求出对应于各特征值的线性无关的特征向量：$\boldsymbol{\xi}_1$，$\boldsymbol{\xi}_2$，…，$\boldsymbol{\xi}_n$；

(4) 将特征向量 $\boldsymbol{\xi}_1$，$\boldsymbol{\xi}_2$，…，$\boldsymbol{\xi}_n$ 正交化，单位化，得正交向量组 $\boldsymbol{\eta}_1$，$\boldsymbol{\eta}_2$，…，$\boldsymbol{\eta}_n$；

(5) 记$\boldsymbol{P}=(\boldsymbol{\eta}_1,\ \boldsymbol{\eta}_2,\ \cdots,\ \boldsymbol{\eta}_n)$，则正交线性变换 $\boldsymbol{X}=\boldsymbol{PY}$ 将二次型 f 化为标准形

$$f=\lambda_1 y_1^2+\lambda_2 y_2^2+\cdots+\lambda_n y_n^2$$

其中 λ_1，λ_2，…，λ_n 是矩阵 $\boldsymbol{A}$ 的特征值.

6.2.2 用配方法化二次型为标准形

如果把二次型化为标准形，所作的线性变换不要求是正交线性变换，只要求一般的可逆线性变换，那么常用的方法之一是配方法.

例 2 用配方法，找一个可逆线性变换，将二次型

$$f=x_1^2+2x_1x_2+2x_1x_3+2x_2^2+8x_2x_3+5x_3^2$$

化为标准形.

解 先集中所有含 x_1 的项并配成完全平方，得

$$\begin{aligned}f&=x_1^2+2x_1(x_2+x_3)+2x_2^2+8x_2x_3+5x_3^2\\&=x_1^2+2x_1(x_2+x_3)+(x_2+x_3)^2-(x_2+x_3)^2+2x_2^2+8x_2x_3+5x_3^2\\&=(x_1+x_2+x_3)^2+x_2^2+6x_2x_3+4x_3^2\end{aligned}$$

再将含 x_2 的项集中并配成完全平方，得

$$\begin{aligned}f&=(x_1+x_2+x_3)^2+x_2^2+6x_2x_3+9x_3^2-5x_3^2\\&=(x_1+x_2+x_3)^2+(x_2+3x_3)^2-5x_3^2\end{aligned}$$

令

$$\begin{cases}y_1=x_1+x_2+x_3\\y_2=x_2+3x_3\\y_3=x_3\end{cases}$$

不难验证，它是一个可逆线性变换，它的逆变换为

$$\begin{cases}x_1=y_1-y_2+2y_3\\x_2=y_2-3y_3\\x_3=y_3\end{cases}$$

仍是可逆线性变换，这个线性变换化 f 为标准形

$$f=y_1^2+y_2^2-5y_3^2$$

例 3 用配方法将二次型

$$f=2x_1x_2+2x_1x_3-6x_2x_3$$

化为标准形.

解 这个二次型不含平方项，先作一个辅助变换使其出现平方项，然后再用例 2 的方法进行配方.

令

$$\begin{cases}x_1=y_1+y_2\\x_2=y_1-y_2\\x_3=y_3\end{cases}，即\begin{pmatrix}x_1\\x_2\\x_3\end{pmatrix}=\begin{pmatrix}1&1&0\\1&-1&0\\0&0&1\end{pmatrix}\begin{pmatrix}y_1\\y_2\\y_3\end{pmatrix}$$

记 $\boldsymbol{X}=\boldsymbol{P}_1\boldsymbol{Y}$，因 $|\boldsymbol{P}_1|=-2\neq 0$，故 $\boldsymbol{X}=\boldsymbol{P}_1\boldsymbol{Y}$ 是可逆线性变换，且原二次型化为

$$\begin{aligned}f&=2(y_1+y_2)(y_1-y_2)+2(y_1+y_2)y_3-6(y_1-y_2)y_3\\&=2y_1^2-4y_1y_3-2y_2^2+8y_2y_3\\&=2(y_1^2-2y_1y_3+y_3^2)-2y_2^2-2y_3^2+8y_2y_3\\&=2(y_1-y_3)^2-2(y_2^2-4y_2y_3+4y_3^2)+6y_3^2\\&=2(y_1-y_2)^2-2(y_2-2y_3)^2+6y_3^2\end{aligned}$$

令

$$\begin{cases}z_1=y_1-y_2\\z_2=y_2-2y_3\\z_3=y_3\end{cases}$$

其逆变换为

$$\begin{cases}y_1=z_1+z_3\\y_2=z_2+2z_3\\y_3=z_3\end{cases}\quad 即\quad \begin{pmatrix}y_1\\y_2\\y_3\end{pmatrix}=\begin{pmatrix}1&0&1\\0&1&2\\0&0&1\end{pmatrix}\begin{pmatrix}z_1\\z_2\\z_3\end{pmatrix}$$

记 $\boldsymbol{Y}=\boldsymbol{P}_2\boldsymbol{Z}$，因 $|\boldsymbol{P}_2|=1\neq 0$，故 $\boldsymbol{Y}=\boldsymbol{P}_2\boldsymbol{Z}$ 是可逆线性变换.

所以，所作的可逆线性变换 $\boldsymbol{X}=\boldsymbol{P}_1\boldsymbol{Y}=\boldsymbol{P}_1\boldsymbol{P}_2\boldsymbol{Z}=\boldsymbol{P}\boldsymbol{Z}$. 其中，

$$\boldsymbol{P}=\boldsymbol{P}_1\boldsymbol{P}_2=\begin{pmatrix}1&1&0\\1&-1&0\\0&0&1\end{pmatrix}\begin{pmatrix}1&0&1\\0&1&2\\0&0&1\end{pmatrix}=\begin{pmatrix}1&1&3\\1&-1&-1\\0&0&1\end{pmatrix}$$

即

$$\begin{cases}x_1=z_1+z_2+3z_3\\x_2=z_1-z_2-z_3\\x_3=z_3\end{cases}$$

这个线性变换化二次型为标准形

$$f=2z_1^2-2z_2^2+6z_3^2$$

一般地,可以利用配方法证明下列定理.

定理 2　任何一个 n 元二次型都可以通过可逆线性变换化为标准形.

6.2.3　二次型的规范形

由定理 2 知,对于给定的 n 元二次型 f,总存在可逆线性变换 $\boldsymbol{X}=\boldsymbol{P}\boldsymbol{Y}$,将其化为标准形

$$f=d_1y_1^2+\cdots+d_ky_k^2-d_{k+1}y_{k+1}^2-\cdots+d_ry_r^2 \tag{6-6}$$

其中 $d_i>0(i=1,2,\cdots,r)$，定理 3 将给出 r 是 f 的秩.

对于式(6-6)，再作如下可逆线性变换：

$$\begin{cases} y_1=\dfrac{1}{\sqrt{d_1}}z_1 \\ \cdots \\ y_r=\dfrac{1}{\sqrt{d_r}}z_r \\ y_{r+1}=z_{r+1} \\ \cdots \\ y_n=z_n \end{cases}$$

则二次型(6-6) 化为

$$f=z_1^2+\cdots+z_k^2-z_{k+1}^2-\cdots-z_r^2 \tag{6-7}$$

称式(6-7) 为二次型的规范形.

显然，规范形完全被 r 和 k 两个数所决定.

定理 3 任意秩为 r 的二次型 $f=\boldsymbol{X}^{\mathrm{T}}\boldsymbol{AX}$，总存在可逆线性变换将其化为规范形，且规范形是唯一的.

这个定理通常称为惯性定律. 证明略.

定义 2 秩为 r 的二次型 f 的标准形或规范形中，正平方项的个数 k 称为 f 的正惯性指数，负平方项的个数 $r-k$ 称为负惯性指数.

由惯性定理可得下列推论.

推论 1 任何实对称矩阵 $\boldsymbol{A}$ 合同于对角矩阵

$$\begin{pmatrix} \boldsymbol{E}_k & 0 & 0 \\ 0 & -\boldsymbol{E}_{r-k} & 0 \\ 0 & 0 & 0 \end{pmatrix}$$

其中，r 是矩阵 $\boldsymbol{A}$ 的秩，k 为二次型 $f=\boldsymbol{X}^{\mathrm{T}}\boldsymbol{AX}$ 的正惯性指数.

例 4 将二次型

$$f=2x_1x_2+2x_1x_3-6x_2x_3$$

化为规范形，并求正惯性指数.

解 由例 3 知，二次型 f 的标准形为

$$f=2z_1^2-2z_2^2+6z_3^2$$

令

$$\begin{cases} z_1=\dfrac{1}{\sqrt{2}}w_1 \\ z_2=\dfrac{1}{\sqrt{2}}w_3 \\ z_3=\dfrac{1}{\sqrt{6}}w_2 \end{cases} \quad \text{即} \quad \begin{pmatrix} z_1 \\ z_2 \\ z_3 \end{pmatrix}=\begin{pmatrix} \dfrac{1}{\sqrt{2}} & 0 & 0 \\ 0 & 0 & \dfrac{1}{\sqrt{2}} \\ 0 & \dfrac{1}{\sqrt{6}} & 0 \end{pmatrix}\begin{pmatrix} w_1 \\ w_2 \\ w_3 \end{pmatrix}$$

则二次型 f 的规范形为

$$f=w_1^2+w_2^2-w_3^2$$

且 f 的正惯性指数是 2.

习题 6.2

1. 用正交线性变换将下列二次型化为标准形，并写出所作的正交变换.

(1) $f(x_1,x_2,x_3)=2x_1+x_2^2-4x_1x_2-4x_2x_3$；

(2) $f(x_1,x_2,x_3)=2x_1x_2-2x_2x_3$；

(3) $f(x_1,x_2,x_3)=x_1^2+2x_2^2+3x_3^2-4x_1x_2-4x_2x_3$

2. 用配方法将下列二次型化为标准形，并写出所作的可逆变换矩阵.

(1) $f(x_1,x_2,x_3)=x_1^2+2x_3^2+2x_1x_3-2x_2x_3$；

(2) $f(x_1,x_2,x_3)=-4x_1x_2+2x_1x_3+2x_2x_3$；

(3) $f(x_1,x_2,x_3)=x_1^2+2x_2^2+5x_3^2+2x_1x_2+2x_1x_3+6x_2x_3$

3. 将下列二次型化为规范形，并指出它的正惯性指数和秩.

(1) $f(x_1,x_2,x_3)=x_1^2+x_2^2-3x_3^2+2x_1x_2$；

(2) $f(x_1,x_2,x_3,x_4)=x_1^2+x_2^2-x_4^2-2x_1x_4$

6.3　正定二次型

由于二次型的规范形是唯一的，所以利用二次型的规范形（或标准形）将二次型进行分类.

定义 1　设有二次型 $f=\boldsymbol{X}^{\mathrm{T}}\boldsymbol{A}\boldsymbol{X}$，若对于任意的 $\boldsymbol{X}=(x_1, x_2, \cdots, x_n)^{\mathrm{T}}\neq 0$，有

$$f(x_1,x_2,\cdots,x_n)=\boldsymbol{X}^{\mathrm{T}}\boldsymbol{A}\boldsymbol{X}>0(\boldsymbol{X}^{\mathrm{T}}\boldsymbol{A}\boldsymbol{X}<0)$$

则称 f 为正定（负定）二次型，$\boldsymbol{A}$ 称为正定（负定）矩阵.

例如，(1) 二次型 $f_1(x_1,x_2,x_3)=x_1^2+3x_2^2+2x_3^2$ 是正定二次型；$f_2(x_1,x_2,x_3)=-x_1^2-3x_2^2-2x_3^2$ 是负定二次型，因为对于任意的 $\boldsymbol{X}=(x_1, x_2, x_3)^{\mathrm{T}}\neq 0$，都有

$$f_1(x_1,x_2,x_3)=x_1^2+3x_2^2+2x_3^2>0$$

$$f_2(x_1,x_2,x_3)=-x_1^2-3x_2^2-2x_3^2<0$$

(2) 二次型 $g(x_1,x_2,x_3)=x_1^2-2x_2^2+3x_3^2$ 不是正定二次型，也不是负定二次型，因为 $\boldsymbol{X}=(0, 1, 0)^{\mathrm{T}}$，$\boldsymbol{X}'=(1, 0, 0)^{\mathrm{T}}$ 时，有

$$g(0,1,0)=-2<0$$

$$g(1,0,0)=1>0$$

(3) 二次型 $h(x_1,x_2,x_3)=2x_1^2+x_2^2$ 不是正定二次型，也不是负定二次型，因为取 $x=(0,\ 0,\ 1)^{\mathrm{T}}$，有

$$h(0,0,1)=0$$

上面的例子说明，由二次型的标准形或规范形很容易判断其正定性或负定性. 由于二次型 $f=\boldsymbol{X}^{\mathrm{T}}\boldsymbol{A}\boldsymbol{X}$ 是负定二次型当且仅当 $-\boldsymbol{X}^{\mathrm{T}}\boldsymbol{A}\boldsymbol{X}=\boldsymbol{X}^{\mathrm{T}}(-\boldsymbol{A})\boldsymbol{X}$ 是正定二次型. 所以下面主要讨论正定二次型，相应的结论也适用于负定二次型.

定理 1 n 元二次型 $f=\boldsymbol{X}^{\mathrm{T}}\boldsymbol{A}\boldsymbol{X}$ 是正定二次型的充分必要条件是 f 的正惯性指数为 n.

***证明** 先证充分性. 设 f 的正惯性指数为 n，则 f 可经过可逆线性变换 $\boldsymbol{X}=\boldsymbol{P}\boldsymbol{Y}$ 化为规范形

$$f=y_1^2+y_2^2+\cdots+y_n^2$$

对于任给的不全为零的 x_1，x_2，…，x_n，因 $|\boldsymbol{P}|\neq 0$，所以得到的 y_1，y_2，…，y_n 也不全为零，于是

$$f=y_1^2+y_2^2+\cdots+y_n^2>0$$

则 f 是正定二次型.

再证必要性. 假定 f 是正定二次型，而正惯性指数 $k<n$，则 f 经过可逆线性变换 $\boldsymbol{X}=\boldsymbol{P}\boldsymbol{Y}$ 化为规范形

$$f=y_1^2+\cdots+y_k^2-y_{k+1}^2-\cdots-y_r^2$$

取 $y_1=\cdots=y_k=0$，y_{k+1}，…，y_r 不全为零，因 $|\boldsymbol{P}|\neq 0$，由 $\boldsymbol{X}=\boldsymbol{P}\boldsymbol{Y}$ 得到的 x_1，x_2，…，x_n 也不全为零，而

$$f=-(y_{k+1}^2+\cdots+y_r^2)\leqslant 0$$

与 f 是正定二次型矛盾，所以 f 的正惯性指数为 n.

由定理 1 立即可得下列推论：

推论 1 n 元二次型 $f=\boldsymbol{X}^{\mathrm{T}}\boldsymbol{A}\boldsymbol{X}$ 是正定二次型的充分必要条件是其规范形为

$$f=y_1^2+y_2^2+\cdots+y_n^2$$

推论 2 n 元二次型 $f=\boldsymbol{X}^{\mathrm{T}}\boldsymbol{A}\boldsymbol{X}$ 是正定二次型的充分必要条件是其标准形为

$$f=d_1y_1^2+d_2y_2^2+\cdots+d_ny_n^2\quad(d_i>0,\ i=1,\ 2,\ \cdots,\ n)$$

再由 6.2 节的推论 1，可得如下推论.

推论 3 n 阶矩阵 $\boldsymbol{A}$ 是正定矩阵的充分必要条件是 $\boldsymbol{A}$ 与单位矩阵合同，即 $\boldsymbol{A}\simeq\boldsymbol{E}$.

因为 $\boldsymbol{A}\simeq\boldsymbol{E}$ 等阶于存在可逆线性变换 $\boldsymbol{P}$，使

$$A=P^{T}EP=P^{T}P$$

推论 4 对称矩阵 $\boldsymbol{A}$ 为正定矩阵的充分必要条件是存在可逆矩阵 $\boldsymbol{P}$，使 $\boldsymbol{A}=\boldsymbol{P}^{T}\boldsymbol{P}$.

推论 5 正定矩阵的行列式大于零.

由 6.2 节的定理 1 知，对于二次型 $f=\boldsymbol{X}^{T}\boldsymbol{A}\boldsymbol{X}$，总存在正交线性变换 $\boldsymbol{X}=\boldsymbol{P}\boldsymbol{Y}$ 化 f 为标准形

$$f=\lambda_1 y_1^2+\lambda_2 y_2^2+\cdots+\lambda_n y_n^2$$

其中 λ_1，λ_2，…，λ_n 是 $\boldsymbol{A}$ 的全部特征值，故正惯性指数为 n 的充分必要条件为 λ_1，λ_2，…，λ_n 全大于零，由此得下列定理.

定理 2 二次型 $f=\boldsymbol{X}^{T}\boldsymbol{A}\boldsymbol{X}$ 是正定二次形的充分必要条件是 $\boldsymbol{A}$ 的所有特征值都大于零.

定义 2 设 n 阶方阵 $\boldsymbol{A}=(a_{ij})$，子式

$$\Delta_k=\begin{vmatrix} a_{11} & a_{12} & \cdots & a_{1k} \\ a_{21} & a_{22} & \cdots & a_{2k} \\ \vdots & \vdots & & \vdots \\ a_{k1} & a_{k2} & \cdots & a_{kk} \end{vmatrix} \quad (k=1,2,\cdots,n)$$

称为 $\boldsymbol{A}$ 的 k 阶顺序主子式.

例如，设

$$\boldsymbol{A}=\begin{pmatrix} -2 & 3 & 0 \\ 2 & 1 & 3 \\ 2 & -3 & 5 \end{pmatrix}$$

则 $\boldsymbol{A}$ 的各阶顺序主子式为

$$\Delta_1=|-2|,\quad \Delta_2=\begin{vmatrix} -2 & 3 \\ 2 & 1 \end{vmatrix},\quad \Delta_3=\begin{vmatrix} -2 & 3 & 0 \\ 2 & 1 & 3 \\ 2 & -2 & 5 \end{vmatrix}$$

定理 3 二次型 $f=\boldsymbol{X}^{T}\boldsymbol{A}\boldsymbol{X}$ 是正定二次型的充分必要条件是 $\boldsymbol{A}$ 的各阶顺序主子式都大于零.

证明略.

因为，当二次型 f 是负定二次型时，$-f$ 是正定二次型，因此有如下相应定理.

定理 1′ n 元二次型 $f=\boldsymbol{X}^{T}\boldsymbol{A}\boldsymbol{X}$ 是负定二次型的充分必要条件是负惯性指数为 n .

定理 2′ 二次型 $f=\boldsymbol{X}^{\mathrm{T}}\boldsymbol{A}\boldsymbol{X}$ 是负定二次型的充分必要条件是 $\boldsymbol{A}$ 的所有特征值都小于零.

定理 3′ 二次型 $f=\boldsymbol{X}^{\mathrm{T}}\boldsymbol{A}\boldsymbol{X}$ 是负定二次型的充分必要条件是 $\boldsymbol{A}$ 的奇数阶顺序主子式小于零，而偶数阶顺序主子式大于零. 即 $(-1)^k\Delta_k>0(k=1,2,\cdots,n)$.

例 1 判断二次型

$$f=x_1^2+2x_2^2+5x_3^2+2x_1x_2-4x_2x_3$$

的正定性.

解 解法一 用配方法得

$$\begin{aligned}f&=x_1^2+x_2^2+2x_1x_3+x_2^2+4x_3^2-4x_2x_3+x_3^2\\&=(x_1+x_2)^2+(x_2-2x_3)^2+x_3^2\end{aligned}$$

令

$$\begin{cases}y_1=x_1+x_2\\y_2=x_2-2x_3\\y_3=x_3\end{cases}$$

则 f 的规范形为

$$f=y_1^2+y_2^2+y_3^2$$

其正惯性指数为 3，所以 f 是正定二次型.

解法二 f 的矩阵为

$$\boldsymbol{A}=\begin{pmatrix}1&1&0\\1&2&-2\\0&-2&5\end{pmatrix}$$

它的各阶顺序主子式为

$$\Delta_1=1>0,\quad \Delta_2=\begin{vmatrix}1&1\\1&2\end{vmatrix}=1>0,\quad \Delta_3=\begin{vmatrix}1&1&0\\1&2&-2\\0&-2&5\end{vmatrix}=1>0,$$

因为 f 的各阶主子式都大于零，所以 f 是正定二次型.

例 2 判断二次型

$$f(x_1,x_2,x_3)=-5x_1^2-6x_2^2-4x_3^2+4x_1x_2+4x_1x_3$$

的正定性.

解 二次型 f 的矩阵为

$$\boldsymbol{A}=\begin{pmatrix}-5&2&2\\2&-6&0\\2&0&-4\end{pmatrix}$$

f 的各阶顺序主子式为

$$\Delta_1=-5<0,\quad \Delta_2=\begin{vmatrix}-5 & 2\\ 2 & -6\end{vmatrix}=26>0,\quad \Delta_3=\begin{vmatrix}-5 & 2 & 2\\ 2 & -6 & 0\\ 2 & 0 & -4\end{vmatrix}=-80<0$$

根据定理 $3'$ 知，f 是负定二次型.

例 3　问 t 取何值时，下列二次型为正定二次型.

$$f(x_1,x_2,x_3)=x_1^2+x_2^2+5x_3^2+2tx_1x_2-2x_1x_3+4x_2x_3$$

解　二次型 f 的矩阵为

$$\boldsymbol{A}=\begin{pmatrix}1 & t & -1\\ t & 1 & 2\\ -1 & 2 & 5\end{pmatrix}$$

因为　$\Delta_1=1>0$，$\Delta_2=\begin{vmatrix}1 & t\\ t & 1\end{vmatrix}=1-t^2$，$\Delta_3=\begin{vmatrix}1 & t & -1\\ t & 1 & 2\\ -1 & 2 & 5\end{vmatrix}=-5t^2-4t$

要使 f 为正定二次型，则

$$\begin{cases}1-t^2>0\\ -5t^2-4t>0\end{cases}$$

解之得 $-\frac{4}{5}<t<0$. 所以当 $-\frac{4}{5}<t<0$ 时，二次型 f 为正定二次型.

注：判断二次型 $f=\boldsymbol{X}^{\mathrm{T}}\boldsymbol{A}\boldsymbol{X}$ 的正定性还可用求矩阵 $\boldsymbol{A}$ 的特征值法. 若 $\boldsymbol{A}$ 的全部特征值都大于（小于）零，则 $\boldsymbol{A}$ 是正定（负定）二次型，否则 f 既不是正定二次型，也不是负定二次型.

习题 6.3

1. 判断下列二次型的正定性：

(1) $f(x_1,x_2,x_3)=-x_1^2-6x_2^2-4x_3^2+2x_1x_2+2x_1x_3$；

(2) $f(x_1,x_2,x_3)=x_1^2+3x_2^2+9x_3^2-2x_1x_2+4x_1x_3$；

(3) $f(x_1,x_2,x_3)=-2x_1^2-x_2^2-3x_3^2-2x_1x_2$

2. a 取何值时，下列二次型是正定的.

(1) $f(x_1,x_2,x_3)=x_1^2+x_2^2+5x_3^2+2ax_1x_2-2x_1x_3+4x_2x_3$；

(2) $f(x_1,x_2,x_3)=5x_1^2+x_2^2+ax_3^2+4x_1x_2-2x_1x_3-2x_2x_3$

*3. 设对称矩阵 $\boldsymbol{A}$ 是正定矩阵，证明：存在可逆矩阵 $\boldsymbol{U}$，使 $\boldsymbol{A}=\boldsymbol{U}^{-1}\boldsymbol{U}$.

*4. 已知 $\boldsymbol{A}$ 是 n 阶正定矩阵，证明：$\boldsymbol{A}^{-1}$ 和 $k\boldsymbol{A}(k>0)$ 也是正定矩阵.

复习题 6

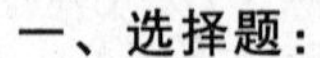

一、选择题：

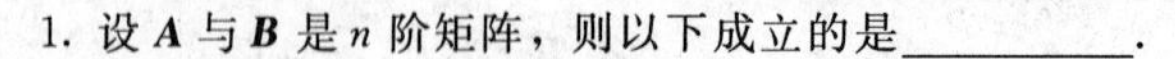

1. 设 $\boldsymbol{A}$ 与 $\boldsymbol{B}$ 是 n 阶矩阵，则以下成立的是__________.

(A) $\boldsymbol{A}$ 与 $\boldsymbol{B}$ 等阶$\Rightarrow\boldsymbol{A}$ 与 $\boldsymbol{B}$ 相似；

(B) $\boldsymbol{A}$ 与 $\boldsymbol{B}$ 相似$\Rightarrow\boldsymbol{A}$ 与 $\boldsymbol{B}$ 等阶；

(C) $\boldsymbol{A}$ 与 $\boldsymbol{B}$ 等阶$\Rightarrow\boldsymbol{A}$ 与 $\boldsymbol{B}$ 合同；

(D) $\boldsymbol{A}$ 与 $\boldsymbol{B}$ 相似$\Rightarrow\boldsymbol{A}$ 与 $\boldsymbol{B}$ 合同

2. 设 $\boldsymbol{A}$，$\boldsymbol{B}$ 都是 n 阶矩阵，且 $\boldsymbol{A}$ 与 $\boldsymbol{B}$ 合同，则__________.

(A) $\boldsymbol{A}$ 与 $\boldsymbol{B}$ 相似；　　(B) $\boldsymbol{A}$ 与 $\boldsymbol{B}$ 有相同的特征值；

(C) $R(\boldsymbol{A})=R(\boldsymbol{B})$；　　(D) $|\boldsymbol{A}|=|\boldsymbol{B}|$

3. 二次型 $f=\boldsymbol{X}^{\mathrm{T}}\boldsymbol{A}\boldsymbol{X}$ 是正定二次型的充分必要条件是__________.

(A) $|\boldsymbol{A}|>0$；　　(B) 负惯性指数为零；

(C) 对于某一 $\boldsymbol{X}\neq 0$，有 $\boldsymbol{X}^{\mathrm{T}}\boldsymbol{A}\boldsymbol{X}>0$；　　(D) $\boldsymbol{A}$ 的全部特征值大于零

4. 已知二次型的矩阵为

$$\boldsymbol{A}=\begin{pmatrix}1 & k & 1\\ k & 2 & 0\\ 1 & 0 & 1-k\end{pmatrix}$$

若此二次型的正惯性指数为 3，则 k 等于__________.

(A) 0；　　(B) -1；　　(C) $-\dfrac{1}{2}$；　　(D) 1

二、填空题：

1. 二次型 $f=x_1^2+2x_2^2-3x_3^2+4x_1x_2-6x_2x_3$ 的矩阵是__________.

2. 矩阵 $\boldsymbol{A}=\begin{pmatrix}1 & 2 & 3\\ 2 & 0 & 1\\ 3 & 1 & 2\end{pmatrix}$对应的二次型是__________.

3. 二次型 $f(x_1,x_2,x_3)=x_2^2+2x_1x_3$ 的秩 $r=$______，正惯性指数为______，负惯性指数为______.

4. 二次型 $f(x_1,x_2,x_3)=2x_1^2+x_2^2+x_3^2+2x_1x_2+\lambda x_2x_3$，当 λ 是__________时，f 是正定二次型.

三、计算题：

1. 用正交线性变换化下列二次型为标准形，并写出所作的线性变换：

(1) $f(x_1,x_2,x_3)=2x_1^2+3x_2^2+3x_3^2+4x_2x_3$；

(2) $f(x_1,x_2,x_3)=x_1^2+x_2^2+x_3^2+2x_1x_2+2x_1x_3+2x_2x_3$

2. 用配方法化下列二次型为标准形，并写出所作的线性变换：

(1) $f(x_1,x_2,x_3)=x_1^2+2x_2^2+5x_3^2+2x_1x_2+6x_2x_3+2x_1x_3$；

(2) $f(x_1,x_2,x_3)=x_1^2+2x_1x_2+x_2^2+x_2x_3$

3. 化二次型为规范形，并求正、负惯性指数.

(1) $f(x_1,x_2,x_3)=x_1^2+2x_2^2+3x_3^2+4x_1x_2+2x_2x_3$

(2) $f(x_1,x_2,x_3)=x_1^2+x_2^2-3x_3^2+2x_1x_2$

4. 当 t 取何值时，下列二次型为正定二次型.

$f(x_1,x_2,x_3)=2x_1^2+x_2^2+tx_3^2+2x_1x_2+x_2x_3$

四、证明题：

1. 设矩阵 $\boldsymbol{A}$ 是 n 阶正定矩阵，证明：$\boldsymbol{A}+\boldsymbol{E}$ 也是正定矩阵.

2. 设 $\boldsymbol{A}$ 是正定矩阵，证明 $\boldsymbol{A}$ 的对角线元素大于零.

附录Ⅰ　行列式部分定理和性质的证明

1. 行列式按第一列展开定理的证明.

性质 1　行列式

$$D=\begin{vmatrix} a_{11} & a_{12} & \cdots & a_{1n} \\ a_{21} & a_{22} & \cdots & a_{2n} \\ \vdots & \vdots & & \vdots \\ a_{n1} & a_{n2} & \cdots & a_{nn} \end{vmatrix}=\sum_{i=1}^{n} a_{i1}A_{i1}$$

证明　利用数学归纳法证明.

对于一、二阶行列式显然成立，假设定理对 $n-1$ 阶行列式成立，则证它对 n 阶行列式也成立.

当行列式 D 的阶数 $n\geqslant 3$ 时，$M_{ij,st}$ 表示划去 D 的第 i，s 两行和第 j，t 两列后剩下的 $n-2$ 阶行列式. 显然 $M_{ij,st}=M_{st,ij}$.

首先，行列式 D 按第一行展开

$$\begin{aligned} D &= a_{11}M_{11}-a_{12}M_{12}+\cdots+(-1)^{1+n}a_{1n}M_{1n} \\ &= a_{11}M_{11}-\sum_{j=2}^{n}(-1)^{j}a_{1j}M_{1j} \end{aligned} \tag{①}$$

由归纳法假设，$M_{1j}\ (j\geqslant 2)$ 按第一列展开

$$\begin{aligned} M_{1j} &= \begin{vmatrix} a_{21} & \cdots & a_{2j-1} & a_{2j+1} & \cdots & a_{2n} \\ a_{31} & \cdots & a_{3j-1} & a_{3j+1} & \cdots & a_{3n} \\ \vdots & & \vdots & \vdots & & \vdots \\ a_{n1} & \cdots & a_{nj-1} & a_{nj+1} & \cdots & a_{nn} \end{vmatrix} \\ &= a_{21}M_{1j,21}-a_{31}M_{1j,31}+\cdots+(-1)^{n}a_{n1}M_{1j,n1} \\ &= \sum_{n=2}^{n}(-1)^{k}a_{k1}M_{1j,k1} \end{aligned}$$

代入①式，得

$$\begin{aligned} D &= a_{11}M_{11}-\sum_{j=2}^{n}(-1)^{j}a_{1j}\left(\sum_{k=2}^{n}(-1)^{k}a_{k1}M_{1j,k1}\right) \\ &= a_{11}M_{11}-\sum_{j=2}^{n}\sum_{k=2}^{n}(-1)^{j+k}a_{1j}a_{k1}M_{1j,k1} \end{aligned}$$

$$= a_{11}M_{11} - \sum_{k=2}^{n}(-1)^k a_{k1}\left(\sum_{j=2}^{n}(-1)^j a_{1j}M_{1j,k1}\right) \qquad ②$$

将 $M_{k1}(k\geqslant 2)$ 按第一行展开，得

$$M_{k1} = \begin{vmatrix} a_{12} & a_{13} & \cdots & a_{1n} \\ \vdots & \vdots & & \vdots \\ a_{k-12} & a_{k-13} & \cdots & a_{k-1n} \\ a_{k+12} & a_{k+13} & \cdots & a_{k+1n} \\ \vdots & \vdots & & \vdots \\ a_{n2} & a_{n3} & \cdots & a_{nn} \end{vmatrix} = \sum_{j=2}^{n}(-1)^j a_{1j}M_{k1,1j}$$

代入②式，并利用 $M_{1j,k1}=M_{k1,1j}$，得

$$D = a_{11}M_{11} - \sum_{k=2}^{n}(-1)^k a_{k1}M_{k1} = \sum_{i=1}^{n}(-1)^{i+1}a_{i1}M_{i1}$$

证毕.

2. 行列式交换两行（列），行列式变号性质的证明.

性质 2 交换行列式的两行（列），行列式变号.

证明 利用数学归纳法证明.

设交换行列式 D 的 k，l 两行所得行列式记为 $D_1=\det(b_{ij})$.

当 $n=2$ 时，$D_1=\begin{vmatrix} a_{21} & a_{22} \\ a_{11} & a_{12} \end{vmatrix}=a_{12}a_{21}-a_{11}a_{22}=-D$. 假设对 $n-1$ 阶行列式结论成立. 对 n 阶行列式 D，当 k、l 是相邻两行时，即 $l=k+1$ 时，

$$D_1=\begin{vmatrix} a_{11} & \cdots & a_{1n} \\ \vdots & & \vdots \\ a_{k+11} & \cdots & a_{k+1n} \\ a_{k1} & \cdots & a_{kn} \\ \vdots & & \vdots \\ a_{n1} & \cdots & a_{nn} \end{vmatrix} \begin{matrix} \\ \\ k\text{ 行} \\ k+1\text{ 行} \\ \\ \\ \end{matrix}$$

把行列式按第一列展开，并记 b_{i1} 的余子式为 $N_{i1}(i=1，2，\cdots，n)$，得

$$D_1=b_{11}(-1)^{1+1}N_{11}+b_{21}(-1)^{2+1}N_{21}+\cdots+b_{n1}(-1)^{n+1}N_{n1}$$

当 $i\neq k$，$k+1$ 时，$b_{i1}=a_{i1}$，且由归纳法假设 $N_{i1}=-M_{i1}$（M_{i1} 是 D 中元素 a_{i1} 的余子式），故

$$b_{i1}(-1)^{i+1}N_{i1}=-a_{i1}(-1)^{i+1}M_{i1}=-a_{i1}A_{i1}$$

当 $i=k$，$k+1$ 时，$b_{k1}=a_{(k+1)1}$，$N_{k1}=M_{(k+1)1}$，$b_{(k+1)1}=a_{k1}$，$N_{(k+1)1}=M_{k1}$.

故 $$b_{k1}(-1)^{k+1}N_{k1}=a_{(k+1)1}(-1)^{k+1}M_{(k+1)1}$$

$$=-a_{(k+1)1}A_{(k+1)1}b_{(k+1)1}(-1)^{k+2}N_{(k+1)1}=a_{k1}(-1)^{k+2}M_{k1}=-a_{k1}A_{k1}$$

所以

$$D_1=-(a_{11}A_{11}+a_{21}A_{21}+\cdots+a_{n1}A_{n1})=-D$$

当 $l=k+r$（$r>1$），交换的 k，l 两行不是相邻两行时，把 D_1 的 k 行逐一与它下面各行作相邻两行的交换，通过 r 次交换后换到第 l 行位置上．再把原 l 行逐一与上面的各行作相邻交换，通过 $r-1$ 次交换后换到第 k 行位置上，这样一共作了 $2r-1$ 次相邻行的交换，使 D_1 还原为 D，行列式变号 $2r-1$ 次，故 $D_1=-D$.

证毕.

3．数 k 乘行列式的性质证明.

性质 3 若行列式的某一行（列）中所有元素都乘以同一个数 k，等于用数 k 乘此行列式.

证明 用数学归纳法证明.

当 $n=2$ 时，结论显然成立．假设 $n-1$ 阶行列式结论成立．往证对 n 阶行列式也成立.

当数 k 乘第一行的各元素时，行列式按第一行展开，得

$$\begin{vmatrix} ka_{11} & ka_{12} & \cdots & ka_{1n} \\ a_{21} & a_{22} & \cdots & a_{2n} \\ \vdots & \vdots & & \vdots \\ a_{n1} & a_{n2} & \cdots & a_{nn} \end{vmatrix}=\sum_{j=1}^{n}(ka_{1j})A_{1j}=k\sum_{j=1}^{n}a_{1j}A_{1j}=kD$$

当数 k 乘第 i 行（$2\leqslant i\leqslant n$）时，按第一行展开依归纳法假设，第一行各元素的代数余子式都是 $n-1$ 阶行列式，则 k 可以提到行列式外，即

$$\begin{vmatrix} a_{11} & a_{12} & \cdots & a_{1n} \\ \vdots & \vdots & & \vdots \\ ka_{i1} & ka_{i2} & \cdots & ka_{in} \\ \vdots & \vdots & & \vdots \\ a_{n1} & a_{n2} & \cdots & a_{nn} \end{vmatrix}=\sum_{j=1}^{n}a_{1j}(kA_{1j})=k\sum_{j=1}^{n}a_{1j}A_{1j}=kD$$

证毕.

4．两个行列式之和性质的证明.

性质 4 若行列式中某一行（列）的所有元素都是两个数的和，则此行列式

可以写成两个行列式的和，即

$$\begin{vmatrix} a_{11} & a_{12} & \cdots & a_{1n} \\ \vdots & \vdots & & \vdots \\ a_{i1}+b_{i1} & a_{i2}+b_{i2} & \cdots & a_{in}+b_{in} \\ \vdots & \vdots & & \vdots \\ a_{n1} & a_{n2} & \cdots & a_{nn} \end{vmatrix} = \begin{vmatrix} a_{11} & a_{12} & \cdots & a_{1n} \\ \vdots & \vdots & & \vdots \\ a_{i1} & a_{i2} & \cdots & a_{in} \\ \vdots & \vdots & & \vdots \\ a_{n1} & a_{n2} & \cdots & a_{nn} \end{vmatrix} + \begin{vmatrix} a_{11} & a_{12} & \cdots & a_{1n} \\ \vdots & \vdots & & \vdots \\ b_{i1} & b_{i2} & \cdots & b_{in} \\ \vdots & \vdots & & \vdots \\ a_{n1} & a_{n2} & \cdots & a_{nn} \end{vmatrix}$$

证明　证明方法类似于性质 3 的证明.

当 $n=2$ 时容易验证其成立. 假设对 $n-1$ 阶行列式结论成立，往证对 n 阶行列式也成立.

若 $i=1$，行列式按第一行展开，得

$$\begin{vmatrix} a_{11}+b_{11} & a_{12}+b_{12} & \cdots & a_{1n}+b_{1n} \\ a_{21} & a_{22} & \cdots & a_{2n} \\ \vdots & \vdots & & \vdots \\ a_{n1} & a_{n2} & \cdots & a_{nn} \end{vmatrix} = \sum_{j=1}^{n}(a_{1j}+b_{1j})A_{1j}$$

$$= \sum_{j=1}^{n} a_{1j}A_{1j} + \sum_{j=1}^{n} b_{1j}A_{1j} = \begin{vmatrix} a_{11} & a_{12} & \cdots & a_{1n} \\ a_{21} & a_{22} & \cdots & a_{2n} \\ \vdots & \vdots & & \vdots \\ a_{n1} & a_{n2} & \cdots & a_{nn} \end{vmatrix} + \begin{vmatrix} b_{11} & b_{12} & \cdots & b_{1n} \\ a_{21} & a_{22} & \cdots & a_{2n} \\ \vdots & \vdots & & \vdots \\ a_{n1} & a_{n2} & \cdots & a_{nn} \end{vmatrix}$$

若 $2\leqslant i\leqslant n$，按第一行展开，由于余子式是 $n-1$ 阶行列式，应用归纳法假设，得

$$\begin{vmatrix} a_{11} & a_{12} & \cdots & a_{1n} \\ \vdots & \vdots & & \vdots \\ a_{i1}+b_{i1} & a_{i2}+b_{i2} & \cdots & a_{in}+b_{in} \\ \vdots & \vdots & & \vdots \\ a_{n1} & a_{n2} & \cdots & a_{nn} \end{vmatrix} =$$

$$\sum_{j=1}^{n}(-1)^{1+j}a_{1j}\left(\begin{vmatrix} a_{21} & \cdots & a_{2j-1} & a_{2j+1} & \cdots & a_{2n} \\ \vdots & & \vdots & \vdots & & \vdots \\ a_{i1} & \cdots & a_{ij-1} & a_{ij+1} & \cdots & a_{in} \\ \vdots & & \vdots & \vdots & & \vdots \\ a_{n1} & \cdots & a_{nj-1} & a_{nj+1} & \cdots & a_{nn} \end{vmatrix} + \right.$$

$$\left.\begin{vmatrix} a_{21} & \cdots & a_{2j-1} & a_{2j+1} & \cdots & a_{2n} \\ \vdots & & \vdots & \vdots & & \vdots \\ b_{i1} & \cdots & b_{ij-1} & b_{ij+1} & \cdots & b_{in} \\ \vdots & & \vdots & \vdots & & \vdots \\ a_{n1} & \cdots & a_{nj-1} & a_{nj+1} & \cdots & a_{nn} \end{vmatrix}\right) =$$

$$\begin{vmatrix} a_{11} & a_{12} & \cdots & a_{1n} \\ \vdots & \vdots & & \vdots \\ a_{i1} & a_{i2} & \cdots & a_{in} \\ \vdots & \vdots & & \vdots \\ a_{n1} & a_{n2} & \cdots & a_{nn} \end{vmatrix} + \begin{vmatrix} a_{11} & a_{12} & \cdots & a_{1n} \\ \vdots & \vdots & & \vdots \\ b_{i1} & b_{i2} & \cdots & b_{in} \\ \vdots & \vdots & & \vdots \\ a_{n1} & a_{n2} & \cdots & a_{nn} \end{vmatrix}$$

证毕.

附录Ⅱ　克拉默法则的证明

定理（克拉默法则）　对于含有 n 个方程的 n 元线性方程组

$$\begin{cases}a_{11}x_1+a_{12}x_2+\cdots+a_{1n}x_n=b_1\\a_{21}x_1+a_{22}x_2+\cdots+a_{2n}x_n=b_2\\\cdots\cdots\cdots\cdots\cdots\cdots\cdots\cdots\cdots\cdots\\a_{n1}x_1+a_{n2}x_2+\cdots+a_{nn}x_n=b_n\end{cases}\tag{1}$$

如果它的系数行列式

$$D=\begin{vmatrix}a_{11}&a_{12}&\cdots&a_{1n}\\a_{21}&a_{22}&\cdots&a_{2n}\\\vdots&\vdots&&\vdots\\a_{n1}&a_{n2}&\cdots&a_{nn}\end{vmatrix}\neq0$$

则线性方程组有唯一解：

$$x_1=\frac{D_1}{D},\ x_2=\frac{D_2}{D},\cdots,\ x_n=\frac{D_n}{D}\tag{2}$$

其中 $D_j(j=1,\ 2,\ \cdots,\ n)$ 是指 D 的第 j 列各元素分别换成相应的常数项 b_1，b_2，…，b_n 后得到的行列式，即

$$D_j=\begin{vmatrix}a_{11}&\cdots&a_{1j-1}&b_1&a_{1j+1}&\cdots&a_{1n}\\a_{21}&\cdots&a_{2j-1}&b_2&a_{2j+1}&\cdots&a_{2n}\\\vdots&&\vdots&\vdots&\vdots&&\vdots\\a_{n1}&\cdots&a_{nj-1}&b_n&a_{nj+1}&\cdots&a_{nn}\end{vmatrix}\quad(j=1,2,\cdots,n)$$

证明　首先证明（2）是方程组（1）的解.

把 $x_j=\dfrac{D_j}{D}(j=1,\ 2,\ \cdots,\ n)$ 代入方程组（1）的第 $k(1\leqslant k\leqslant n)$ 个方程的左端，因为

$$D_j=b_1A_{1j}+b_2A_{2j}+\cdots+b_nA_{nj}\quad(j=1,2,\cdots,n)$$

所以

$$a_{k1}\frac{D_1}{D}+a_{k2}\frac{D_2}{D}+\cdots+a_{kn}\frac{D_n}{D}$$

$$=\frac{1}{D}(a_{k1}D_1+a_{k2}D_2+\cdots+a_{kn}D_n)$$

$$=\frac{1}{D}[a_{k1}(b_1A_{11}+\cdots+b_kA_{k1}+\cdots+b_nA_{n1})+a_{k2}(b_1A_{12}+\cdots+b_kA_{k2}+\cdots+b_nA_{n2})+\cdots+a_{kn}(b_1A_{1n}+\cdots+b_kA_{kn}+\cdots+b_nA_{nn})]$$

$$=\frac{1}{D}[b_1(a_{k1}A_{11}+a_{k2}A_{12}+\cdots+a_{kn}A_{1n})+\cdots+b_k(a_{k1}A_{k1}+a_{k2}A_{k2}+\cdots+a_{kn}A_{kn})+\cdots+b_n(a_{k1}A_{n1}+a_{k2}A_{n2}+\cdots+a_{kn}A_{nn})]$$

利用行列式按任意行展开的定理 2 及其推论，得

$$a_{k1}\frac{D_1}{D}+a_{k2}\frac{D_2}{D}+\cdots+a_{kn}\frac{D_n}{D}=b_k\quad(k=1,2,\cdots,n)$$

所以（2）是方程组（1）的解.

其次证明（2）是方程组（1）的唯一解.

设 $x_1=c_1$，$x_2=c_2$，…，$x_n=c_n$ 是方程组（1）的解. 只需证 $c_j=\frac{D_j}{D}(j=1,2,\cdots,n)$. 由行列式的性质 2 和性质 3，有

$$c_1D=\begin{vmatrix} a_{11}c_1 & a_{12} & \cdots & a_{1n} \\ a_{21}c_1 & a_{22} & \cdots & a_{2n} \\ \vdots & \vdots & & \vdots \\ a_{n1}c_1 & a_{n2} & \cdots & a_{nn} \end{vmatrix}$$

$$=\begin{vmatrix} a_{11}c_1+a_{12}c_2+\cdots+a_{1n}c_n & a_{12} & \cdots & a_{1n} \\ a_{21}c_1+a_{22}c_2+\cdots+a_{2n}c_n & a_{22} & \cdots & a_{2n} \\ \vdots & \vdots & & \vdots \\ a_{n1}c_1+a_{n2}c_2+\cdots+a_{nn}c_n & a_{n2} & \cdots & a_{nn} \end{vmatrix}$$

$$=\begin{vmatrix} b_1 & a_{12} & \cdots & a_{1n} \\ b_2 & a_{22} & \cdots & a_{2n} \\ \vdots & \vdots & & \vdots \\ b_n & a_{n2} & \cdots & a_{nn} \end{vmatrix}=D_1$$

即 $c_1=\frac{D_1}{D}$，同理证明 $c_2=\frac{D_2}{D}\cdots$，$c_n=\frac{D_n}{D}$.

所以 $x_j=\frac{D_j}{D}(j=1, 2, \cdots, n)$ 是方程组（1）的唯一解.

证毕.

习题参考答案

第1章

习题1.1

1.（1）1；（2）1；（3）18；（4）0

2.（1）$x_1=x_2=0$；（2）$x_1=-42$，$x_2=-34$；

（3）$x_1=-2$，$x_2=5$，$x_3=-3$

3.（1）0；（2）-36；（3）$5!$；（4）$5!$

习题1.2

1.（1）-192；（2）160；（3）4；（4）-270

2.（1）$4abcdef$；（2）$-2(x^3+y^3)$；

（3）$abcd+ab+cd+ad+1$；（4）x^4-y^4

3. 略.

4.（1）$n!$；（2）$\left(1+\sum_{k=1}^{n}\frac{1}{a_k}\right)a_1a_2\cdots a_n$

5.（1）-3或$\pm\sqrt{3}$；（2）$x\neq\pm1$，$x\neq\pm2$

习题1.3

1.（1）$x=1$，$y=2$，$z=3$；

（2）$x_1=1$，$x_2=2$，$x_3=3$，$x_4=-1$

2. $\lambda\neq-2$，$\lambda\neq1$

3. $\mu=0$或$\lambda=1$

复习题1

一、1.（A）；2.（C）；3.（B）；（4）（C）.

二、1. $-abcd$；2. $\frac{8}{5}$；3. 0；4. -1或-3.

三、1.（1）1；（2）512；（3）x^2y^2；

（4）$(a_1a_4-b_1b_4)(a_2a_3-b_2b_3)$

2.（1）$a^{n-2}(a^2-1)$；（2）$2^{n+1}-1$

3.（1）$\begin{cases}x_1=3\\x_2=-4\\x_3=-1\\x_4=1\end{cases}$；（2）$\begin{cases}x_1=\frac{-151}{211}\\x_2=\frac{161}{211}\\x_3=\frac{-109}{211}\\x_4=\frac{64}{211}\end{cases}$

4. $\lambda=1$ 时有非零解.

5. a，b，c 互不相等时可用克拉默法则.

$$\begin{cases} x_1=\dfrac{(b-d)(c-d)}{(b-a)(c-a)} \\ x_2=\dfrac{(a-d)(c-d)}{(a-b)(c-b)} \\ x_3=\dfrac{(a-d)(b-d)}{(a-c)(b-c)} \end{cases}$$

第 2 章

习题 2.1

1. $\begin{pmatrix}1 & 1 & 1\\ 1 & 2 & 3\end{pmatrix}$，$\begin{pmatrix}7 & -3 & -8\\ 12 & -1 & -19\end{pmatrix}$.

2. $\begin{pmatrix}2 & -2\\ -2 & 2\end{pmatrix}$.

3. (1) $\begin{pmatrix}4 & 6\\ 7 & -1\end{pmatrix}$；　(2) $\begin{pmatrix}35\\ 6\\ 49\end{pmatrix}$；　(3) 14；

(4) $\begin{pmatrix}1 & 2 & 3\\ 2 & 4 & 6\\ 3 & 6 & 9\end{pmatrix}$；　(5) $\begin{pmatrix}6 & -7 & 8\\ 20 & -5 & -6\end{pmatrix}$；　(6) 15

4. $\begin{pmatrix}-2 & 13 & 22\\ -2 & -17 & 20\\ 4 & 29 & -2\end{pmatrix}$，$\begin{pmatrix}0 & 5 & 8\\ 0 & -5 & 6\\ 2 & 9 & 0\end{pmatrix}$

5. $\begin{cases} x_1=-6z_1+z_2+3z_3 \\ x_2=12z_1-4z_2+9z_3 \\ x_3=-10z_1-z_2+16z_3 \end{cases}$

6. $\begin{pmatrix}a & b\\ 0 & a\end{pmatrix}$

7. (1) $\begin{pmatrix}1 & 1\\ 0 & 0\end{pmatrix}$；　(2) $\begin{pmatrix}1 & 0\\ 5\lambda & 1\end{pmatrix}$；　(3) $\begin{pmatrix}a^4 & 0 & 0\\ 0 & b^4 & 0\\ 0 & 0 & c^4\end{pmatrix}$

8. $\begin{pmatrix}0 & 0\\ 0 & 0\end{pmatrix}$

习题 2.2

1. (1) 可逆，逆矩阵为$\begin{pmatrix} -1 & 2 \\ \frac{3}{2} & -\frac{5}{2} \end{pmatrix}$；

(2) 可逆，逆矩阵为$\begin{pmatrix} 0 & 0 & \frac{1}{3} \\ 0 & \frac{1}{2} & 0 \\ 1 & 0 & 0 \end{pmatrix}$；

(3) 可逆，逆矩阵为$\begin{pmatrix} 1 & 0 & 0 \\ -\frac{1}{2} & \frac{1}{2} & 0 \\ 0 & -\frac{1}{3} & \frac{1}{3} \end{pmatrix}$；

(4) 可逆，逆矩阵为$\begin{pmatrix} -\frac{1}{4} & -\frac{5}{4} & \frac{3}{4} \\ \frac{1}{4} & -\frac{3}{4} & \frac{1}{4} \\ \frac{1}{2} & \frac{3}{2} & -\frac{1}{2} \end{pmatrix}$

2. (1) $\begin{pmatrix} 10 & 2 \\ -15 & -3 \\ 12 & 4 \end{pmatrix}$；　(2) $\begin{pmatrix} 0 & 1 & -1 \\ -1 & 0 & 1 \\ 1 & -1 & 0 \end{pmatrix}$

3. (1) $\begin{cases} x_1=1 \\ x_2=0 \\ x_3=0 \end{cases}$；　(2) $\begin{cases} x_1=5 \\ x_2=0 \\ x_3=3 \end{cases}$

4. $\begin{cases} y_1=-7x_1-4x_2+9x_3 \\ y_2=6x_1+3x_2-7x_3 \\ y_3=3x_1+2x_2-4x_3 \end{cases}$

习题 2.3

1. (1) $\begin{pmatrix} 1 & 0 & 0 & 5 \\ 0 & 0 & 1 & -3 \\ 0 & 0 & 0 & 0 \end{pmatrix}$；　(2) $\begin{pmatrix} 0 & 1 & 0 & 5 \\ 0 & 0 & 1 & 3 \\ 0 & 0 & 0 & 0 \end{pmatrix}$；

(3) $\begin{pmatrix} 1 & 0 & -1 & 0 & 4 \\ 0 & 1 & -1 & 0 & 3 \\ 0 & 0 & 0 & 1 & -3 \\ 0 & 0 & 0 & 0 & 0 \end{pmatrix}$；　(4) $\begin{pmatrix} 1 & -1 & 0 & 2 & -3 \\ 0 & 0 & 1 & -2 & 2 \\ 0 & 0 & 0 & 0 & 0 \\ 0 & 0 & 0 & 0 & 0 \end{pmatrix}$

2. (1) $\begin{pmatrix}1&0&0\\0&1&0\\0&0&1\end{pmatrix}$;　(2) $\begin{pmatrix}1&0&0\\0&1&0\\0&0&0\end{pmatrix}$;

(3) $\begin{pmatrix}1&0&0&0&0\\0&1&0&0&0\\0&0&1&0&0\\0&0&0&0&0\end{pmatrix}$;　(4) $\begin{pmatrix}1&0&0&0\\0&1&0&0\\0&0&1&0\\0&0&0&1\\0&0&0&0\end{pmatrix}$

3. (1) $\begin{pmatrix}1&0&0\\-\frac{1}{2}&\frac{1}{2}&0\\0&-\frac{1}{3}&\frac{1}{3}\end{pmatrix}$;　(2) $\begin{pmatrix}1&-4&-3\\1&-5&-3\\-1&6&4\end{pmatrix}$;

(3) $\begin{pmatrix}0&0&-1&1\\0&-1&1&0\\-1&1&0&0\\1&0&0&0\end{pmatrix}$;　(4) $\begin{pmatrix}1&1&-2&-4\\0&1&0&-1\\-1&-1&3&6\\2&1&-6&-10\end{pmatrix}$

4. (1) $\begin{pmatrix}1\\0\\0\end{pmatrix}$;　(2) $\begin{pmatrix}3&-1\\2&0\\1&-1\end{pmatrix}$

5. $\boldsymbol{P}=\begin{pmatrix}-3&2&0\\2&-1&0\\7&-6&1\end{pmatrix}$;　$\boldsymbol{PA}=\begin{pmatrix}1&0&-1&-2\\0&1&2&3\\0&0&0&0\end{pmatrix}$

习题 2.4

1. (1) 四个三阶子式全为零；　(2) $r(\boldsymbol{A})=2$

2. $r(\boldsymbol{A})=3$，三阶子式

$$\begin{vmatrix}1&1&0\\3&-1&1\\0&0&1\end{vmatrix}=-4\neq0$$

3. (1) 3；　(2) 2；　(3) 3；　(4) 3

4. $a\neq1$ 时，$\boldsymbol{A}$ 满秩；$a=1$ 时，$r(\boldsymbol{A})=2$

习题 2.5

1. (1) $\begin{pmatrix}3&0&-2\\5&-1&-2\\0&3&2\end{pmatrix}$;　(2) $\begin{pmatrix}a&0&ac&0\\0&a&0&ac\\1&0&c+bd&0\\0&1&0&c+bd\end{pmatrix}$

2. $|A^8| = 10^{16}$;

$$A^4 = \begin{pmatrix} 5^4 & 0 & 0 & 0 \\ 0 & 5^4 & 0 & 0 \\ 0 & 0 & 2^4 & 0 \\ 0 & 0 & 2^6 & 2^4 \end{pmatrix}$$

3. $\begin{pmatrix} 1 & 2 & 5 & 2 \\ 0 & 1 & 2 & -4 \\ 0 & 0 & -4 & 3 \\ 0 & 0 & 0 & -9 \end{pmatrix}$.

4. (1) $\begin{pmatrix} \mathbf{0} & B^{-1} \\ A^{-1} & \mathbf{0} \end{pmatrix}$;　(2) $\begin{pmatrix} A^{-1} & \mathbf{0} \\ -B^{-1}CA^{-1} & B^{-1} \end{pmatrix}$.

5. (1) $\begin{pmatrix} 0 & -2 & 1 \\ 0 & \frac{3}{2} & -\frac{1}{2} \\ \frac{1}{2} & 0 & 0 \end{pmatrix}$; (2) $\frac{1}{24}\begin{pmatrix} 24 & 0 & 0 & 0 \\ -12 & 12 & 0 & 0 \\ -12 & -4 & 8 & 0 \\ 3 & -5 & -2 & 6 \end{pmatrix}$.

复习题 2

一、1. (B);　2. (C);　3. (C);　4. (A); 5. (B);　6. (C).

二、1. $\begin{pmatrix} 1 & 1 & 1 \\ 2 & 2 & 2 \\ 3 & 3 & 3 \end{pmatrix}$;　2. $\begin{pmatrix} -5 & 3 \\ 2 & -1 \end{pmatrix}$;　3. $\begin{pmatrix} A & 0 \\ 0 & C \end{pmatrix}$;

4. $\frac{1}{2}$;　5. $|A| E$;　6. 2

三、1. $B = \begin{pmatrix} 2 & 0 & 1 \\ 0 & 3 & 0 \\ 1 & 0 & 2 \end{pmatrix}$;　2. $\begin{pmatrix} 5 & -2 & -2 \\ 4 & -3 & -2 \\ -2 & 2 & 3 \end{pmatrix}$;

3. (1) $\begin{pmatrix} -2 & 1 & 1 \\ -6 & 1 & 4 \\ 5 & -1 & -3 \end{pmatrix}$;　(2) $\frac{1}{4}\begin{pmatrix} 1 & 1 & 1 & 1 \\ 1 & 1 & -1 & -1 \\ 1 & -1 & 1 & -1 \\ 1 & -1 & -1 & 1 \end{pmatrix}$

4. (1) $\begin{pmatrix} 1 & -2 & 1 & 8 \\ 0 & 5 & -3 & -19 \\ 0 & 0 & 1 & 3 \end{pmatrix}$; $\begin{pmatrix} 1 & 0 & 0 & 1 \\ 0 & 1 & 0 & -2 \\ 0 & 0 & 1 & 3 \end{pmatrix}$.

(2) $\begin{pmatrix} 1 & 1 & 2 & 1 \\ 0 & 3 & 2 & -2 \\ 0 & 0 & 1 & 2 \\ 0 & 0 & 0 & 0 \end{pmatrix}$；$\begin{pmatrix} 1 & 0 & 0 & -1 \\ 0 & 1 & 0 & -2 \\ 0 & 0 & 1 & 2 \\ 0 & 0 & 0 & 0 \end{pmatrix}$

5. (1) 3；(2) 2

6. $\begin{pmatrix} \frac{1}{3} & 0 & 0 & 0 & 0 \\ 0 & \frac{1}{3} & 0 & 0 & 0 \\ 0 & 0 & \frac{1}{3} & 0 & 0 \\ 0 & 0 & 0 & 5 & -3 \\ 0 & 0 & 0 & 2 & -1 \end{pmatrix}$

第3章

习题 3.1

1. $(0, -10, -10, 9)^T$

2. $\boldsymbol{x}=(1, 2, 3, 4)^T$

3. (1) $\boldsymbol{\beta}=2\boldsymbol{\alpha}_1+3\boldsymbol{\alpha}_2+4\boldsymbol{\alpha}_3$；

(2) $\boldsymbol{\beta}$不能表示为$\boldsymbol{\alpha}_1$，$\boldsymbol{\alpha}_2$，$\boldsymbol{\alpha}_3$的线性组合；

(3) 表示法不唯一，其中一种$\boldsymbol{\beta}=\frac{1}{2}\boldsymbol{\alpha}_1+\frac{1}{2}\boldsymbol{\alpha}_2$

4. $\boldsymbol{\alpha}_1=\frac{1}{2}(\boldsymbol{\beta}_1+\boldsymbol{\beta}_2)$，$\boldsymbol{\alpha}_2=\frac{1}{2}(\boldsymbol{\beta}_2+\boldsymbol{\beta}_3)$，$\boldsymbol{\alpha}_3=\frac{1}{2}(\boldsymbol{\beta}_1+\boldsymbol{\beta}_3)$

习题 3.2

1. (1) 线性无关；(2) 线性相关；(3) 线性无关；(4) 线性相关

2. $a=3$或$a=-2$

3. $\boldsymbol{\beta}=-\frac{k_1}{k_1+k_2}\boldsymbol{\alpha}_1-\frac{k_2}{k_1+k_2}\boldsymbol{\alpha}_2 \quad (k_1+k_2\neq 0)$

习题 3.3

1. (1) 秩为3，$\boldsymbol{\alpha}_1$，$\boldsymbol{\alpha}_2$，$\boldsymbol{\alpha}_3$为极大无关组；

(2) 秩为3，$\boldsymbol{\alpha}_1$，$\boldsymbol{\alpha}_2$，$\boldsymbol{\alpha}_4$为一个极大无关组；

(3) 秩为2，$\boldsymbol{\alpha}_1$，$\boldsymbol{\alpha}_2$为一个极大无关组.

2. (1) $\boldsymbol{\alpha}_1$，$\boldsymbol{\alpha}_2$是极大无关组；$\boldsymbol{\alpha}_3=-3\boldsymbol{\alpha}_1+2\boldsymbol{\alpha}_2$；

(2) $\boldsymbol{\beta}_1$，$\boldsymbol{\beta}_2$，$\boldsymbol{\beta}_3$是极大无关组；

(3) $\boldsymbol{\gamma}_1$，$\boldsymbol{\gamma}_2$ 是极大无关组，$\boldsymbol{\gamma}_3=-\boldsymbol{\gamma}_1+2\boldsymbol{\gamma}_2$，$\boldsymbol{\gamma}_4=-2\boldsymbol{\gamma}_1+3\boldsymbol{\gamma}_2$

3. $a=2$，$b=5$

4. (1) $\boldsymbol{\alpha}_1$，$\boldsymbol{\alpha}_2$，$\boldsymbol{\alpha}_3$ 为极大无关组，且 $\boldsymbol{\alpha}_4=\frac{8}{5}\boldsymbol{\alpha}_1-\boldsymbol{\alpha}_2+2\boldsymbol{\alpha}_3$；

(2) $\boldsymbol{\alpha}_1$，$\boldsymbol{\alpha}_2$，$\boldsymbol{\alpha}_3$ 为极大无关组，且 $\boldsymbol{\alpha}_4=\boldsymbol{\alpha}_1+3\boldsymbol{\alpha}_2-\boldsymbol{\alpha}_3$；$\boldsymbol{\alpha}_5=-\boldsymbol{\alpha}_2+\boldsymbol{\alpha}_3$

5. 略.

6. 略.

习题 3.4

1. $\boldsymbol{V}_1$ 是向量空间，$\boldsymbol{V}_2$ 不是向量空间.

2. $\boldsymbol{\beta}_1=2\boldsymbol{\alpha}_1+3\boldsymbol{\alpha}_2-\boldsymbol{\alpha}_3$，$\boldsymbol{\beta}_2=3\boldsymbol{\alpha}_1-3\boldsymbol{\alpha}_2-2\boldsymbol{\alpha}_3$

3. (1，1，−1)

4. 略.

5. $\boldsymbol{e}_1=\frac{1}{\sqrt{2}}(1,0,1)^{\mathrm{T}}$，$\boldsymbol{e}_2=\frac{1}{\sqrt{3}}(1,1,-1)^{\mathrm{T}}$，$\boldsymbol{e}_3=\frac{1}{\sqrt{6}}(-1,2,1)^{\mathrm{T}}$

6. (1) −9，不正交；(2) 0，正交.

7. (1) $\boldsymbol{e}_1=\left(0,\frac{\sqrt{2}}{2},\frac{\sqrt{2}}{2}\right)^{\mathrm{T}}$，$\boldsymbol{e}_2=\left(\frac{\sqrt{6}}{3},\frac{\sqrt{6}}{6},-\frac{\sqrt{6}}{6}\right)^{\mathrm{T}}$，$\boldsymbol{e}_3=\left(\frac{\sqrt{3}}{3},-\frac{\sqrt{3}}{3},\frac{\sqrt{3}}{3}\right)^{\mathrm{T}}$

(2) $\boldsymbol{e}_1=\left(\frac{1}{3},-\frac{2}{3},\frac{2}{3}\right)^{\mathrm{T}}$，$\boldsymbol{e}_2=\left(-\frac{2}{3},-\frac{2}{3},-\frac{1}{3}\right)^{\mathrm{T}}$，$\boldsymbol{e}_3=\left(\frac{2}{3},-\frac{1}{3},-\frac{2}{3}\right)^{\mathrm{T}}$；

(3) $\boldsymbol{e}_1=\left(\frac{1}{2},\frac{1}{2},\frac{1}{2},\frac{1}{2}\right)^{\mathrm{T}}$，$\boldsymbol{e}_2=\left(\frac{1}{2},\frac{1}{2},-\frac{1}{2},-\frac{1}{2}\right)^{\mathrm{T}}$，$\boldsymbol{e}_3=\left(-\frac{1}{2},\frac{1}{2},-\frac{1}{2},\frac{1}{2}\right)^{\mathrm{T}}$

8. (1) 不是正交矩阵；(2) 是正交矩阵

复习题 3

一、1. 错；2. 对；3. 错；4. 错；5. 对；6. 错.

二、1. 相关；2. 相关，相关；无关，无关. 3. 无关，无关；相关，相关.

4. $\frac{1}{4}$；5. 3，$\boldsymbol{\alpha}_1$，$\boldsymbol{\alpha}_2$，$\boldsymbol{\alpha}_3$；6. ±1.

三、1. $(1,2,3,4)^{\mathrm{T}}$；2. (1) 线性无关；(2) 线性相关.

3. (1) 能，$\boldsymbol{\beta}=\boldsymbol{\alpha}_1-\boldsymbol{\alpha}_2+2\boldsymbol{\alpha}_3$；(2) 不能.

4. $t=1$ 时，线性相关；$t\neq-1$ 时，线性无关.

5. $R(\boldsymbol{\alpha}_1,\boldsymbol{\alpha}_2,\boldsymbol{\alpha}_3,\boldsymbol{\alpha}_4)=2$，$\boldsymbol{\alpha}_1$ 和 $\boldsymbol{\alpha}_2$ 是一个极大无关组；$\boldsymbol{\alpha}_3=-4\boldsymbol{\alpha}_1+2\boldsymbol{\alpha}_2$，$\boldsymbol{\alpha}_4=-3\boldsymbol{\alpha}_1+\boldsymbol{\alpha}_2$.

6. $3\sqrt{2}$，$\sqrt{7}$，3，$\arccos\frac{1}{\sqrt{14}}$.

7. $e_1=\frac{1}{\sqrt{3}}(1,1,1)^T$，$e_2=\frac{1}{\sqrt{2}}(-1,0,1)^T$，$e_3=\frac{1}{\sqrt{6}}(1,-2,1)^T$.

8. 基为 α_1，α_2，α_3.

第4章

习题4.1

1. (1) 无解；(2) $x_1=2$，$x_2=c+1$，$x_3=c$；

(3) $\begin{cases}x_1=-\frac{1}{2}c_1+\frac{1}{2}c_2+\frac{1}{2}\\x_2=c_1\\x_3=c_2\\x_4=0\end{cases}$；　(4) $\begin{cases}x_1=\frac{1}{7}c_1+\frac{1}{7}c_2+\frac{6}{7}\\x_2=\frac{5}{7}c_1-\frac{9}{7}c_2-\frac{5}{7}\\x_3=c_1\\x_4=c_2\end{cases}$

2. (1) 零解；(2) $\begin{cases}x_1=-2c_1+c_2\\x_2=c_1\\x_3=0\\x_4=c_2\end{cases}$；　(3) $\begin{cases}x_1=\frac{4}{3}c\\x_2=-3c\\x_3=\frac{4}{3}c\\x_4=c\end{cases}$；

(4) $\begin{cases}x_1=-\frac{3}{2}c_1-c_2\\x_2=\frac{7}{2}c_1-2c_2\\x_3=c_1\\x_4=c_2\end{cases}$

3. (1) 当 $\lambda\neq1$，-2 时，有唯一解；当 $\lambda=-2$ 时，无解；当 $\lambda=1$ 时，有无穷多组解，其解为

$$\begin{cases}x_1=-c_1-c_2+1\\x_2=c_1\\x_3=c_2\end{cases}$$

(2) 当 $\lambda=1$ 时，其解为

$$\begin{cases}x_1=c+1\\x_2=c\\x_3=c\end{cases}$$

当 $\lambda=2$ 时，其解为

$$\begin{cases} x_1 = c+2 \\ x_2 = c+2 \\ x_3 = c \end{cases}$$

当 $\lambda \neq 1$ 且 $\lambda \neq -2$ 时，方程组无解，方程组不存在唯一解的情况.

4. (1) 当 $a=1$ 时，其解为

$$\begin{cases} x_1 = -c_1 - c_2 \\ x_2 = c_1 \\ x_3 = c_2 \end{cases}$$

当 $a=-2$ 时，其解为

$$\begin{cases} x_1 = c \\ x_2 = c \\ x_3 = c \end{cases}$$

(2) 当 $a=3$ 时，其解为

$$\begin{cases} x_1 = -c \\ x_2 = c \\ x_3 = c \end{cases}$$

习题 4.2

1. (1) 基础解系 $\boldsymbol{\xi}_1 = \begin{pmatrix} 2 \\ 1 \\ 3 \end{pmatrix}$，通解为 $\boldsymbol{x} = c\boldsymbol{\xi}$；

(2) 基础解系 $\boldsymbol{\xi}_1 = \begin{pmatrix} -\frac{1}{2} \\ \frac{3}{2} \\ 1 \\ 0 \end{pmatrix}$，$\boldsymbol{\xi}_2 = \begin{pmatrix} 0 \\ -1 \\ 0 \\ 1 \end{pmatrix}$，通解为 $\boldsymbol{x}_1 = c_1\boldsymbol{\xi}_1 + c_2\boldsymbol{\xi}_2$；

(3) 基础解系 $\boldsymbol{\xi}_1 = \begin{pmatrix} 2 \\ 1 \\ 0 \\ 0 \end{pmatrix}$，$\boldsymbol{\xi}_2 = \begin{pmatrix} \frac{2}{7} \\ 0 \\ -\frac{5}{7} \\ 1 \end{pmatrix}$，通解为 $\boldsymbol{x} = c_1\boldsymbol{\xi}_1 + c_2\boldsymbol{\xi}_2$；

(4) 基础解系 $\boldsymbol{\xi}_1=\begin{pmatrix}0\\1\\1\\0\\0\end{pmatrix}$，$\boldsymbol{\xi}_2=\begin{pmatrix}0\\1\\0\\1\\0\end{pmatrix}$，$\boldsymbol{\xi}_3=\begin{pmatrix}\frac{1}{3}\\-\frac{5}{3}\\0\\0\\1\end{pmatrix}$，通解为 $\boldsymbol{x}=c_1\boldsymbol{\xi}_1+c_2\boldsymbol{\xi}_2+c_3\boldsymbol{\xi}_3$

2. $c(\boldsymbol{\alpha}_1-\boldsymbol{\alpha}_2)$，$c$ 为任意常数.

3. $\boldsymbol{B}=\begin{pmatrix}1&0\\0&1\\\frac{11}{2}&\frac{1}{2}\\-\frac{5}{2}&\frac{1}{2}\end{pmatrix}$

习题 4.3

1. (1) $\boldsymbol{x}=c\begin{pmatrix}2\\1\\3\end{pmatrix}+\begin{pmatrix}1\\2\\0\end{pmatrix}$；(2) $\boldsymbol{x}=c\begin{pmatrix}5\\1\\3\\-3\end{pmatrix}+\begin{pmatrix}0\\0\\1\\0\end{pmatrix}$；

(3) 无解；(4) $\boldsymbol{x}=c\begin{pmatrix}-1\\2\\1\\0\end{pmatrix}+\begin{pmatrix}3\\-8\\0\\6\end{pmatrix}$

2. $\boldsymbol{x}=\begin{pmatrix}x_0\\y_0\\z_0\end{pmatrix}+c\begin{pmatrix}1\\1\\-1\end{pmatrix}$

3. $t=4$，$\boldsymbol{x}=c\begin{pmatrix}-3\\-1\\1\end{pmatrix}+\begin{pmatrix}0\\4\\0\end{pmatrix}$

4. $\boldsymbol{x}=c\begin{pmatrix}3\\4\\5\\6\end{pmatrix}+\begin{pmatrix}2\\3\\4\\5\end{pmatrix}$

复习题 4

一、1. (A)；2. (C)；3. (D)；4. (B).

二、1. 0；2. $R(\boldsymbol{A})$；3. 0；4. 无穷多.

三、1. (1) $\boldsymbol{x}=c\begin{pmatrix}-2\\1\\0\\0\end{pmatrix}$；(2) $\boldsymbol{x}=c_1\begin{pmatrix}-1\\1\\0\\0\\0\end{pmatrix}+c_2\begin{pmatrix}1\\0\\1\\0\\-2\end{pmatrix}+c_3\begin{pmatrix}0\\0\\0\\1\\-1\end{pmatrix}$；

2. (1) $\boldsymbol{x}=c\begin{pmatrix}-2\\1\\0\\0\end{pmatrix}+\begin{pmatrix}3\\0\\2\\1\end{pmatrix}$；

(2) $\boldsymbol{x}=c_1\begin{pmatrix}-1\\1\\0\\0\\0\end{pmatrix}+c_2\begin{pmatrix}1\\0\\1\\0\\-2\end{pmatrix}+c_3\begin{pmatrix}0\\0\\0\\1\\-1\end{pmatrix}+\begin{pmatrix}1\\0\\0\\0\\0\end{pmatrix}$

3. $\lambda=-1$ 或 $\lambda=5$

4. 当 $a\neq 0$ 且 $b\neq 3$ 时，有唯一解 $\boldsymbol{\eta}=\left(\frac{2}{a},1,0\right)^{\mathrm{T}}$；

当 $a=0$ 时，无解；当 $a\neq 0$，$b=3$ 时，有无穷多组解，$\boldsymbol{x}=c(0,-3,2)^{\mathrm{T}}+\left(\frac{2}{a},1,0\right)^{\mathrm{T}}$

第5章

习题5.1

1. (1) $\lambda_1=2$，$\lambda_2=4$，$\boldsymbol{\eta}_1=(1,1)^{\mathrm{T}}$，$\boldsymbol{\eta}_2=(1,-1)^{\mathrm{T}}$；

(2) $\lambda_1=\lambda_2=1$，$\lambda_3=-1$，$\boldsymbol{\eta}_1=(0,1,0)^{\mathrm{T}}$，$\boldsymbol{\eta}_2=(1,0,1)^{\mathrm{T}}$，$\boldsymbol{\eta}_3=(1,0,-1)^{\mathrm{T}}$；

(3) $\lambda_1=\lambda_2=\lambda_3=-1$，$\boldsymbol{\eta}=(1,1,-1)^{\mathrm{T}}$；

(4) $\lambda_1=-1$，$\lambda_2=9$，$\lambda_3=0$，$\boldsymbol{\eta}_1=(1,-1,0)^{\mathrm{T}}$，$\boldsymbol{\eta}_2=(1,1,2)^{\mathrm{T}}$，$\boldsymbol{\eta}_3=(1,1,-1)^{\mathrm{T}}$

2. (1) 2，-4，6；(2) 1，$-\frac{1}{2}$，$\frac{1}{3}$

3. $\boldsymbol{A}$ 的特征值 $\lambda_1=\lambda_2=2$，$\lambda_3=0$. $\lambda_1=\lambda_2=2$，对应的特征向量 $\boldsymbol{\eta}_1=(0,1,0)^{\mathrm{T}}$，$\boldsymbol{\eta}_2=(1,0,1)^{\mathrm{T}}$；$\lambda_3=0$ 对应的特征向量 $\boldsymbol{\eta}_3=(1,0,-1)^{\mathrm{T}}$

习题 5.2

1. (1) 不能对角化;

(2) 能, $\boldsymbol{P}=\begin{pmatrix}1 & -4\\1 & 5\end{pmatrix}$, $\boldsymbol{P}^{-1}\boldsymbol{AP}=\begin{pmatrix}7 & 0\\0 & -2\end{pmatrix}$;

(3) 不能对角化;

(4) 能, $\boldsymbol{P}=\begin{pmatrix}1 & 1 & 1\\-1 & 0 & -2\\0 & 1 & 3\end{pmatrix}$, $\boldsymbol{P}^{-1}\boldsymbol{AP}=\begin{pmatrix}2 & 0 & 0\\0 & 2 & 0\\0 & 0 & 6\end{pmatrix}$

2. $\begin{pmatrix}-1 & 1 & 0\\-2 & 2 & 0\\4 & -2 & 1\end{pmatrix}$

3. $\begin{pmatrix}-2 & 3 & -3\\-4 & 5 & -3\\-4 & 4 & -2\end{pmatrix}$

4. 提示：利用相似矩阵的定义.

习题 5.3

1. (1) $\begin{pmatrix}1 & 2 & 2\\2 & -2 & 1\\2 & 1 & -2\end{pmatrix}$; (2) $\begin{pmatrix}\frac{1}{3} & \frac{2}{3} & \frac{2}{3}\\\frac{2}{3} & -\frac{2}{3} & \frac{1}{3}\\\frac{2}{3} & \frac{1}{3} & -\frac{2}{3}\end{pmatrix}$

2. (1) $\boldsymbol{P}=\begin{pmatrix}\frac{1}{\sqrt{2}} & \frac{1}{\sqrt{2}}\\\frac{1}{\sqrt{2}} & -\frac{1}{\sqrt{2}}\end{pmatrix}$, $\boldsymbol{P}^{-1}\boldsymbol{AP}=\begin{pmatrix}1 & 0\\0 & -1\end{pmatrix}$;

(2) $\boldsymbol{P}=\begin{pmatrix}\frac{1}{\sqrt{2}} & \frac{1}{\sqrt{6}} & \frac{1}{\sqrt{3}}\\-\frac{1}{\sqrt{2}} & \frac{1}{\sqrt{6}} & \frac{1}{\sqrt{3}}\\0 & -\frac{2}{\sqrt{6}} & \frac{1}{\sqrt{3}}\end{pmatrix}$, $\boldsymbol{P}^{-1}\boldsymbol{AP}=\begin{pmatrix}0 & 0 & 0\\0 & 0 & 0\\0 & 0 & 3\end{pmatrix}$;

(3) $\boldsymbol{P}=\begin{pmatrix}\frac{2}{3} & \frac{2}{3} & \frac{1}{3}\\\frac{2}{3} & -\frac{1}{3} & -\frac{2}{3}\\\frac{1}{3} & -\frac{2}{3} & \frac{2}{3}\end{pmatrix}$, $\boldsymbol{P}^{-1}\boldsymbol{AP}=\begin{pmatrix}-1 & 0 & 0\\0 & 2 & 0\\0 & 0 & 5\end{pmatrix}$;

(4) $\boldsymbol{P}=\begin{pmatrix} \frac{2}{3} & \frac{2}{3} & \frac{1}{3} \\ -\frac{2}{3} & \frac{1}{3} & \frac{2}{3} \\ \frac{1}{3} & -\frac{2}{3} & \frac{2}{3} \end{pmatrix}$，$\boldsymbol{P}^{-1}\boldsymbol{AP}=\begin{pmatrix} 4 & 0 & 0 \\ 0 & 1 & 0 \\ 0 & 0 & -2 \end{pmatrix}$

3. $\boldsymbol{A}=\begin{pmatrix} -1 & 0 & 1 \\ 0 & 2 & 1 \\ 1 & 0 & -1 \end{pmatrix}$，4. $\boldsymbol{A}=\begin{pmatrix} 4 & 1 & 1 \\ 1 & 4 & 1 \\ 1 & 1 & 4 \end{pmatrix}$

5. 提示：实对称矩阵 $\boldsymbol{A}$ 与 $\boldsymbol{B}$ 都可以对角化.

复习题 5

一、1. (B)；2. (D)；3. (C)；4. (A)

二、1. 3，0，0；2. $\lambda^{-1}|\boldsymbol{A}|$；3. $\boldsymbol{A}$ 有 n 个线性无关的特征向量；4. 2,3

三、1. (1) $\lambda_1=\lambda_2=1$，$\lambda_3=-2$. 对应于 $\lambda_1=\lambda_2=1$ 的全部特征向量为 $c_1(3,-6,20)^{\mathrm{T}}$，对应于 $\lambda_3=-2$ 的全部特征向量为 $c_2(0,0,1)^{\mathrm{T}}$.

(2) $\lambda_1=\lambda_2=\lambda_3=1$，对应于 $\lambda=1$ 的全部特征向量为 $c_1(1,1,0)^{\mathrm{T}}+c_2(-1,0,3)^{\mathrm{T}}$

2. $\boldsymbol{P}=\begin{pmatrix} 1 & 1 & 2 \\ 1 & 0 & -1 \\ 0 & 1 & 1 \end{pmatrix}$，$\boldsymbol{P}^{-1}\boldsymbol{AP}=\begin{pmatrix} 3 & 0 & 0 \\ 0 & 1 & 0 \\ 0 & 0 & 1 \end{pmatrix}$

3. $\boldsymbol{Q}=\begin{pmatrix} \frac{1}{\sqrt{3}} & -\frac{1}{\sqrt{2}} & -\frac{1}{\sqrt{6}} \\ \frac{1}{\sqrt{3}} & \frac{1}{\sqrt{2}} & -\frac{1}{\sqrt{6}} \\ \frac{1}{\sqrt{3}} & 0 & \frac{2}{\sqrt{6}} \end{pmatrix}$，$\boldsymbol{Q}^{-1}\boldsymbol{AQ}=\begin{pmatrix} 0 & 0 & 0 \\ 0 & 3 & 0 \\ 0 & 0 & 3 \end{pmatrix}$

4. $\frac{1}{3}\begin{pmatrix} -1 & 0 & 2 \\ 0 & 1 & 2 \\ 2 & 2 & 0 \end{pmatrix}$

5. -4，-6，-12

第6章

习题 6.1

1. (1) $f=(x,y,z)\begin{pmatrix} 1 & 2 & 1 \\ 2 & 4 & 2 \\ 1 & 2 & 1 \end{pmatrix}\begin{pmatrix} x \\ y \\ z \end{pmatrix}$；

(2) $f=(x,y,z)\begin{pmatrix} 1 & -1 & -2 \\ -1 & 1 & -2 \\ -2 & -2 & 7 \end{pmatrix}\begin{pmatrix} x \\ y \\ z \end{pmatrix}$;

(3) $f=(x_1,x_2,x_3,x_4)\begin{pmatrix} 0 & 0 & \frac{1}{2} & 0 \\ 0 & 0 & 0 & \frac{1}{2} \\ \frac{1}{2} & 0 & 0 & 0 \\ 0 & \frac{1}{2} & 0 & 0 \end{pmatrix}\begin{pmatrix} x_1 \\ x_2 \\ x_3 \\ x_4 \end{pmatrix}$;

(4) $f=(x_1,x_2,x_3,x_4)\begin{pmatrix} 1 & 0 & 0 & 0 \\ 0 & 2 & 0 & 0 \\ 0 & 0 & 3 & 0 \\ 0 & 0 & 0 & 4 \end{pmatrix}\begin{pmatrix} x_1 \\ x_2 \\ x_3 \\ x_4 \end{pmatrix}$

2. (1) $f=x_1^2+2x_3^2-x_1x_2+x_1x_3-4x_2x_3$;

(2) $f=-x_2^2+x_4^2+x_1x_2-2x_1x_3+x_2x_3+x_2x_4+x_3x_4$

3. $\begin{pmatrix} 1 & 3 & 5 \\ 3 & 5 & 7 \\ 5 & 7 & 9 \end{pmatrix}$

4. $a=b$ 且 $a\neq\pm1$

5. 提示：利用矩阵合同的定义.

习题 6.2

1. (1) $\begin{pmatrix} x_1 \\ x_2 \\ x_3 \end{pmatrix}=\begin{pmatrix} \frac{2}{3} & \frac{2}{3} & \frac{1}{3} \\ -\frac{1}{3} & -\frac{2}{3} & \frac{2}{3} \\ -\frac{2}{3} & \frac{1}{3} & \frac{2}{3} \end{pmatrix}\begin{pmatrix} y_1 \\ y_2 \\ y_3 \end{pmatrix}$，$f=y_1^2+4y_2^2-2y_3^2$；

(2) $\begin{pmatrix} x_1 \\ x_2 \\ x_3 \end{pmatrix}=\begin{pmatrix} \frac{1}{\sqrt{2}} & -\frac{1}{2} & -\frac{1}{2} \\ 0 & -\frac{1}{\sqrt{2}} & \frac{1}{\sqrt{2}} \\ \frac{1}{\sqrt{2}} & \frac{1}{2} & \frac{1}{2} \end{pmatrix}\begin{pmatrix} y_1 \\ y_2 \\ y_3 \end{pmatrix}$，$f=\sqrt{2}y_2^2-\sqrt{2}y_3^2$；

(3) $\begin{pmatrix} x_1 \\ x_2 \\ x_3 \end{pmatrix} = \begin{pmatrix} \frac{2}{3} & \frac{1}{3} & \frac{2}{3} \\ -\frac{1}{3} & -\frac{2}{3} & \frac{2}{3} \\ -\frac{2}{3} & \frac{2}{3} & \frac{1}{3} \end{pmatrix} \begin{pmatrix} y_1 \\ y_2 \\ y_3 \end{pmatrix}$，$f=2y_1^2+y_2^2-y_3^2$

2. (1) $\begin{pmatrix} x_1 \\ x_2 \\ x_3 \end{pmatrix} = \begin{pmatrix} 1 & 1 & -1 \\ 0 & 0 & 1 \\ 0 & -1 & 1 \end{pmatrix} \begin{pmatrix} y_1 \\ y_2 \\ y_3 \end{pmatrix}$，$f=y_1^2+y_2^2-y_3^2$；

(2) $\begin{pmatrix} x_1 \\ x_2 \\ x_3 \end{pmatrix} = \begin{pmatrix} 1 & 1 & -\frac{1}{2} \\ 1 & -1 & -\frac{1}{2} \\ 0 & 0 & 1 \end{pmatrix} \begin{pmatrix} y_1 \\ y_2 \\ y_3 \end{pmatrix}$，$f=-4y_1^2+4y_2^2+y_3^2$；

(3) $\begin{pmatrix} x_1 \\ x_2 \\ x_3 \end{pmatrix} = \begin{pmatrix} 1 & -1 & 1 \\ 0 & 1 & -2 \\ 0 & 0 & 1 \end{pmatrix} \begin{pmatrix} y_1 \\ y_2 \\ y_3 \end{pmatrix}$，$f=y_1^2+y_2^2$

3. (1) $f=y_1^2-y_3^2$，正惯性指数为 1，秩为 2；

(2) $f=y_1^2+y_2^2-y_3^2$，正惯性指数为 2，秩为 3.

习题 6.3

1. (1) 负定；(2) 正定；(3) 不是正定，也不是负定.

2. (1) $-0.8<a<0$；(2) $a>2$

复习题 6

一、1. (B)；2. (C)；3. (D)；4. (C)

二、1. $\begin{pmatrix} 1 & 2 & 0 \\ 2 & 2 & -3 \\ 0 & -3 & -3 \end{pmatrix}$

2. $x_1^2+2x_3^2+4x_1x_2+6x_1x_3+2x_2x_3$

3. 3，2，1

4. $-2<\lambda<2$

三、1. (1) $\begin{pmatrix} x_1 \\ x_2 \\ x_3 \end{pmatrix} = \begin{pmatrix} 1 & 0 & 0 \\ 0 & \frac{1}{\sqrt{2}} & \frac{1}{\sqrt{2}} \\ 0 & \frac{1}{\sqrt{2}} & -\frac{1}{\sqrt{2}} \end{pmatrix} \begin{pmatrix} y_1 \\ y_2 \\ y_3 \end{pmatrix}$，$f=2y_1^2+5y_2^2+y_3^2$；

(2) $\begin{pmatrix}x_1\\x_2\\x_3\end{pmatrix}=\begin{pmatrix}\frac{1}{\sqrt{3}} & -\frac{1}{\sqrt{2}} & \frac{1}{\sqrt{6}}\\ \frac{1}{\sqrt{3}} & \frac{1}{\sqrt{2}} & \frac{1}{\sqrt{6}}\\ \frac{1}{\sqrt{3}} & 0 & -\frac{2}{\sqrt{6}}\end{pmatrix}\begin{pmatrix}y_1\\y_2\\y_3\end{pmatrix}$，$f=3y_1^2$

2. (1) $\begin{pmatrix}x_1\\x_2\\x_3\end{pmatrix}=\begin{pmatrix}1 & -1 & 1\\0 & 1 & -2\\0 & 0 & 0\end{pmatrix}\begin{pmatrix}y_1\\y_2\\y_3\end{pmatrix}$，$f=y_1^2+y_2^2$；

(2) $\begin{pmatrix}x_1\\x_2\\x_3\end{pmatrix}=\begin{pmatrix}1 & -1 & -1\\0 & 1 & 1\\0 & 1 & -1\end{pmatrix}\begin{pmatrix}y_1\\y_2\\y_3\end{pmatrix}$，$f=y_1^2+y_2^2-y_3^2$

3. (1) $f=y_1^2-y_2^2+y_3^2$，正惯性指数 2，负惯性指数 1；

(2) $f=y_1^2-y_3^2$，正惯性指数 1，负惯性指数 1.

4. $t>\frac{1}{2}$.

四、1. 提示：证明 $\boldsymbol{A}+\boldsymbol{E}$ 对应的二次型正定.

2. 提示：取 $\boldsymbol{X}=(0,\cdots,0,\overset{\text{第}i\text{个}}{1},0,\cdots,0)$，则 $\boldsymbol{X}^{\mathrm{T}}\boldsymbol{A}\boldsymbol{X}=a_{ii}>0$ $(i=1,2,\cdots,n)$.

参考文献

[1] 李继彬，李国仁，张振良. 高等数学教程. 北京：科学出版社，1998.

[2] 张振良，唐生强. 微积分与线性代数. 重庆：重庆大学出版社，1998.

[3] 高玉斌. 线性代数. 北京：高等教育出版社，2009.

[4] 胡显佑. 线性代数. 北京：高等教育出版社，2008.

[5] 曹贤通. 线性代数. 第2版. 北京：高等教育出版社，2008.

[6] 吴健荣，谷建胜. 线性代数. 北京：高等教育出版社，2009.

[7] 同济大学数学系. 线性代数. 第5版. 北京：高等教育出版社，2007.